myBook+

Ein neues Leseerlebnis

Lesen Sie Ihr Buch online im Browser – geräteunabhängig und ohne Download!

Und so einfach geht's:

- Gehen Sie auf **https://mybookplus.de**, registrieren Sie sich und geben Sie Ihren Buchcode ein, um auf die Online-Version Ihres Buches zugreifen zu können
- **Ihren individuellen Buchcode finden Sie am Buchende**

Wir wünschen Ihnen viel Spaß mit myBook+!

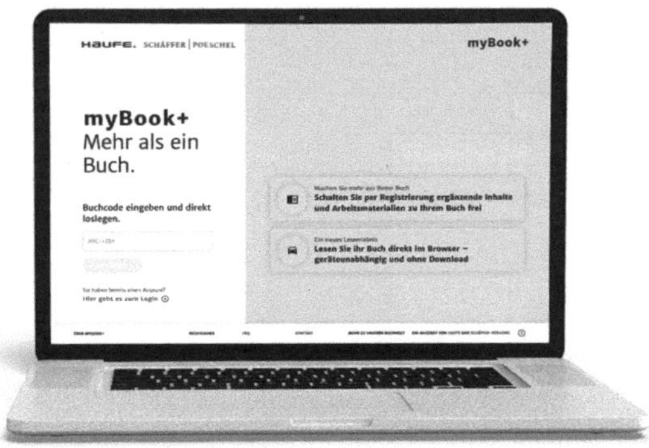

Das Ende von Social Media

Dominik Ruisinger

Das Ende von Social Media

Warum wir digitale Netzwerke neu denken müssen

1. Auflage 2024

Schäffer-Poeschel Verlag Stuttgart

Bibliografische Information der Deutschen Nationalbibliothek

Die Deutsche Nationalbibliothek verzeichnet diese Publikation in der Deutschen Nationalbibliografie; detaillierte bibliografische Daten sind im Internet über http://dnb.dnb.de/ abrufbar.

Print: ISBN 978-3-7910-6264-8 Bestell-Nr. 12058-0001
ePub: ISBN 978-3-7910-6265-5 Bestell-Nr. 12058-0100
ePDF: ISBN 978-3-7910-6266-2 Bestell-Nr. 12058-0150

Dominik Ruisinger
Das Ende von Social Media
1. Auflage, Mai 2024

www.schaeffer-poeschel.de
service@schaeffer-poeschel.de

Bildnachweis (Cover): © TU IS, iStock
Covergestaltung: Sigi Hepner
Produktmanagement: Dr. Frank Baumgärtner
Lektorat: Claudia Dreiseitel

Schäffer-Poeschel Verlag Stuttgart
Ein Unternehmen der Haufe Group SE

Inhaltsverzeichnis

1 Intro: Was der Begriff »Ende« bedeutet

»We are indeed no longer in the golden age of social media.
The magic has vanished, to say the least.«[1]
Frederic Gonzalo, Berater für digitales Marketing

Mitte des Jahres 2022 las ich einen längeren Beitrag. Der Titel: *The end of social media and the rise of recommendation media,*[2] sein Autor: Michael Mignano, Digital-Unternehmer und Risikokapitalgeber aus den USA. Dieser Artikel bezog viele Aspekte mit ein, über die ich schon damals nachdachte: die mächtige Rolle von Algorithmen, die eigenen Interessen der Plattformen, die Funktion von Empfehlungen. Und dazu kam die Thematik der generativen KI auf.

Seither habe ich das Thema vielfach in ähnlicher Form vorgetragen und diskutiert – bei Seminaren, bei Coachings, bei Keynotes. Und seitdem stelle ich mir immer wieder eine zentrale Frage: Ist dies alles noch Social-Media-Kommunikation? Zweifel habe nicht nur ich. Immer häufiger stieß ich bei meiner Recherche zu diesem Buch auf ähnliche Beiträge. Die Frage scheint viele umzutreiben, wie die Begriffswolke (s. Abbildung 1) verdeutlicht, die sich aus Medienschlagzeilen zusammensetzt.

Abbildung 1: Schlagzeilen zum Ende von Social Media in Deutschland und im englischsprachigen Raum

1 https://fredericgonzalo.com/en/the-end-of-social-media-as-we-know-it/
2 https://mignano.medium.com/the-end-of-social-media-a88ffed21f86

Viele Abgesänge auf Social Media

Immer mehr Abgesänge oder zumindest kritische Auseinandersetzungen mit dem Social-Media-Begriff tauchten in meinen Feeds auf: von *Die Zeit* bis *NZZ*, von *t3n* bis *Wired*, von *Forbes* bis *The Verge*, von *The Atlantic* über *Los Angeles Times* bis *The Drum*. Sie nutzten in ihren Beiträgen immer wieder Worte (s. Abbildung 2), die das Ende, den Downfall, den Tod von Social Media beschrieben und begründeten.

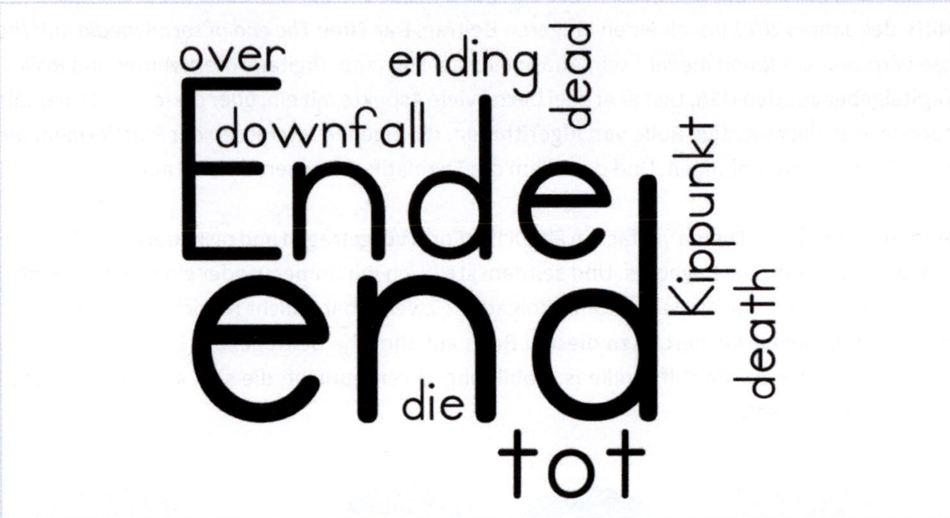

Abbildung 2: Die Kernbegriffe des Abgesangs

Glaubt man diesen Artikeln, befindet sich das, was wir gemeinhin als Social Media bezeichnen, kurz vor dem Ende beziehungsweise erleben wir einen fundamentalen Umbruch. Einfach gesagt: Die Zeiten, wie wir bisher Social Media kannten, definierten, erlebten, sind vorbei.

Entertainment statt Social

Wer dieses »Ende von Social Media« beobachten will, der muss nur einen Blick in die Plattformen werfen: ein ziemlich verlassenes Facebook, ein von Werbung dominiertes Instagram, ein auf Entertainment ausgerichtetes TikTok, ein schrittweise zerstörtes X, ein wankendes LinkedIn der Filterblasen. Alle haben sich in den letzten Jahren so gravierend gewandelt, dass wir den Begriff »Social« nicht mehr guten Gewissens nutzen können. Stattdessen haben sich die Kanäle zu Media- und Entertainment-Plattformen gewandelt, auf denen der persönliche Austausch mit Friends, Fans & Family kaum mehr eine Rolle spielt. Aber war dies nicht der Grundgedanke von Social Media?

> *»Hört auf, es Social Media zu nennen«*,[3] betitelte der Tech-Autor Enno Park seinen Kommentar im Branchenmagazin *t3n* Ende 2022. *»Es wird Zeit, den Begriff ›Social Media‹ end-*

3 https://bit.ly/dr_t3n_socialmediaalgorithmen

lich über Bord zu werfen. Er beschreibt nicht mehr das, was auf Social-Media-Plattformen stattfindet.«

Schließlich habe sich über Jahre verändert, wie Social Media funktionieren. Und zwar so sehr, so Park weiter, »dass es zum Gegenteil von dem wurde, was es ursprünglich mal war – ohne dass viele von uns das so richtig mitbekommen haben.«

Das Ende der Connections

Künftig werden noch stärker technologische Algorithmen und künstliche Intelligenzen die Inhalte in unseren Social-Media-Feeds bestimmen und nicht unsere Connections, werden uns die Kanäle lieber zu neuen Bekannten als zu unseren bestehenden Freunden schicken, werden mühsam aufgebaute Seiten, Netzwerke und Gruppen weiter an Sichtbarkeit einbüßen, werden automatisiert erstellte Inhalte die Feeds fluten.

Und dies aus dem einfachen Grund: Unsere bisherigen Freunde, Follower, Fans oder ganz einfach Netzwerkpartner sind nur noch wenig wert. Die Plattformen ziehen aus kommerziellen Gründen stattdessen die Empfehlungen von Algorithmen dem »User-Generated Content« der vernetzten Kontakte vor. Dieser Wandel ist extrem und wird von schwierigen Herausforderungen, vor denen Menschen wie Organisationen bei ihren Kommunikationsaktivitäten stehen, begleitet.

Ein prägendes Phänomen

Rückblickend war der Aufstieg der sozialen Medien eines der prägenden kulturellen Phänomene der letzten gut zwei Jahrzehnte. Plattformen wie Facebook, Instagram, YouTube, X, LinkedIn&Co. haben die Art und Weise verändert, wie wir kommunizieren, wie wir uns vernetzen, wie wir Informationen konsumieren, sogar wie wir leben. Die Plattformen erwuchsen zu Instrumenten der privaten Begegnungen, des Wiedersehens und Wiederfindens, aber auch des Aufruhrs, des Protestes, der Bewegungen, des Widerstandes gegen politische Entscheidungen oder öffentlich gewordene Geschehnisse.

Gerade mit der Jahrtausendwende entstanden immer neue Social-Media-Plattformen. Und ob Facebook, Instagram, Twitter, zeitweise StudiVZ und Google+ oder das legendäre MySpace: Sie alle schienen die Lösung für Probleme zu bieten, derer wir uns vorher nie bewusst waren. Sie alle schienen uns neue Möglichkeiten offerieren zu können, von denen nur die wenigsten geträumt hatten. Und jede Plattform wollte natürlich die mächtige Nummer eins sein, die alle täglich nutzten und die damit viele Werbegelder einsammelte. Denn darum ging es in Wirklichkeit.

Nicht mehr wie früher

Es ist nicht übertrieben, wenn wir dies als Social-Media-Hype bezeichnen. Doch genau diese Kanäle haben sich in den letzten Jahren massiv verändert. Die einen lebten den Traum eines Neuanfangs im Metaverse, weshalb Mark Zuckerberg den Konzern und die Heimat von Facebook, Instagram und WhatsApp folgerichtig in Meta umbenannte. Die anderen ersetzten den

Begriff der persönlichen Vernetzung durch pures Entertainment wie zuerst bei TikTok und dann fast überall. Und die Dritten erlebten die Übernahme von Twitter durch den Milliardär Elon Musk, die Umbenennung in X und die grundlegende Veränderung einer Kultur, die sie so nicht mehr akzeptieren wollten. Viele von ihnen flohen in ihre privaten Kanäle oder begaben sich auf die Suche nach Alternativen im Fediverse, auch wenn sie sich dort recht alleine fühlten.

Tiefgreifende Veränderungen

Waren die Social-Media-Plattformen ursprünglich angetreten, Menschen einander näherzubringen, haben sie diesen Fokus längst verloren. Dies erfolgte Schritt für Schritt, sodass es viele von uns nicht wirklich mitbekommen haben. Immer mehr Menschen empfinden heute, dass Social Media nicht mehr so »wie früher« seien. Sie spüren nicht mehr denselben positiven Zuspruch, den einst soziale Medien auf sie ausgeübt hatten. »*Wenn wir mit Freunden sprechen, können wir kaum noch Begeisterung für die Social-Media-Plattformen der ersten Stunde identifizieren*«,[4] heißt es im Beitrag *Das Ende von Social Media der ersten Stunde* im *Social Media Watchblog*. Oder wie Eike Kühl in seinem *Zeit*-Beitrag *Früher hatten wir Freunde, heute sind es Follower* den neuen Weg beschreibt:

> *»Auf dem Weg von der virtuellen Community von The Well hin zu Facebook mit seinen fast drei Milliarden Nutzerinnen und Nutzern scheinen die Plattformen falsch abgebogen zu sein.«*[5]

Man könnte jetzt argumentieren, dass sich die Welt der Kommunikation und des Marketings schon immer in einer ständigen Bewegung befand. Nur ist die Heftigkeit dieser Richtungsänderung neu. Gerade die Kommerzialisierung des Internets habe in der digitalen Welt zu einem klaren Verlierer geführt, und zwar Social Media – »*vor allem das Social in Media*«, meinte auch Philipp Westermeyer, der Chef der *Online Marketing Rockstars (OMR)* auf dem Pioneer-Strategiegipfel der Familienunternehmer (MyWay 2023):

> *»Wenn ich jetzt Social Media öffne, sehe ich Inhalte von internationalen Stars, von der Tagesschau, von der NBA. Es ist nicht immer das Soziale, es ist eigentlich fast nichts Privates mehr drin.«*[6]

Ende des goldenen Zeitalters

Seine Aussage verdeutlicht erneut die grundlegenden Veränderungen auf den Social-Media-Plattformen: vom Posten zum Konsumieren, vom Networking zum Entertainment, von der Macht des besten Kontaktes zur Macht des besten Contents. Westermeyers Folgerung – »*Social Media ist tot. Entertainment ist das Thema der Stunde*« – ist nur die logische Konsequenz und ein

4 https://socialmediawatchblog.de/2023/11/09/das-ende-von-social-media-der-ersten-stunde/
5 https://www.zeit.de/digital/internet/2022-11/social-media-engagement-werbung-freundschaft
6 *The Pioneer Briefing*, Media Pioneer Publishing AG, Ausgabe vom 02.11.2023.

Abbild der heutigen weniger sozialen denn rein medialen und kommerziellen Medienwelt. Der Zauber scheint, gelinde gesagt, verflogen zu sein und der Hype ein Ende gefunden zu haben.

Ist die Ära der sozialen Medien also zu Ende? Oder ist es »nur« eine Evolution oder gar Transformation? Es ist auf jeden Fall ein Ende von Social Media, so wie wir es bisher kannten und viele noch kennen, wahrnehmen und nutzen.[7] Und es stellt den Begriff »Social« innerhalb der Paarung »Social Media« massiv infrage. Daher können wir kaum leugnen, dass das goldene Zeitalter der sozialen Medien de facto vorüber ist, schreibt Frederic Gonzalo, Berater für digitales Marketing in seinem Beitrag *The End of Social Media as we know it*. Seine Schlussfolgerung: »The magic has vanished, to say the least.«[8]

Nicht das erste Ende

Der Buchtitel *Das Ende von Social Media* ist daher weder überraschend noch neu. Denn die Frage nach dem Ende der sozialen Medien ist schon häufig gestellt worden. Genau gesagt ist die Kritik an dem Begriff »Social« so alt wie diese Medien selbst. Viele Fachleute und Analytiker sagten Facebook & Co. bereits nach zahlreichen Datenskandalen wie beispielsweise Cambridge Analytica im Jahre 2018 ein baldiges Ende voraus.

Seitdem hat die Besorgnis über die negativen Auswirkungen der sozialen Medien weiter zugenommen: Die Verbreitung von Fake News und Hass in vielen Gruppen, soziale Ausgrenzung, verloren gegangene Diskussionskultur bis hin zu den Bedenken wegen der Auswirkungen auf die psychische Gesundheit gerade bei jungen Menschen sind nur einige der Kritikpunkte. Kein Wunder, dass unter vielen immer wieder der Begriff von den »asozialen Medien« die Runde macht. Um dieses Thema geht es jedoch nur am Rande dieses Buches.

Ein Buch für eine neue Denke

Diese Veränderungen in den letzten Jahren haben ebenfalls Unternehmen und Institutionen zu spüren bekommen. Ihnen fiel besonders auf, dass ihre eigenen Inhalte immer weniger Sichtbarkeit erhielten. Darauf reagierten viele mit noch mehr Content und noch mehr Werbung. Stattdessen müssen sie jedoch umdenken und ihre bisherige Strategie komplett neu ausrichten. Genau dabei soll dieses Buch helfen.

Denn trotz des eindeutigen Titels *Das Ende von Social Media* ist dieses Buch weder eine düstere Prophezeiung noch eine Abrechnung mit der Social-Media-Branche. Es skizziert auch keine Vermeidungsstrategie. Es ist ein Aufruf zu einem besseren Verständnis heutiger Kanäle, ein Abgesang auf den Teilbegriff »Social« und eine Anleitung zu einem stärkeren integrierten Denken und vor allem Handeln. Darum auch der Untertitel *Warum wir digitale Netzwerke neu denken müssen*.

---

7 Siehe dazu auch den Vortrag von Ryan Broderick *The End of Social Media* auf dem OMR Festival 2023 in Hamburg: https://bit.ly/dr_youtube_omr2023

8 https://fredericgonzalo.com/en/the-end-of-social-media-as-we-know-it/

Dieses Buch soll:

- verdeutlichen, warum und wie sich die Kanäle Schritt für Schritt gewandelt haben;
- bewusst machen, dass viele bisherige Rezepte neu gedacht werden müssen;
- zum Nachdenken anregen, welchen Schwenk die eigene Strategie benötigt;
- zum Diskutieren anregen, inwiefern Social Media bei der Verwirklichung der Ziele noch helfen können;
- verständlich machen, warum immer mehr Menschen das Schiff der sozialen Medien verlassen oder sich anderen Plattformen zuwenden.

Kapitel für Kapitel

Für diese Ziele müssen wir die ursprüngliche Idee der sozialen Medien verstehen und die Faktoren kennen, die zu diesem Schwenk, diesem Wandel, ja diesem wirklichen Change führen konnten. Dazu werde ich im zweiten Kapitel einen Blick auf die wirklich schöne Idee hinter Social Media werfen, Menschen auf der ganzen Welt die Möglichkeit zu geben, miteinander in Kontakt zu treten. Auch werde ich zentrale Begriffe etwas genauer eruieren: Social Web, Social Media, Social Networks – auch wenn sie heute vielfach synonym genutzt werden.

An dieser Stelle beginnt dann der Weg der Entfremdung, um das Ende von Social Media zu verstehen. Dazu werde ich im dritten Kapitel schildern, worin die gravierenden Veränderungen begründet sind, wie sich der Fokus von persönlichen Verbindungen über gemeinsame Interessen bis hin zum puren Entertainment und automatisiertem KI-Content verschoben hat und warum diese Wendung die Basis des Social-Media-Gedankens auf den Kopf stellt.

Das vierte Kapitel bildet ein Zwischenfazit. Darin werde ich mich mit den Symbolen des Endes beschäftigen: den veränderten Plattformen, dem veränderten Content und dem veränderten Nutzerverhalten. Dabei geht es nicht nur um die Zahlen und die Gründe, warum sich viele aus den Social-Media-Kanälen zurückziehen; ebenso hilft es zu wissen, warum Communitys immer wichtiger werden, warum alternative Plattformen im Fediverse (s. Wissen 13) – ob sie jetzt Mastodon, Bluesky oder Threads heißen – noch nicht bereit sind und wie wirklich eine bessere Social-Media-Welt aussehen und kreiert werden könnte.

Diese Beschreibungen bilden dann die Basis, um im abschließenden Kapitel Social Media neu zu bewerten. Mit Zielen und Zielgruppen im Blick werde ich schildern, wie Unternehmen und Institutionen einerseits Social Media künftig als ein Instrument in ihrem Kommunikationsmix begreifen müssen und wie sie andererseits weitere Maßnahmen konzipieren müssten, die sie längst hätten ergreifen können.

Mir ist bewusst, dass wir uns derzeit mitten in einer Entwicklung befinden, die noch lange nicht beendet ist. Auch dieses Buch kann nur den aktuellen Stand (02/2024) wiedergeben und keine abschließende Bewertung liefern. Dies zeigt, dass dieses Buch irgendwann seine Fortsetzung finden könnte.

Kleiner Dank an großartige Menschen

Wie ich beschrieben habe, geht mir das Thema schon lange Zeit durch den Kopf. Und ich versuche gar nicht erst, alle zu erwähnen, die mit mir in diesem Denkprozess gerungen und dazu beigetragen haben, dass sich meine Gedanken sortieren konnten: ob in täglichen wie nächtlichen Diskussionen, in virtuellen Gesprächen oder in vielen Beiträgen, die mir immer wieder neue Impulse zum Nachdenken boten. Ohne dieses persönliche Netzwerk – real wie virtuell, ob Autorin eines Blogartikels oder Gesprächspartner in Workshops und Coachings – würde es dieses Buch niemals geben. Allen mein herzliches Dankeschön!

Last, but not least möchte ich die Weggefährten dieses Buches erwähnen: Ganz herzlich bedanken möchte ich mich bei Frank Baumgärtner, meinem wirklich langjährigen Ansprechpartner beim Schäffer-Poeschel Verlag, der das Thema früh unterstützt hat und innerhalb des Verlages dafür geworben hat; bei meinen vielen Projektpartnern aus der Unternehmenspraxis für die wichtigen Impulse, die ich für dieses Buch erhalten habe; bei Anja Mutschler, Klaus Eck und Marie-Christine Schindler für den kritischen Blick samt Anregungen, den sie meinem Manuskript trotz hektischer Zeiten geschenkt haben, bei Sigi Hepner für die Unterstützung beim Buchcover und bei den Grafiken und bei Janina Schneider für wichtige Impulse sowie das Verständnis für einen mit sich kritischen Autor.

Three more things

1. **Sprache**: Mir als Autor geht es darum, ein hoch komplexes Thema möglichst einfach und verständlich zu vermitteln. Aus diesem Grund habe ich zugunsten einer besseren Verständlichkeit und leichteren Lesbarkeit letztendlich auf eine geschlechtsspezifische Differenzierung verzichtet. Die Verwendung des generischen Maskulinums soll keinesfalls eine Geschlechterdiskriminierung zum Ausdruck bringen. Ganz im Gegenteil: Sie ist explizit als geschlechtsunabhängig zu verstehen – gerade in einer Branche, die seit vielen Jahren stark divers dominiert ist. Daher gelten entsprechende Begriffe selbstverständlich für alle Geschlechter. Um dies zu unterstreichen, habe ich zudem an vielen Stellen geschlechterneutrale Formulierungen gesetzt.[9]
2. **Links**: Viele längere Links zu Artikeln, Blog-Postings, YouTube-Videos, Social-Media-Beiträgen etc. habe ich mit dem Link-Verkürzer bitly.com komprimiert, damit sich die Beiträge einfacher nachverfolgen lassen. Fast alle benutzten Links und viele mehr sind zudem auf meinem Account beim Social-Bookmarking-Dienst Diigo[10] zu finden und teils auch auf der Microsite zum Buch.
3. **Diskussion**: Wer weitere Informationen zum Buch sucht, ist auf der Microsite zum Buch[11] sowie in meinem Blog »Gedankenspiele«[12] richtig – natürlich samt Newsletter[13]. Dort greife ich regelmäßig Aspekte aus dem Buch auf. Und wer letztendlich über das vielschichtige

9 Eine gute Quelle zur Inspiration ist das Genderwörterbuch auf www.geschicktgendern.de.
10 https://www.diigo.com/user/druisinger
11 https://dominikruisinger.com/das-ende-von-social-media
12 https://dominikruisinger.com/blog-gedankenspiele/
13 http://dominikruisinger.com/newsletter/

Thema mit mir diskutieren will, kann dies gerne per LinkedIn[14] tun. Denn dort werde ich bis zum endgültigen Ende von Social Media natürlich weiterhin zu finden sein. 😉

Jetzt aber genug der Vorrede: Viele Inspirationen, gute Impulse und ausreichend Stoff zum Grübeln, Diskutieren und Konzipieren wünsche ich allen mit meinen nachdenklichen Ausführungen unter dem Titel: *Das Ende von Social Media. Warum wir digitale Netzwerke neu denken müssen.*

Ihr Dominik Ruisinger

14 https://www.linkedin.com/in/dominikruisinger

2 Social Media: Ein schöner Gedanke

2.1 Das Aufkommen des Social Web

»Many marketers get so focused on creating more content that they forget social media is a two-way medium.«[15]
Keith Quesenberry, Professor und Buchautor

»It's the end of social media as we know it, an era that lasted from ›The Facebook‹ to ›The 'Gram‹«[16], heißt es bei *Adweek*, einem US-amerikanischen Magazin für Werbung, Marketing und Medien. *»An era that changed the world, for better and for worse. But a new era is upon us, and for brands, being ready for what's next is critical.«*

Richtig, Social Media haben wirklich die Welt verändert, im Guten wie im Schlechten. Doch um die Entwicklungen und die Richtung, in die wir uns aktuell bewegen, besser verstehen zu können, sollten wir die Uhr ein paar Jahrzehnte zurückdrehen und noch einmal nachspielen, wie wir in die heutige Situation gekommen sind. Dieser Rückblick hilft, nachzuvollziehen, was hinter dem Gedanken des Social Web, von Social Media, auch von sozialen Netzwerken eigentlich steht, welche Ziele ursprünglich verfolgt wurden und wie sich diese im Wandel der Zeit schrittweise verändert haben. Nur so lässt sich einfacher verstehen, warum wir heute de facto von einem Ende von Social Media sprechen können.

Ein Rückblick

Blicken wir also gut ein Jahrzehnt zurück, also weit vor den Moment, als insbesondere zuerst TikTok, dann Meta & Co. im Schlepptau und schließlich später ChatGPT & Co. die Kommunikations- und Marketingbranche und speziell die Social-Media-Branche revolutionierten.

Wir befanden uns – insbesondere aus digitaler Sicht – in einem etwas anderen Leben. Man könnte auch sagen am Beginn eines enormen Medienwandels. Unsere digitale Kommunikation steuerten wir via E-Mail, via Newsletter, via Webseite und teilweise via Social Media. Chatbots? Influencer? Markenbotschafter? Künstliche Intelligenz? All diese Begriffe lagen noch in weiter Ferne. WhatsApp hatte gerade begonnen, seinen Siegeszug anzutreten – wenn auch rein auf privater Ebene. Immerhin konnte jeder damit seine Kosten reduzieren. Denn eine SMS kostete schließlich damals noch satte 19 Cents.

Alle hatten wir unsere Facebook-, Instagram-, Twitter-, LinkedIn-, YouTube- oder sogar XING-Accounts, öffneten (fast) täglich unsere Timelines und ließen uns von den Beiträgen unserer Freundinnen und Freunde zum Lachen oder Weinen bringen, zum Fluchen oder Amüsieren oder einfach schlicht informieren und weiterbilden.

15 https://heidicohen.com/books/social-media-strategy/
16 https://www.adweek.com/social-marketing/social-media-is-dead/

Dieses Verhalten ordnete Brian Merchant, Tech-Autor bei der *Los Angeles Times*, als eine tägliche, sortierende Routine gut ein:

> *»Seit über einem Jahrzehnt gehört das Einloggen in die sozialen Medien, insbesondere in Twitter, für unzählige Berufstätige, Studenten und Onliner zu den ersten Schritten des Tages – eine Möglichkeit, sich sofort wieder ins Getümmel zu stürzen und sich über die neuesten Nachrichten, Trends und Memes auf dem Laufenden zu halten. Im Laufe der Jahre wurde sie trotz des Chaos, das in ihrem Feed herrschte, zu einer orientierenden Kraft, zu einer Möglichkeit, Informationen für den kommenden Tag oder die kommende Woche zu analysieren und zu organisieren.«*[17]

Tägliche Social-Media-Aktivitäten

Damals bestimmten unser persönliches Netzwerk, die eigenen Freunde, Bekannten, Familienmitglieder, auch die mit uns vernetzten Organisationen die Inhalte in den Newsfeeds. Wir nutzten folglich Facebook, Twitter und YouTube, um Inhalte von unseren Freunden und Netzwerkpartnern zu sehen. Wir verwendeten die »Gefällt mir«-Schaltfläche, um der Welt zu zeigen, was uns am Herzen liegt: unsere Musik, unsere Reiseziele, unsere Lieblingsmarken und unsere – teils neuen – Familienmitglieder. Wir fügten neue Bekannte hinzu und bildeten kleine Communitys zu diversen Themen, über die wir uns austauschten: vom lokalen Engagement bis zum veganen Leben, vom Wellensurfen zu TV-Lieblingssendungen, von den exotischen Hunderassen zu den zuckersüßen Katzenbabys, von privaten Hobbys bis zu beruflichen Konglomeraten. Wir teilten Momente und Geschehnisse des persönlichen Lebens – privat wie beruflich – und brachten so Teile unseres persönlichen Lebens in die Feeds anderer ein.

Zudem scrollten wir durch die Kommentarspalten, um zu lesen, was die mit uns vernetzten Menschen empfanden, dachten, äußerten, sich wünschten. Denn schon damals waren die Kommentare oft spannender und aufschlussreicher als die Beiträge selbst. Wenn wir einen Beitrag für unsere eigenen Kreise als relevant empfanden, dann teilten wir ihn über unsere Kanäle. Die mit uns vernetzten Kontakte sorgten wiederum dafür, dass sich unsere Inhalte schnell weiterverbreiteten. Auf diese Weise hatten wir das Gefühl, über unsere Freunde, unsere Bekannten oder die mit uns vernetzten Personen gut informiert zu sein. Dieses »soziale« Verhalten nannten wir Social Media.

Was vor 20 Jahren entstand

Posten, Liken, Kommentieren, Teilen: Diese neue Form der Kommunikation wäre nicht ohne technologische Entwicklungen möglich gewesen. Blicken wir auch auf diese etwas zurück. Kaum ein anderer Bereich war vom Internet-Zeitalter so stark verändert worden wie der Kommunikationssektor. Schließlich entstanden durch das Internet und die damit verbundenen Mediendienste beständig neue Instrumente. Genau diese nutzten die Menschen verstärkt für

17 Übersetzt von https://bit.ly/dr_latimes_theendofsocialmedia.

ihre eigenen Inhalte, ihre Begegnungen, ihre eigenen Interessen und Ideen, die sie nach außen zeigen wollten.

Sie begriffen das Internet als sozialen Raum und Medienwirklichkeit, in der sie sich frei bewegen und sich mit anderen Personen – bekannt oder unbekannt, einmalig oder regelmäßig, beruflich und/oder privat, unabhängig von Alter, von Herkunft oder von sozialer Stellung – austauschen konnten.

Die 95 Cluetrain-Thesen

Damit wurde schrittweise die Losung wahr, die David Weinberger, Redner, Philosoph und Forscher an der Harvard-Universität, mit anderen Vordenkern der Netzgemeinde in den 95 Thesen des *Cluetrain Manifests*[18] formuliert hatte. Gemeinsam mit Doc Searls, Rick Levine und Chris Locke definierte Weinberger schon im Jahre 1999 das Internet als einen Ort, an dem Menschen mit ihren eigenen Stimmen sprechen könnten, und zwar über alle Themen, die für sie persönlich von Bedeutung seien. Ihre Hauptlosung »Märkte sind Gespräche« betonte die Emanzipation des Verbrauchers im Zeitalter des Internets und den Kontrollverlust auf Organisationsseite.

In diesem Kontext forderten sie Unternehmen auf, sich den veränderten Bedingungen anzupassen und mit ihren Stakeholdern »echte« Gespräche zu führen – abseits einer monologischen, gesichtslosen Marketingkommunikation. Ihre dringende Empfehlung bereits vor gut 25 Jahren: Es sei wichtig, sich von der herkömmlichen Marketing- und PR-Denkweise zu verabschieden, die Internetnutzer besser zu verstehen und ihnen intensiver zuzuhören, wenn man als Organisation die großen Chancen in einer veränderten Kommunikationslandschaft nutzen wolle.

Abgesang an die Kontrolle von Informationen

Echte Gespräche, aktives Zuhören, intensiver Dialog sowie Offenheit und Transparenz – die Verwendung dieser Begriffe verdeutlicht, dass das *Cluetrain Manifest* bis heute kaum an Relevanz verloren hat, sondern noch immer eine der zentralen Basen für eine Kommunikation im digitalen Zeitalter und damit auch für eine Social-Media-Kommunikation darstellt.

Das *Cluetrain Manifest* war schon damals ein klarer Abgesang an die Kontrolle von Informationen, an das Ende einer Einwegkommunikation und ein Aufruf zu einer verstärkten Dialogkommunikation unter gleichberechtigten Partnern auf Augenhöhe. Damit sprachen die Initiatoren schon das Kernthema an, das das Social Web prägen würde: emanzipierte Nutzer, deren eigene Stimmen immer stärker sichtbar wurden.

Grundlegender Wandel

Gerade das Social Web, das seit dem Jahre 2006 verstärkt aufgekommen war, symbolisierte die rasante Weiterentwicklung. Schrittweise dehnte sich die vorwiegend passive Nutzung auf interaktive Plattformen aus, für die der amerikanische Verleger Tim O'Reilly 2004 den Begriff

18 https://www.cluetrain.com/auf-deutsch.html

»Web 2.0«[19] miterfunden hatte – als Titel einer Konferenz über Veränderungen im Internet. Die Plattformen eröffneten den Nutzer die Möglichkeit, sich kostenlos, ohne größeres Wissen oder technische Kenntnisse eine eigene Stimme im Netz zu verleihen und mit anderen auszutauschen. Dazu stand eine ständig wachsende Zahl an Instrumenten zur Verfügung.

Vor allem stellte es viel Gewohntes infrage. Die entscheidende Neuerung dieser Evolution im Netz: Selbst wenn bereits zuvor eine Vielzahl an Kommunikationsinstrumenten existierte, vereinte alle dieselbe Richtung bei der Ansprache: vom Medium zu den Zielgruppen. Das heißt, bisher war eine klare Trennung von Sender und Rezipienten gegeben – mit Ausnahme von Foren und Newsgroups. Mit den Social-Media-Plattformen hatte sich das Internet jedoch zu einem globalen, sozialen Netzwerk entwickelt, in dem sich eine wachsende Zahl an Akteuren als souveräne Informationsproduzenten wie -rezipienten bewegte.

Der Aufstieg der Prosumer

Dieser partizipative Ansatz im Social Web brachte einen entscheidenden Wandel mit sich: Waren Mediennutzer zuvor als Leser, Zuhörer, Zuseher reine Konsumenten von Informationen, beteiligten sie sich von nun an aktiv an den Inhalten, wurden vom Publikum zum Akteur, vom Empfänger ebenso zum Sender, vom passiven Consumer zum aufgeklärten Mediennutzer, der selbst ohne jeglichen technischen oder finanziellen Aufwand Content produzierte und diesen über die eigenen Kanäle verbreitete.

Aus den bislang passiven Nutzern waren folglich aufgeklärte »Prosumer« geworden, ein Kunst- und Kofferwort aus Produzenten und Konsumenten, welches der US-amerikanische Futurologe Alvin Toffler im Jahre 1980 in seinem Buch *Die dritte Welt* eingeführt hatte.[20] Dies bedeutete wiederum den allmählichen Abschied vom One-to-many-Senderprinzip als Basis klassischer Medien.

WISSEN 1: DREI KOMMUNIKATIVE WEGE

Bei der Kommunikation im Netz sprechen wir von drei Kommunikationswegen:

- Die »One-to-one-Kommunikation« beschreibt den Informationsaustausch zweier Individuen wie beim E-Mail-Verkehr oder beim Messenger.
- »One-to-many« bezeichnet die Kommunikation von einer Person mit mehreren wie beim E-Mail-Newsletter, einem Broadcast-Channel oder einem Massenmedium.
- »Many-to-many-Kommunikation« – teils auch »Few-to-many-Kommunikation« – ist die komplexeste Form, bei der in Communitys und Foren viele mit vielen öffentlich oder aber in begrenzten Gruppen (WhatsApp, LinkedIn, Facebook etc.) kommunizieren.

---

19 Der Zusatz »2.0« bezieht sich auf die Benennung von Software-Versionen und den meist klaren Sprung von einer Version zur nächsten; auf das Internet übertragen weist dieser Begriff damit auf einen tiefgreifenden Wandel hin.

20 Mit dem Begriff kennzeichnete Toffler Akteure, die gleichzeitig als souveräne Informationsproduzenten sowie als Konsumenten, als Verbraucher und Rezipienten fungieren, wobei die Grenze zwischen Konsumenten und Produzenten verschwimmt; https://de.wikipedia.org/wiki/Prosumer.

Von der Dialog- zur Massenkommunikation

Wir Internetnutzer hatten uns emanzipiert und unser Medienkonsumverhalten verändert. Wir verabschiedeten uns von der Einwegkommunikation, von einseitigen Informationsplattformen und wendeten uns stattdessen verstärkt dynamischen Mitmach-Plattformen zu und belebten sie aktiv. Dazu verließen wir die bisherige passive Rolle und reicherten das Netz mit unseren eigenen Beiträgen an. Wir verbreiteten persönliche Ansichten und individuelle Perspektiven, beteiligten uns an Diskussionen und verbanden uns mit Gleichgesinnten. Wir zeigten Fotos, spielten Videos, bewerteten Produkte und Orte und griffen auf Mitmach-Angebote zu.

Wir generierten inhaltlichen Mehrwert – »User-Generated Content« – und suchten den Dialog oder die Reaktion – bei anderen Nutzern und auch bei Unternehmen und Institutionen, ob die es nun wollten oder nicht. Einfach gesagt: Wir nutzen das Internet nicht mehr als Informationsinstrument, sondern speziell das Social Web als ein Kommunikations- und Dialogmedium. Diese neue Medienwirklichkeit beschränkte sich schon bald nicht mehr auf die Generation der »Digital Natives«, sondern bezog die gesamte Bevölkerung mit ein – unabhängig von Alter, Bildung, Vermögen. Selbst Teile der 50+-Generation definierten sich über gemeinsame Interessen, produzierte Inhalte und verknüpften sich zu immer einflussreicheren kleineren wie größeren Netzwerken.

Optionen der Partizipation

Für diesen Austausch stand eine wachsende Anzahl an Tools und Netzwerken als dynamische Mitmach-Plattformen zur Verfügung, die unter dem Oberbegriff »Social Media« zusammengefasst wurden und die bisherigen Informationsplattformen nicht ersetzten, aber in immer stärkerem Maße ergänzten und schon bald dominierten.

Dies zeigt, wie stark diese neue Welt die Kommunikationslandschaft durcheinandergewirbelt hatte. Aus Sicht von Kommunikatoren stand sie für eine veränderte Wahrnehmung und Nutzung des Internets durch eine rasant wachsende Anzahl an Menschen, für kollektive Meinungsbildung durch starke Vernetzung und direkte Interaktion. Unter dem Schlagwort »Mitmachnetz« ermöglicht es vielfältige Optionen der Partizipation, die sich mit fünf Aktivitäten überschreiben lassen:

- **Authoring**: Publizieren von Inhalten ohne größere technische Barrieren;
- **Scoring**: Unmittelbares Bewerten von Inhalten und Informationen;
- **Connecting**: Vernetzen mit Individuen, Unternehmen wie Organisationen;
- **Sharing**: Teilen von Informationen und Bewertungen mit anderen;
- **Collaborating**: Zusammenarbeiten in offenen oder geschlossenen Gruppen.[21]

Verlust von Kontrolle

Dieser stark partizipative Ansatz hatte beträchtliche Auswirkungen auf die Unternehmen und Institutionen. Er zeigte deutlich auf, welch grundlegender Wandel sich vollzogen hatte: Organisationen hatten nämlich die alleinige Macht über die Information, die dominierende Einfluss-

21 Vgl. Ruisinger, D. (2020), S. 63 f.

nahme auf bestehende und potenzielle Kunden, auf Mitarbeitende, Zulieferer, Partner und Multiplikatoren verloren. Sie waren nur noch ein – wenn auch bedeutsamer – Mitgestalter des gesellschaftlichen Diskurses auf einer Meinungsplattform, die sich durch eine Verknüpfung der Nutzer untereinander auszeichnete.

Aus ihrer Sicht bedeuteten die neuen Machtverhältnisse folglich das Ende der bisherigen Kontrolle von Inhalten, wie der US-amerikanische Professor und Buchautor Keith Quesenberry schreibt:

> *»With the rise of social media the power of the consumer's voice is now equal or even more powerful than the brand's voice.«* Unternehmen müssten folglich mutig das Internet als Dialogmedium begreifen: *»If we truly want to control brand communication today, we must be willing to give up control. (...) Many marketers get so focused on creating more content that they forget social media is a two-way medium.«*[22]

Machtverschiebung zum Nachfrager

Dieser Abgabe von Kontrolle werden wir später noch beim Thema Markenbotschafter begegnen. Für den Moment beschrieb Quesenberry die klare Machtverschiebung vom Anbieter zum Nachfrager mit *»shifting content from a conventional publisher-centric model to a more user-centric one«.*[23] Schließlich wurden die Social-Media-Nutzer immer stärker zu Distributoren von Produkten, Images, Marken, Informationen – ob textlich gekürzt, inhaltlich vertieft oder angereichert mit Fotos, Videos oder Links. Zumindest solange sie von den Inhalten überzeugt waren und diese zu ihren eigenen Interessen und insbesondere zu denen ihrer Community passten. Und je spannender und relevanter ein Produkt, eine Story, ein Thema für sie erschien, desto intensiver griffen sie diese auf.

Unternehmen wie Institutionen mussten sich folglich plötzlich gegen die Gespräche behaupten, die ihre gut informierten Kunden, Partner, Multiplikatoren, Mitarbeitenden miteinander über sie führten, die sich online mit Gleichgesinnten austauschten, in Social-Commerce-Plattformen Preise verglichen, in Foren und Netzwerken unabhängige Meinungen einholten, den Empfehlungen der eigenen Community folgten, Produkte, Dienstleistungen und Marken als Content-Juror beurteilten und die Produkte mitsamt verlinktem Zubehör gleich online bestellten oder ersteigerten – weil sie ihnen vertrauten. Schließlich sind persönliche Empfehlungen mehr wert als die Filterung durch eine anonyme Marke.

Auf solch eine veränderte Meinungs- und Markenbildung und den graduellen Wechsel von der »Institutional Control« zur »Consumer Control«, von reiner Push-Kommunikation zu einem wech-

22 https://heidicohen.com/books/social-media-strategy/
23 Quesenberry (2019), S. 8.

selseitigen Push-Pull-Verhältnis, von einer ausschließlichen Top-down-Kommunikation zum immer stärkeren Bottom-up-Einfluss, musste sich die Kommunikationsbranche einstellen.[24]

WISSEN 2: PUSH- VS. PULL-KOMMUNIKATION

Die Veränderung lässt sich am klarsten mit den Kommunikationswegen Push und Pull verdeutlichen. Diese beschreiben die Kommunikation mittels digitaler Medien über zwei grundsätzlich unterschiedliche Ansätze, die sich jedoch gut kombinieren lassen.

- Beim **Push-Ansatz** werden Informationen simultan an einen definierten Empfängerkreis verschickt wie E-Mail-Newsletter, Messenger-Nachrichten, Broadcast-Channels, Pressemitteilungen, Werbemailings. Er folgt damit der Frage, was die Organisation kommunizieren will – also in den Markt und in die Köpfe der Menschen »pushen« will. Das Problem besteht darin, dass auch Empfänger mit Informationen versorgt werden, die für diese – im Moment – keine Verwendung haben. Zudem setzt der Ansatz voraus, dass die Empfänger dem Erhalt der Informationen zugestimmt haben, sich dafür registriert haben beziehungsweise diese abonniert haben.

- Beim **Pull-Ansatz** werden Informationen für den individuellen Abruf bereitgestellt – beispielsweise auf einer Webseite, einem Corporate Blog oder einem Content-Hub. Der Pull-Ansatz zielt somit darauf ab, im Internet von potenziellen Stakeholdern durch hochwertige Inhalte möglichst einfach gefunden zu werden. Begleitet von einer SEO-Strategie wird Antwort auf die Frage gesucht, was die Stakeholder wissen wollen beziehungsweise interessieren könnten. Es wird also die Frage bewusst umgedreht, die man mit dem Angler-Fisch-Prinzip beschreiben kann: Der Köder (Inhalt) muss nicht dem Angler (Organisation), sondern dem Fisch (Empfänger) schmecken. Der Nutzer kann dann die Informationen finden, auswählen, abrufen, ansehen, anhören oder auch abonnieren. Der Nachteil: Er muss dazu selbst aktiv werden.
  Dieser Pull-Ansatz hat durch das Social Web neuen Schwung bekommen. So sind die Zeiten vorbei, in denen Unternehmen allein bestimmen können, wer Informationen verbreitet und damit für ein Grundrauschen zum Thema sorgt. Für den kommunikativen Erfolg mindestens genauso entscheidend sind die Nutzer, die beispielsweise auf Basis der gefundenen Informationen eigene Inhalte – sogenannten User-Generated Content – erstellten und ihn dann über ihre eigenen Kanäle verbreiten beziehungsweise von anderen Nutzern verbreiten lassen.

Shift als neue Herausforderung

Gleichzeitig entdeckten Unternehmen und Institutionen im Social Web die Chancen für sich. Unabhängig von klassischen Gatekeepern wie den Medien konnten sie plötzlich den direkten Dialog mit einzelnen Zielgruppen sowie mit der breiten Öffentlichkeit herstellen und pflegen.

24 Ausführlicher in Ruisinger, D. (2020), S. 123–124.

Social Media bedeuteten für sie Dialog, Marktforschung, Kundenservice, Imageaufbau, Meinungsführerschaft, Employer Branding. Dazu mussten sie in den Markt hineinhorchen, Themen detailliert analysieren, relevante Meinungsmacher identifizieren, Nutzern genau zuhören, Kritikpunkte offen aufnehmen, eigene Vorschläge und kreative Ideen entwickeln und diesen Austausch als wirkliches Gespräch und als echten Dialog begreifen.

Für professionelle Kommentatoren stellte die Neuerung eine große Herausforderung dar. Für sie bedeutete der Trend hin zu Social Media ein stärkeres Miteinander, ein agiles Entwickeln, ein kooperatives Arbeiten, ein intensiver Austausch – mit Kollegen, Interessenten, Kunden, Multiplikatoren. Dazu stand eine wachsende Zahl an Instrumenten und Technologien zur Verfügung. Zu fast jedem erdenklichen Bereich des Lebens, zu jedem Hobby, für jede Altersstufe fand sich die passende Plattform, die Community, das Netzwerk, der Dialogkanal im Netz.

Erhöht wurden die gestiegenen Anforderungen durch die räumlich wie zeitlich unbeschränkte Verfügbarkeit von Informationen und Dialogen. Gerade die Smartphone-Welle hatte den jederzeit möglichen Abruf von Informationen deutlich erleichtert. Daraufhin erwarteten die Nutzer, dass Informationen nicht nur schnell zur Verfügung gestellt, sondern auch, dass auf ihre Anfragen, Anregungen und Kommentare umgehend geantwortet und reagiert wurde. Wurde der Dialog dagegen verweigert, schlug sich dies häufig in negativen Bewertungen und Kommentaren in den Netzwerken nieder. Gerade für traditionelle Organisationen bedeutete diese kurzen Reaktionszeiten eine Zeitenwende.

Stärkere Sichtbarkeit in der Öffentlichkeit

Hinzu kam, dass sie in einer immer stärker digitalisierten Welt, in der Unmengen an Daten dauerhaft verfügbar sind, viel stärker im Fokus der öffentlichen Wahrnehmung standen. Ihre Glaubwürdigkeit war eng mit dem gesellschaftlichen Ansehen und dem individuellen Verhalten von Mitarbeitenden und weiteren Anspruchsgruppen verbunden.

Organisationen mussten folglich sicherstellen, dass sie über ausreichend personelle, zeitliche wie finanzielle Ressourcen verfügen, um auf diese Prosumer adäquat zu reagieren. Sie mussten sich Diskussionen stellen sowie auf Anfragen reagieren und dies schnell, kompetent und authentisch. Ansonsten wurden sie selbst einerseits als Dialogpartner nicht akzeptiert; andererseits hatten sie keine Chance, in diesen neuen Gruppen willige Partner für ihre eigene Content-Strategie zu finden. Schließlich verstanden sich diese als Mitspieler, die von Unternehmen den aktiven Dialog forderten.

»Bring the world closer together«

Begriffe wie Mitspieler, Dialogpartner, Austausch, Vernetzung verdeutlichen, dass soziale Medien ursprünglich Menschen miteinander verbinden wollten. Sie sollten es diesen ermöglichen, online Freunde (wieder) zu finden, Kontakte zu knüpfen und zu pflegen, Ideen auszutauschen, miteinander zu kommunizieren – und dies über geografische oder zeitliche Grenzen hinweg. Auf diese Weise sollte die Welt näher zusammengebracht werden, auch wenn sie sich nicht im selben Raum befand. Diese Idee spiegelt sich im Ziel vieler Netzwerke wider. So lautet beispielsweise bis heute die Mission von Meta: »*Giving people the power to build community and bring the world closer together*«.[25] Die Menschen näher zusammenbringen – ein schöner Grundgedanke.

Dieser Gedanke hatte großen Erfolg: Immer mehr Menschen, Institutionen und Unternehmen nutzten die Plattformen des Social Web, um die Kommunikation mit ihrem privaten Netzwerk oder ihren beruflichen Anspruchsgruppen aufzubauen, zu pflegen und zu intensivieren. Sie nutzten Facebook, Instagram, LinkedIn und andere Kanäle, um Inhalte mit ihren Freunden und Bekannten, mit Business- und Netzwerk-Partnern zu teilen. So konnte man schon bald von einer Habitualisierung der Social-Media-Plattformen sprechen.

Gleichzeitig wurde deutlich, dass sich die Menschen in Social-Media-Zeiten keineswegs in einem gefestigten, in sich geschlossenen Kommunikationsraum bewegten; sie hatten es vielmehr mit Strukturen zu tun, die einem ständigen Wandel unterlagen. Wie in diesem Buch noch gezeigt wird, änderte sich diese Social-Media-Welt so schnell, dass die gleichen Instrumente und Methoden von heute schon morgen nicht mehr zum Ziel führen. Allein die Aussage »Was morgen ist, war gestern« verdeutlicht, wie stark wir daher über die jeweils aktuellen Chancen und die Grenzen der Plattformen Bescheid wissen müssen, um sie innerhalb einer Kommunikationsstrategie effektiv einsetzen zu können.

WISSEN 3: DREI BEGRIFFE: SOCIAL WEB, SOCIAL MEDIA, SOCIAL NETWORKS

Heutzutage werden diese drei Begriffe sowohl national als auch international umgangssprachlich als Synonyme verwendet. An dieser Stelle möchte ich kurz darauf eingehen, welche konkreten Unterschiede tatsächlich bestehen:

1. Was ist das Social Web?

»*The social web is a set of social relations that link people through the World Wide Web*«,[26] heißt es bei Wikipedia. Der Begriff betont damit den grundlegenden sozialen Charakter dieses Teils des Internets, das die Interaktion zwischen Menschen mit ähnlichen Vorlieben erleichtert. Durch webbasierte Anwendungen sollen soziale, multiple Interaktionen (many-to-many) ermöglicht werden, damit die Menschen selbst aktiv werden und sich ohne große Hürden austauschen können.

2. Was heißt Social Media?

Social Media beziehungsweise soziale Medien ist der Oberbegriff für die Anwendungen beziehungsweise Plattformen des Social Web. Dazu zählen soziale Netzwerke genauso wie Blogs, Kurznachrichtendienste wie X, Bluesky und Threads, Video-, Foto- und Social-Sharing-Plattformen wie YouTube, Flickr oder Pinterest, Wikis und Bewertungsportale. Dabei handelt es sich stets um interaktive Plattformen, die es uns Menschen ermöglichen, uns mit anderen zu vernetzen, untereinander auszutauschen und media-

25 https://about.meta.com/company-info/
26 https://en.wikipedia.org/wiki/Social_web

le Inhalte einzeln, in einer begrenzten Gruppierung oder öffentlich zu diskutieren und weiterzugeben.
Zentrales Merkmal von Social Media ist dabei die Interaktivität beziehungsweise soziale Interaktion, wodurch sich Informationen, Einschätzungen, Meinungen schnell verbreiten können. Zudem treten beide Seiten im Unterschied zum herkömmlichen Sender-Empfänger-Modell bei Massenmedien als gleichberechtigte Sender und Empfänger auf.

3. Was sind Social Networks?
Soziale Netzwerke sind Online-Plattformen, mit deren Hilfe Menschen miteinander kommunizieren, Informationen austauschen, Beziehungen aufbauen und sich in Gruppierungen organisieren. Das Wichtige: Bei den sozialen Netzwerken stehen der Austausch der Menschen und die Beziehungen der Menschen untereinander im Mittelpunkt. Dies unterscheidet soziale Netzwerke von den viel älteren Foren, bei denen eher Wissensvermittlung und Hilfestellung bei Fragen und Problemen im Fokus stehen.
Soziale Netzwerke basieren auf einer Software, die den Menschen als Plattform für den wechselseitigen Austausch von Informationen, Erfahrungen und Meinungen dient. Daraus ergibt sich dann *»ein abgrenzbares soziales Netzwerk von Nutzern mit von ihnen erzeugten Inhalten (User-generated content)«.*[27]

Soziale Netzwerke stellen heute die folgenden Funktionen zur Verfügung:

- eine eigens erstellte Profilseite der Person oder der Organisation;
- einen Feed als individuelle Startseite, in den früher die Beiträge der Follower und Abonnenten einflossen und der heute vielfach von Algorithmen und Werbung dominiert ist;
- die Posting-Funktion zum Teilen von Inhalten wie Texten, Bildern, Videos;
- die Möglichkeiten der Interaktion wie das Liken, Kommentieren und Teilen von fremden Beiträgen;
- das Abonnieren anderer Profile;
- das Taggen von Accounts und Personen;
- die Benachrichtigung bei Reaktion anderer auf die eigenen Beiträge;
- eine Suchfunktion sowie
- eine Messaging-Funktion zum direkten Austausch mit anderen Nutzern.

Teilweise gehören auch Gruppen und Storys zu den Basisfunktionen sozialer Netzwerke. Typische Vertreter der sozialen Netzwerke sind Facebook, LinkedIn, Instagram, begrenzt auch XING und TikTok (s. Kapitel 3.2). Heute wird der Begriff »Soziale Netzwerke« fast synonym mit Social Media verwendet, auch wenn Kurznachrichtendienste oder Sharing-Plattformen, Bewertungsplattformen oder Wikis nicht zu den sozialen Netzwerken zählen.

27 Vgl. https://de.wikipedia.org/wiki/Soziales_Netzwerk_(Internet).

2.2 Soziale Netzwerke und der Social Graph

»Nicht die Qualität der Inhalte war entscheidend – nein, noch nicht einmal die Inhalte selbst –, sondern die Anzahl von Freunden, Fans und Followern.«[28]
Severin Pomsel, Neue Zürcher Zeitung

Die Geschichte der sozialen Netzwerke geht ins Jahr 1967 zurück: In einem Experiment fand der Sozialpsychologe Stanley Milgram heraus, dass jeder Mensch über durchschnittlich sechs Bekannte mit jedem anderen Menschen bekannt ist – und nannte dies »Small World Phenomenon«. Bald 60 Jahre später basieren auf diesem Prinzip die sozialen Netzwerke, die beruflich wie privat dem Aufbau und der Pflege von Beziehungen dienen. Die Vielfalt der Networks ist so groß wie die Interessengebiete der Menschen: für Jung und Alt, für Geschäftsleute und Superreiche, offen wie exklusiv, themenzentriert wie das Mediziner-Netzwerk Sermo, das Job-Netzwerk XING oder das Netzwerk für die Zielgruppe der Best Ager feierabend.de, oder kontaktzentriert wie die Plattformen Facebook, Instagram oder LinkedIn.

Eine kleine Geschichte der großen Netzwerke

Die Geschichte der heutigen sozialen Netzwerke reicht dazu rund 30 Jahre zurück. Gab es bereits in den 1980er-Jahren die ersten Foren und Newsgroups, so entstand im Jahre 1995 mit der US-amerikanischen Schulfreunde-Gemeinschaft Classmates.com die erste netzwerkähnliche Plattform, deren Funktionen schon weiter reichten. Doch erst die 1997 gegründete Online-Community SixDegrees.com lieferte die heute üblichen Funktionen wie Profil, Freundeslisten, Nachrichtensystem etc., die ein soziales Netzwerk definieren (s. Wissen 3).

Der Fokus auf den Aufbau von Beziehungen zwischen Menschen spiegelte sich bereits im Namen dieses wirklichen Pioniers für soziale Netzwerke wider: »Six Degrees of Separation« bezog sich eindeutig auf die durchschnittlich sechs Bekanntschaftsbeziehungen, die Milgram bei seinem Kleine-Welt-Phänomen festgestellt hatte und die uns verdeutlichen, wie gering die maximale Distanz zwischen den einzelnen Einheiten innerhalb eines sozialen Netzwerkes ist.

Wachsende Anzahl an Plattformen

Schon bald folgten die nächsten Dienste. Immer mehr Plattformen stellten den Menschen die entsprechende Bühne zur Verfügung.[29] Plattformen wie Blogger.com und LiveJournal (beide 1999) ermöglichten das einfache Publizieren von Texten ohne jegliche Technikkenntnisse und brachten das Bloggen in Mode. Mit der Jahrtausendwende erlebten soziale Netzwerke einen ersten Boom, da immer mehr Menschen eine Internetverbindung zur Verfügung hatten und sich daher ein großer Teil gerade der privaten Kommunikation Schritt für Schritt ins Internet verlagern konnte.

---

28 https://bit.ly/dr_nzz_endesocialmedia

29 Eine gute Übersicht über die Charakteristika und Funktionen der sozialen Netzwerke sowie der Geschichte findet sich in diesem Wikipedia-Artikel: https://de.wikipedia.org/wiki/Soziales_Netzwerk_(Internet).

Mit Friendster (2002), dem Business-Network LinkedIn (2003), dem früheren Kult-Netzwerk MySpace (2003), Orkut (2004) aus dem Google-Umfeld und in Deutschland XING damals als OpenBC (2004) und StudiVZ (2005) tauchten die ersten großen werbefinanzierten sozialen Netzwerke auf, die Anklang in der großen Masse fanden, was sich in einem starken Benutzerwachstum und teils mehreren Hundert Millionen Mitgliedern niederschlug. Auch in der LinkedIn-Positionierung befindet sich ein klarer Hinweis auf das Ziel eines sozialen Netzwerkes – wenn auch im Business-Kontext. So heißt es dort: »*Fach- und Führungskräfte weltweit miteinander verbinden, damit sie produktiver und erfolgreicher sein können*«.[30]

Wieder war es die Technologie, die den Netzwerken einen nächsten Schub verlieh: die Ära der Mobiltelefone. Denn spätestens als sich zu Beginn der 2010er-Jahre Smartphones und auch Tablets durchgesetzt hatten und damit die mobile Internetnutzung unabhängig von Ort und Zeit erleichterten, verstärkte sich der Zulauf auf die Social-Media-Anwendungen. Über Business-Netzwerke wie XING und LinkedIn bauten sich die Menschen berufliche Kontakte auf und suchten neue Jobs; auf den Sharing-Plattformen wie Flickr (2004) – für Bilder – und YouTube (2005) – für Videos – entstanden endlose Streams an visuellen Eindrücken, wo jeder sich individuell ausdrücken konnte – »Broadcast yourself«.

Der schnelle Aufstieg von Facebook

Im Februar 2004 ging Facebook[31] an den Start – zu Anfang nur für Studierende der Harvard-Universität. Nach und nach öffnete sich das Netzwerk für Studierende anderer US-Universitäten, für Schülerinnen und Schüler von US-Highschools und schließlich für beliebige Menschen auch außerhalb der Vereinigten Staaten. Allein in den ersten zehn Jahren seines Bestehens entwickelte sich Facebook so von einer Webseite für Studierende zu einem Netzwerk mit 1,4 Milliarden Mitgliedern.

30 https://bit.ly/dr_linkedIn_tipsheet

31 Facebook gilt bis heute als das Social Network. Es hat in der Vergangenheit viele Maßstäbe gesetzt, was das Social Networking betrifft. Darum wird Facebook bei dieser Rückschau auf den Beginn der Entwicklung von Social Media relativ stark in den Mittelpunkt gestellt, auch wenn es seine führende Position heute eingebüßt hat.

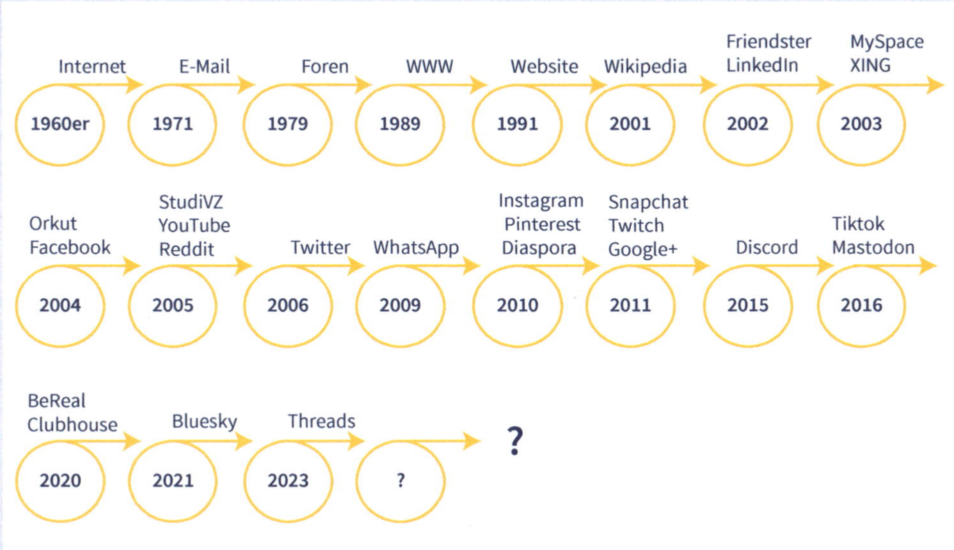

Abbildung 3: Die Entwicklung des Social Web anhand ausgewählter Plattformen

Der Kniff von Gründer Mark Zuckerberg: Im Unterschied zu MySpace, das sich speziell an Kreative, an Bands und an Musikinteressierte gerichtet hatte, positionierte er Facebook nicht als Nischennetzwerk, sondern als ein zwischenmenschliches Kommunikationsangebot für den Mainstream: Ob Reisende sich mit ihren Urlaubsbekanntschaften vernetzten, Musiker für ihre Konzerte warben, Umweltschützer ihr Engagement zeigten, Großeltern die Kinderbilder bewunderten oder Studierende sich zu einer Club-Nacht verabredeten – alle nutzten plötzlich Facebook und verabschiedeten sich im Gegenzug von anderen Plattformen wie MySpace oder gerade in Deutschland Wer-kennt-wen und StudiVZ. Dies führte dazu, dass Facebook schon 2008 zum führenden und beliebtesten sozialen Netzwerk der Welt aufgestiegen war und das bis dahin führende Netzwerk MySpace vom Thron und andere Netzwerke in die Bedeutungslosigkeit geschoben hatte.

All diese Mitmach-Plattformen im Social Web waren als virtuelle Gemeinschaften konzipiert. Sie offerierten ihren Mitgliedern, einerseits mit anderen Menschen Verbindungen online zu knüpfen, andererseits mit diesen Menschen Inhalte zu teilen. Genau diese Möglichkeit der Interaktion, des Austausches, der Unterhaltung war von grundlegender Bedeutung für den Aufbau dieser Gemeinschaften.

Die zwei Prinzipien der Vernetzung

Die neuartigen Social-Media-Plattformen bildeten ein Geflecht von Beziehungen ab, von Freund- und Bekanntschaften oder – besser gesagt – von Kontakten. Sie fungierten als Netzwerke, die es uns ermöglichten, Inhalte von den Menschen zu sehen, die wir kannten und mit denen wir verbunden waren. Zudem konnten wir anderen Accounts folgen, die wir einfach interessant fanden und deren Inhalte wir nicht verpassen wollten. Dies nannte man das Follower-

Prinzip. Teilweise gründeten wir mit diesen sogar eine Gruppe, um uns über ein gemeinsames Thema zu unterhalten – öffentlich, halb oder ganz geschlossen.

Um die Abgrenzung der sozialen Netzwerke von den übrigen Social-Media-Anwendungen besser zu verstehen, lohnt sich ein Blick auf die zwei Prinzipien, die bei den Plattformen jeweils dominieren:

- **»Network-Prinzip« mit Fokus Vernetzen**: Dazu zählten Facebook, Instagram, LinkedIn und früher auch Plattformen wie MySpace, StudiVZ oder Wer-kennt-wen.de. Ihr gemeinsamer Grundgedanke: die Vernetzung. Ihr Ziel: ein Geflecht von Beziehungen, Freundschaften und Bekanntschaften abzubilden, das jede und jeder von uns aufbauen und vertiefen kann, meist zu Menschen, die wir kannten, später auch zu Organisationen, die wir schätzten. Diese Funktion des persönlichen Netzwerkens spiegelt sich in der ursprünglichen Facebook-Vision von Mark Zuckerberg wider, »jeden Menschen auf der Welt zu verbinden«.
- **»Follower-Prinzip« mit Fokus Folgen**: Bei diesem Prinzip stand weniger das Netzwerk im Vordergrund, sondern mehr das Folgen von Personen, Themen, Unternehmen innerhalb eines Netzwerks. Das heißt, wir folgten auch Personen, die wir nicht immer kannten, deren gepostete Inhalte wir aber als interessant empfanden und von denen wir mehr wollten. Beispiele dafür waren Twitter (heute X), YouTube oder auch Bluesky.

Abbildung 4: Follower-Prinzip vs. Netzwerk-Prinzip; das linke Bild symbolisiert das Follower-Prinzip; die Menschen folgen den Interessen und Inhalten anderer Menschen; das rechte Bild steht für das Network-Prinzip; hier liegt der Fokus auf der Vernetzung innerhalb eines Netzwerkes; beide Bilder mit KI erstellt

Natürlich gab es Mischformen. Beispielsweise konnte man auf Facebook auch Accounts folgen, ohne mit ihnen persönlich vernetzt zu sein. Und auf Twitter wurde das bisherige Follower-Prinzip sogar noch abgeschwächt, indem viele Menschen sich weniger für die Personen (Follower) oder deren Inhalte (Tweets) als vielmehr für Hashtags interessierten, denen sie folgten; YouTube integrierte dafür immer stärker Community-Formen, die den Menschen den gegenseitigen Austausch über das Video und seinen Creator ermöglichten.

Das Verbindende: In den Social-Media-Plattformen dieser Anfangszeiten entschieden wir durch das Follower- und Vernetzungsprinzip ganz selbstständig, welche Inhalte uns wirklich interessierten und wir damit in unserem persönlichen Feed haben und damit zu Gesicht bekommen wollten. Einfach gesagt: »Die soziale Beziehung bestimmte über den Inhalt und sonst nichts.«[32]

Die Rolle des Social Graph

Die Verbreitung der Informationen erfolgte dabei nach einem einfachen Prinzip, das seit 1997 fast alle Social-Media-Plattformen vereinte: dem Social Graph[33]. Dieses Modell bildete die sozialen Beziehungen zwischen Personen oder anderen Einheiten ab, also das Beziehungsgeflecht. Es drückte aus, wie mehrere Personen zueinander in Beziehung stehen und miteinander verbunden sind. In diesem Modell ist eine Person immer der Knoten (s. Abbildung 5), von dem aus sie über Linien mit weiteren Personen verbunden ist.

Beim Social Graph wurden alle Inhalte im eigenen Feed anhand der eigenen Verbindungen – Freunde, Follower, vernetzte Personen etc. – zusammengestellt. Social Media waren folglich damals eine »Connection-basierte« Content-Verbreitung und einfach zu verstehen: Wenn zwei Menschen auf einer Plattform befreundet waren, erhielten sie in ihren Feeds Zugang zu den Inhalten des jeweils anderen beziehungsweise sie sahen die Inhalte derjenigen Personen, die sie kannten. Heute nennt man dies das »alte Modell«[34].

WISSEN 4: DER SOCIAL GRAPH EINFACH ERKLÄRT

Ein einfaches, idealtypisches Beispiel verdeutlicht die Funktionsweise des Social Graphs in einem sozialen Netzwerk: Person A teilt regelmäßig Inhalte, die ihr gefallen, in Form von Fotos, Videos oder Texten. Person B gefällt dieser Content. Sie interagiert damit, indem sie Kommentare oder Likes hinterlässt und Beiträge von Person A zudem in ihrem eigenen Netzwerk teilt. Zudem will sie mehr von Person A erfahren und lesen. Folglich vernetzt sie sich mit Person A oder folgt ihr zumindest. Person A bemerkt dies und folgt aus Interesse auch Person B zurück beziehungsweise vernetzt sich mit ihr. Von diesem Moment an sehen beide Personen ihre Inhalte gegenseitig in ihren Newsfeeds: Ob Bilder von der Hochzeit, ein Bericht der letzten Asienreise, ein Selfie am Strand mit Sonnenuntergang, ein Video vom geliebten Vierbeiner, gar das berühmte Foto eines Mittagessens oder ein persönlicher Gedanke zum politischen Weltgeschehen. Zudem bekamen sie in den frühen Tagen von Facebook&Co. sämtliche Inhalte aus ihrem Netzwerk zu sehen – sogar in chronologischer Reihenfolge und unabhängig von der Qualität der Beiträge oder den ganz persönlichen Interessen.

32 https://bit.ly/dr_t3n_socialmediaalgorithmen
33 Nicht zu verwechseln mit dem Facebook Social Graph, der Programmierschnittstelle für Facebook.
34 Vgl. https://bit.ly/dr_lychee_endofsocialmedia.

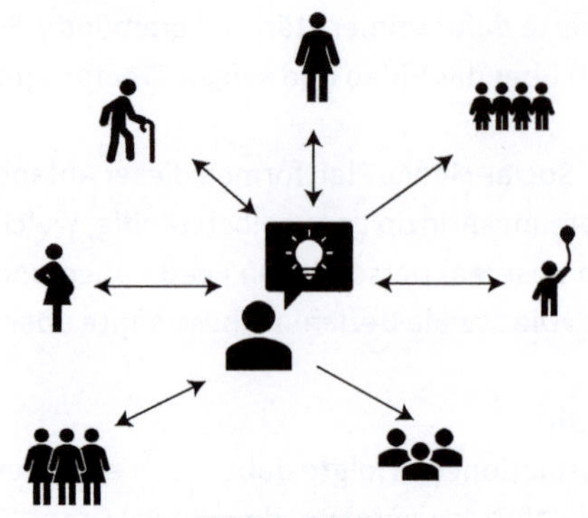

Abbildung 5: Der Social Graph

Das Wachstum persönlicher Netzwerke

Indem wir unser persönliches Netzwerk an vertrauenswürdigen Kontakten mit den entsprechenden Netzwerken anderer verbanden, bauten wir uns ein enges, größeres und stets weiterwachsendes Netzwerk auf. In diesen frühen Social-Media-Zeiten bestimmte allein die soziale Beziehung über den Inhalt in den Feeds und sonst nichts. Wir entschieden selbst, welche Beiträge wir zu Gesicht bekommen wollten, in dem wir nur den Personen oder Organisationen folgten oder uns nur mit denen befreundeten, die uns wirklich interessierten. Wir filterten also nach Relevanz und Sympathie.

In der ersten Stufe verbanden wir uns vor allem mit Personen, die wir kannten – von Reisen, aus der Schulzeit, aus dem Job, von der Hochschule, aus dem Nachtleben. Im zweiten Schritt kamen dann die Freunde der Freunde hinzu, die wir ebenfalls interessant fanden. Und im dritten Schritt folgten dann sonstige Personen oder sogar Accounts von Unternehmen und Institutionen, die wir irgendwo entdeckt hatten. Auf diese Weise wuchsen unsere eigenen Accounts immer weiter.

Starke und schwache Verbindungen

Jetzt wäre es viel zu einfach, alle Kontakte in einen Topf zu werfen. Schon in den 1970er-Jahren hatte der US-amerikanische Soziologe und Wirtschaftswissenschaftler Mark S. Granovetter seine Thesen von starken (»Strong Ties«) und schwachen (»Weak Ties«) Bindungen in Netzwerken vorgestellt, die beide unterschiedliche Rollen einnehmen. So definierte der Soziologieprofessor an der Stanford University die Begriffe wie folgt:

- *»Weak ties are people you know but not very well. They're merely acquaintances. You interact with these people at work and in your personal life only as much as you need to.*
- *Strong ties are folks you know very well. You likely have close ties with the people you walk home with after work or visit on weekends. These are the friends you interact with regularly — whether it's a workplace bestie or the close friend you've known since high school.«*[35]

35 https://www.betterup.com/blog/weak-ties-vs-strong-ties

Laut Granovetter spielen beide Verbindungen eine unterschiedliche, aber genauso wichtige Rolle. Freunde, Familie und engen Kollegen haben eine größere emotionale Bedeutung und auch einen direkten beruflichen Mehrwert. Schwache Verbindungen »*are the glue that holds your extended network together*«,[36] sie sind also der Klebstoff für ein erweitertes Netzwerk. Sie greifen dort, wo die bisherigen starken Bindungen nicht ausreichen, und sorgen für Verbindungen zu einer unendlichen Anzahl anderer, ebenfalls hilfreicher Menschen.

Geflecht von Beziehungen

In den sozialen Medien tauchen bis heute beide Verbindungsarten auf. So bestehen Netzwerke sowohl aus starken als auch aus schwachen Verbindungen, also aus Menschen, mit denen man in unterschiedlicher Intensität vernetzt ist. Während starke Verbindung unmittelbare Unterstützung liefern und oft den Zugang zu einem Netzwerk erleichtern, sorgen oftmals flüchtige Netzwerkpartner erst dafür, dass sich Informationen, Nachrichten, Inhalte überhaupt oder besonders stark verbreiten können.

Diese Unterschiede bezogen auf die Relevanz der Strong Ties und der Weak Ties wurden auch bei den Social-Media-Plattformen deutlich: Bei den Plattformen des Vernetzens wie Facebook oder LinkedIn dominierten zumindest zu Anfang eher die starken Beziehungen. Wenn man ein neues soziales Netzwerk zum ersten Mal betrat, suchte man immer zuerst nach Personen, die man kannte – ob aus dem privaten und beruflichen Umfeld oder von anderen digitalen Begegnungen und Plattformen. Erst im zweiten Schritt entstand dann das Netzwerk mit schwächeren Bindungen gerade über das bisherige eigene Netzwerk hinaus. Bei den Plattformen des Folgens wie X, YouTube oder teilweise Bluesky standen die starken Beziehungen dagegen nicht allein im Vordergrund. Schließlich ging es hier auch darum, interessante Inhalte zu finden und zu verfolgen. Inhaltlich konnten hier schwache Beziehungen durchaus weiterhelfen.

Keine Verbreitung ohne Community

Diese offenen Follower- und Netzwerk-Prinzipien eröffneten damit eine neue Chance: Anstelle der direkten Verbindung zwischen einem Menschen und einem anderen Menschen oder einer Organisation waren soziale Medien Plattformen, über die sich Inhalte weit über die eigenen unmittelbaren Kontaktnetzwerke hinaus veröffentlichen ließen. Die starken und schwachen Verbindungen sorgten folglich dafür, dass sich Inhalte verbreiten konnten. Denn das war das Neue an einem Netzwerk miteinander verbundener Personen: Jeder Content konnte sich verbreiten – auf Basis der eigenen Community, die den Inhalten eine Reichweite garantierte und die ein gewisses Maß an Verbreitung für die Urheber gewährleistete.

---

36 In dem verlinkten Beitrag wird beschrieben, warum sowohl starke als auch schwache Verbindungen eine relevante Rolle spielen. Da sie sich auf alle Lebensbereiche erstrecken, sollten sie beide gepflegt werden. Auch wird verdeutlicht, dass schwache Beziehungen nicht weniger wertvoll sind – sie haben nur eine andere Funktion im Leben. Gerade die schwachen Verbindungen helfen beispielsweise dabei, aus der eigenen Blase herauszutreten und neue Ideen und Möglichkeiten zu entdecken, mit denen man über seine starken Verbindungen normalerweise nicht in Kontakt gekommen wäre; https://www.betterup.com/blog/weak-ties-vs-strong-ties.

Der Social Graph bildete damit eine Art Verteilungssystem, mit dem sich relevante Inhalte an ein großes Publikum liefern ließen. Den Erfolg des eigenen Engagements und die Verbreitung des eigenen Contents bestimmten folglich drei Faktoren:

- die Beziehung zu den Personen im eigenen Netzwerk als zentrale Basis;
- die Glaubwürdigkeit, Authentizität und Relevanz der eigenen Inhalte;
- die gute Vernetzung als Push-Faktor für die Verbreitung des Contents.

Follower-Zahl statt Content-Qualität

Das dynamische Vernetzungs- wie Multiplikatoren-Prinzip gab wiederum dem jeweiligen Netzwerk der Menschen eine enorme Bedeutung. Schließlich sorgte dieses für die weitere Verbreitung des Contents an die eigenen Netzwerke – oder aber auch nicht. Das Problematische daran: Ob sich ein Beitrag stark verbreitete, lag einzig und allein am Netzwerk. Das Prinzip favorisierte also Menschen mit vielen, aktiven, meinungsstarken Followern. Je größer also das eigene Publikum, das Netzwerk, die eigenen Verbindungen wurden, desto mehr Einfluss konnte der jeweilige Nutzer gewinnen. Einfach gesagt:

> *»The bigger the following, the bigger the potential for distribution and influence.«*[37]

Wenn sich Inhalte besonders stark verbreiteten, musste dies folglich nicht unbedingt etwas über die Qualität des Contents aussagen, wie es in einem *NZZ*-Artikel heißt:

> *»Nicht die Qualität der Inhalte war entscheidend – nein, noch nicht einmal die Inhalte selbst –, sondern die Anzahl von Freunden, Fans und Followern.«*[38]

In den sozialen Medien war folglich eine Art Wettbewerb entstanden, der auf der Popularität der Netzwerke und nicht unbedingt immer auf der Qualität der jeweiligen verbreiteten Inhalte basierte. Das heißt nicht, dass sich jegliche Art von schlechtem Content auch verbreitete. Jedoch bevorteilte das Prinzip Menschen, die viele meinungsstarke und verbreitungswillige Follower, Fans, Netzwerkpartner hatten. Und je größer die Anhängerschaft, desto höher das Potenzial für die Verbreitung und damit auch die öffentliche Wahrnehmung.

Der Nachteil an diesem Prinzip: Wer keine Community, kein Netzwerk, keine Personen hatte, die den eigenen Content für gut empfanden und über die eigenen Kanäle weiterverbreiteten, dessen Inhalte blieben auf die eigenen Kanäle und die aufgebauten Strong Ties begrenzt. Ohne diesen Multiplikatoreneffekt gab es folglich keine Chance, dass sich der eigene Content darüber hinaus verbreitete – außer über Werbung.

---

37 https://every.to/p/the-end-of-social-media
38 https://bit.ly/dr_nzz_endesocialmedia

Die Unternehmen kommen

Damit kommen wir schon zum nächsten Kapitel in der Geschichte über die Entstehung und die Macht sozialer Netzwerke. Denn lange blieben sie nicht auf Personen und deren Freunde und Bekannten begrenzt. Auch Unternehmen und Institutionen erkannten verstärkt ihre Chancen und das Potenzial, das Social Media ihnen bieten könnten. Sie sahen nicht nur die stetig wachsenden Nutzerzahlen; sie erkannten ebenso, dass die Menschen im Netz greifbarer waren, dass sie dort mit den Menschen in Kontakt treten konnten, dass sie dort eine direkte Verbindung zwischen ihren Marken, ihren Produkten, ihren Dienstleistungen und möglichen Käufern, Interessenten und Fans aufbauen konnten.

Vor allem wollten sie das Netzwerk-Prinzip für sich nutzen. Also überlegten sie sich, wie sie ihr Thema präsentieren und den Menschen schmackhaft vermitteln konnten. Schließlich sollte der Content so interessant sein, dass die Menschen ihn von sich aus gerne untereinander teilen würden. Dies war noch die Zeit der organischen Inhalte – also bevor die Werbung kam. Dazu führte Facebook im März 2012 die Unternehmensseiten ein. Jede Organisation konnte sich eine eigene Präsenz schaffen, um mit bestehenden oder möglichen Partnern, Kunden und Interessenten in Kontakt zu kommen und zu bleiben. Viele Unternehmen bespielten diese mit ihren Inhalten regelmäßig – und nicht nur auf Facebook.

Visuelles Storytelling auf Instagram

Seit Ende 2010 gab es mit Instagram eine kostenlose Foto-Sharing-App. Diese erlaubte es uns, mit unseren Smartphones Bilder und Videos zu schießen, diese zu beschreiben, per Filter teils zu optimieren, teils zu verfremden, mit anderen zu teilen und über weitere Netzwerke zu verbreiten. Aus der ursprünglichen Idee hatte sich bald eine lebendige und extrem stark wachsende Community entwickelt.

Hohe, stetig wachsende Nutzerzahlen und vielfältige Möglichkeiten des visuellen Storytellings mittels Bilder, Videos, Storys, Reels, Live-Übertragungen etc.: Kein Wunder, dass sich eine immer größere Anzahl von Organisationen auf die Plattform einließ. Hinzu kam, dass Instagram in den Jahren nach der Übernahme durch Meta im Jahre 2012 schrittweise einen neuen Weg eingeschlagen und den Fokus weg von Bildern verschoben hatte:

> »*We're no longer just a square photo-sharing app*«,[39] verkündete Instagram-Chef Adam Mosseri im Juni 2021. »*Right now we're focused on four key areas: Creators, Video, Shopping and Messaging.*«

Auf das Thema Messaging werden wir später noch tiefer eingehen.

39 https://www.instagram.com/p/CQwNfFBJr5A/

LinkedIn, YouTube&Co.

Trotz der Übermacht wollte niemand Facebook und Instagram das Revier des Social Networkings alleine überlassen. Seit seinem Start im Jahre 2003 hatte sich LinkedIn zum führenden Business-Network auch in Deutschland entwickelt: für das eigene Themensetting, für den beruflich-fachlichen Austausch, als Dialog-Medium.

Mit dem Ziel, Fach- und Führungskräfte weltweit miteinander zu vernetzen, bot LinkedIn nicht nur den Mitgliedern den Raum für ihre berufliche Weiterentwicklung. Auch Unternehmen und Institutionen konnten sich ein eigenes Unternehmensprofil anlegen, um ihre Sichtbarkeit zu erhöhen, Informationen zu ihrer Marke, zu ihren Produkten und Dienstleistungen zu verbreiten, Jobangebote zu publizieren und sich als Arbeitgebermarke – Stichwort Employer Branding – zu profilieren.

Parallel nutzten insbesondere viele B2C-Organisationen die Chance, sich auf YouTube eine kostenlose Kanalpräsenz für ihre visuellen Aktivitäten aufzubauen. Schon bald zählte sie zusammen mit dem Unternehmens-Account auf Twitter und einer Präsenz auf XING auch in Deutschland zum Basiswerkzeugkasten einer modernen digitalen Kommunikation.

Beginn des Social-Media-Marketings

Doch nicht nur Unternehmen und Institutionen hatten die Relevanz der sozialen Netzwerke in dieser neuen Zeit erkannt. Auch Facebook&Co. witterten mögliche Umsätze. Angesichts des Booms unter Personen wie unter Unternehmen und Institutionen überraschte es nicht, dass sich die Social-Media-Plattformen immer tiefer mit einem Kernthema beschäftigten: Werbung.

Dieser Umschwung war zu erwarten gewesen. Schließlich wollten sie ihre Investitionen nicht nur refinanzieren, sondern von diesem Trend monetär profitieren. Und kostenpflichtige Netzwerke waren in der Vergangenheit nie erfolgreich gewesen. Folglich entwickelten sie neuartige Werbeformate, um Organisationen die Möglichkeit zu eröffnen, mit Anzeigen auf den Plattformen ihre Fans und auch neue Zielgruppen möglichst genau zu erreichen. Damit war die Tür zum Social-Media-Marketing geöffnet.

Chancen für segmentierte Werbung

Über Social Media ließen sich vielfältige Ziele erreichen, von denen die folgende Abbildung einige erwähnt. Der Grund: Da die Menschen in den Netzwerken viele persönliche Details über sich und ihre Umgebung preisgaben, eröffneten sie die Möglichkeit für zugeschnittene Ads. Zielgruppen ließen sich folglich nicht nur alters- und geschlechterspezifisch, sondern viel genauer über demografische Merkmale, individuelle Interessen und Verhaltensweisen segmentieren. Auf diese Weise konnten Werbekunden selbst sehr kleine Zielgruppen ansprechen – und dies zu Kosten, die deutlich geringer im Vergleich zu klassischen Werbemedien waren.

Abbildung 6: Ausgewählte Ziele eines Social-Media-Marketings

Die Folge: Irgendwann tauchten in unseren Feeds nicht nur die Beiträge der Freunde, der Bekannten, der vernetzten Seiten, also des eigenen Netzwerkes auf. Unsere Feeds wurden ebenfalls von Werbung geflutet – egal ob auf Facebook, auf Instagram, auf LinkedIn oder auf YouTube. Damit wir diese Werbeprodukte adäquat wahrnehmen, mussten wir möglichst viel Zeit auf der Plattform verbringen. Dies war und ist bis heute das höchste Ziel der Plattformen. Von diesem Moment an wurde die Verweildauer zu einem immer wichtigeren Faktor.

Die Influencer kommen

Und noch etwas geschah: Wie oben schon beschrieben, profitierten von Social Media insbesondere die Personen, die gut vernetzt waren, die also eine persönliche Community aus vielen treuen, aktiven, meinungsstarken und verbreitungswilligen Followern, Fans und Netzwerkpartnern hatten. Genau dies machte sich eine neue Gruppe zunutze, aus der bald eine ganze Branche entstehen sollte: die Influencer.

Bereits 2007 wusste Meta-Chef Mark Zuckerberg, worauf es zukünftig ankommt, um die Mechanismen sozialer Netzwerke erfolgreich für Marketing und gezielt für Werbung zu nutzen:

> *»People influence people, nothing influences people more than a recommendation from a trusted friend. A trusted referral influences people more than the best broadcast message. A trusted referral is the Holy Grail of advertising.«*[40]

Reach, Relevance, Resonance

Seinem Hinweis folgte eine immer größere Schar an Menschen, die sich als Influencer begriffen. Abstammend vom englischen Wort »Influence« bezeichnet der Begriff Personen oder Personengruppen, die in der Lage sind, mit Beiträgen im Social Web einen Multiplikatoreneffekt

40 https://bit.ly/dr_nyt_facebook

auszulösen. Der US-Amerikaner Brian Solis brach 2012 in seiner Präsentation *The Rise of Digital Influence*[41] den Begriff »Digital Influence« auf drei Kernbegriffe herunter:

- **Reach**: quantitative und qualitative Reichweite, wozu Follower-, Fan-, Abonnenten-Zahlen genau wie das Image und die Glaubwürdigkeit der Person zählen;
- **Relevance**: thematische Autorität des Influencers, dessen Aussagen Follower auch wirklich vertrauen;
- **Resonance**: hohes Engagement, was sich an der Zahl und Intensität der Interaktionen der Follower auf dem Influencer-Kanal erkennen lässt.

Die Macht der Meinungsmacher

Folglich sind Influencer Personen oder Personengruppen, die als Kommunikationsvermittler insbesondere innerhalb ihrer eigenen Community wirken. Dies können bis heute Betreiber reichweitenstarker Blogs, meinungsstarke YouTuber, Instagrammer, TikToker, selbst Podcaster mit einer größeren Community oder Streamer auf der Livestream-Plattform Twitch sein; in allen Fällen handelt es sich um Meinungsmacher, die sich zum Opinion Leader auf ihrem Gebiet entwickelten und innerhalb ihrer Community großen Einfluss genießen.

Sie zeigen sich auf ihren Kanälen als Experten, geben Tipps für das Leben, das Wohnen, die Gesundheit und die Liebe und bauen sich auf diese Weise eine immer größere Community auf. Sie nutzen ihre persönlichen Reichweiten, um ihre Themen bei ihrer festen Fanbasis zu platzieren, die sich vor allem aus jungen Menschen zusammensetzt und ihnen Vertrauen schenkt.

Auf dem Weg zum Influencer-Marketing

Dabei fokussieren sie sich rein auf Inhalte, die von ihren Zielgruppen als authentisch und relevant erachtet werden, um nicht ihr eigenes Netzwerk zu gefährden. Diesen Content publizieren sie fast unkontrolliert, dafür umso besser vernetzt. Schließlich bilden sie den Knotenpunkt in einem Netzwerk aus Menschen und anderen Multiplikatoren. Genau dies macht sie wiederum für Unternehmen und Institutionen so interessant. Einerseits nutzen Organisationen deren Reichweite für ihre eigenen Produkte und Marken, indem sie werbliche Kooperationen mit den Influencern eingehen. Andererseits wurden sie für jede Medienarbeit zu einer neuen, teils thematisch mächtigen Zielgruppe, die es kontinuierlich zu beobachten galt. Hatte sich bis vor gut zehn Jahren die Presse- und Öffentlichkeitsarbeit vor allem auf die Journalistinnen und Journalisten als Kernzielgruppe fokussiert, musste sie sich jetzt diesen neuen Multipliern stellen und mit den digitalen Meinungsführern aktive Influencer Relations betreiben. Sie mussten die für sie relevanten Personen finden, zu ihnen nachhaltige Beziehungen aufbauen und sie kontinuierlich in ihre Aktivitäten integrieren.[42]

---

41 https://de.slideshare.net/Altimeter/the-rise-of-digital-influence

42 Wie eine strategische Influencer-Kommunikation schrittweise aufgebaut wird, wird ausführlich geschildert in Ruisinger, D. (2020), S. 133 ff.

Von der Massen- zur Dialogkommunikation

Das Aufkommen des Social Web, der Boom von Social Media, die Macht der sozialen Netzwerke, der Einfluss der Influencer: All diese Faktoren hatten große Auswirkungen auf die Unternehmenskommunikation, wie die folgende Abbildung verdeutlicht. Verlief der Weg einer Information früher von der Organisation und ihren hauseigenen Medien wie Medienarbeit, Presse-Newsletter, Medien-Events über den Journalisten als Vermittler, über Foren und teils auch eingebundene öffentliche Experten als Themenbotschafter zu den Massenmedien, so ist der Weg heute nicht mehr so eindeutig, wie die zusätzlichen runden Felder verdeutlichen. Organisationen wie Medien entwickelten vermehrt ihre eigenen Social-Media-Formate, auf die Journalisten, Organisationen, Menschen bei Bedarf wiederum selbst zugriffen und sich relevante Informationen direkt zogen.

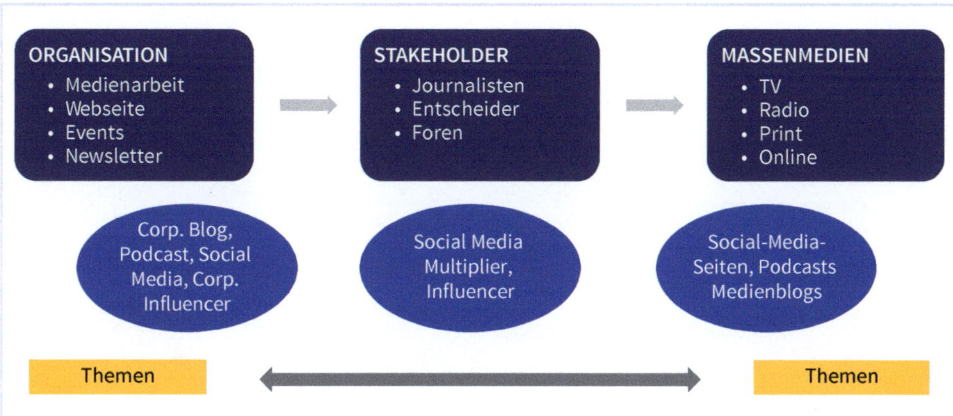

Abbildung 7: Von der Massenkommunikation zur Dialogkommunikation

Der Systemtheoretiker Niklas Luhmann schrieb einst in seinem Grundlagenwerk *Die Realität der Massenmedien*: »*Was wir über unsere Gesellschaft, ja über die Welt, in der wir leben, wissen, wissen wir durch die Massenmedien.*« Dieser Satz gilt in seiner Form daher nicht mehr. Der veränderte Verlauf verdeutlicht vielmehr, wie stark sich die Macht über die Deutungshoheit verschoben hat. Die Verbreitung von Themen haben die Organisationen nicht mehr alleine in ihrer Hand. Auch den Medien ist ihr Alleinanspruch als Gatekeeper verloren gegangen. Vielmehr können sich Themen auch ohne ihre Mithilfe durchaus verbreiten, wenn sich die Menschen ihre Informationen verstärkt von gleichgestellten Dritten ziehen. Dabei handelt es sich um einen »*social trend in which people use technologies to get the things they need from each other, rather than from traditional institutions like corporations*«.[43]

Abschied von einem schönen Konzept

Doch zurück zum Social-Media-Begriff: Social-Media-Plattformen wurden ursprünglich entwickelt, um Menschen miteinander zu verbinden, einander näherzubringen und mit Freunden in

43 Li/Bernoff (2011), S. 9.

Kontakt zu bleiben – unabhängig von Zeit und Ort. Doch dieses schöne Konzept schienen sie allmählich aus den Augen zu verlieren. Erst kam der Moment, ab dem die Menschen immer seltener die Beiträge ihrer vernetzten Freunde und Bekannten sahen – sondern immer mehr Werbung. Dann erschienen plötzlich die Beiträge nicht mehr in zeitlich chronologischer Reihenfolge, sondern sortiert. Genau dies war der Moment, in dem ein neues Zeitalter begonnen hatte: das Zeitalter der Algorithmen. Wie es dazu kam und welche Auswirkungen dies auf uns alle hat, diese Geschichte erzählt das folgende Kapitel.

3 Der Weg der Entfremdung

3.1 Algo Media: Algorithmen statt Freunde

»Ich schlage für Twitter, TikTok, Instagram und Co. den Begriff ›Algomedia‹ vor.«[44]
Enno Park, Journalist und Berater

»Worauf basiert eure Social-Media-Kommunikation?«, fragt der Berater und Social-Media-Manager Jan Firsching. *»Auf einer Social Media Strategie, oder auf Algorithmen von sozialen Netzwerken? Wenn es Algorithmen sind, dann begebt ihr euch in eine starke Abhängigkeit. Von dieser Abhängigkeit könnt ihr zeitweise stark profitieren, aber genauso zu den großen Verlierern gehören.«*[45]

In dieser Aussage verbirgt sich vieles, über was in diesem Kapitel zu lesen sein wird, denn in den letzten Jahren zeigt sich bei vielen Unternehmen immer stärker, dass sie ihre Social-Media-Kommunikation beziehungsweise die Inhalte ihrer Kanäle vor allem auf die Algorithmen der Netzwerke ausrichten. Denn – so die einfache Denke: Gehorche ich den Gewohnheiten der Algorithmen, bekommen meine Inhalte auch mehr Sichtbarkeit. So weit, so richtig – zumindest für den Moment.

Ende des puren Social Graphs

Gehen wir dazu noch einmal zum Modell des Social Graphs zurück. Dieses Konzept bereitete auch Probleme: Nur weil Menschen einfach Inhalte verbreiten konnten, musste dies nicht bedeuten, dass dieser Content – welcher Art und Form auch immer – für die eigene Community interessant sein musste. Auch hatten manche »Freunde« so regelmäßig und so viel gepostet, dass der eigene Stream durch die chronologische Reihenfolge der Postings nur noch ein Abbild dieser wenigen Freunde und nicht mehr des gesamten Netzwerkes war. Zudem hielten uns die Inhalte nicht immer lange in den Kanälen, geschweige denn, dass sie uns gut unterhielten. Sollte man diese Beiträge nicht besser nach Relevanz sortieren? Und könnten dies nicht Algorithmen viel besser, so der Gedanke der Plattformbetreiber?

Der große Wandel ab 2009

Diese erste, aus Plattformsicht jungfräuliche Phase war damit schon bald vorbei, in der sich der Feed rein an den Postings der Netzwerkpartner orientierte. Schon bald führte Facebook einen Algorithmus ein, um die Inhalte in den Newsfeeds zu ordnen. In einem ersten Schritt begann der damalige Marktführer ab dem Jahre 2009 damit, die Postings nicht mehr als rein chronologischen Newsfeed anzuzeigen, sondern sie algorithmisch nach Beliebtheit zu sortieren, damit wir Nutzer keine relevanten Beiträge mehr verpassen, so Facebook:

44 https://bit.ly/dr_t3n_socialmediaalgorithmen
45 https://www.futurebiz.de/artikel/soziale-netzwerke-und-die-abhaengigkeit-von-algorithmen/

> *»In the past, News Feed hasn't worked like that. Updates slide down in chronological order so it's tough to zero in on what matters most. Now, News Feed will act more like your own personal newspaper. You won't have to worry about missing important stuff. All your news will be in a single stream with the most interesting stories featured at the top.«*

Bei der Gewichtung würden die Algorithmen besonderen Wert gerade auf persönliche Anlässe legen, etwa wenn eine Freundin ihren Beziehungsstatus ändere, so Facebook:

> *»When you visit Facebook, you should see the things you're most interested in, like status updates from your family and closest friends.«*[46]

Das Zeitalter der Algorithmen

Der Konzern sollte mit dieser Maßnahme nicht alleine bleiben. Schon bald folgten weitere Social-Media-Dienste wie Twitter und Instagram. Das Hauptargument: Es habe sich gezeigt, dass soziale Medien bislang nicht effizient waren, wenn es darum geht, hochwertige Inhalte mit dem relevanten Publikum zusammenzubringen. Durch den rein chronologisch sortierten Feed würden den Menschen nicht nur interessante Beiträge entgehen; sie würden überhaupt nicht alle Beiträge wahrnehmen können.

Tipp 1: Die Schwächen des chronologischen Feeds

Ein einfaches Beispiel verdeutlicht die Schwäche des Social Graphs: Wer mit rund 1.000 Personen vernetzt ist, von denen täglich jeder Zweite einen bis zwei Beiträge publiziert, müsste folglich pro Tag 750 Beiträge durchsehen, um auf dem Laufenden zu bleiben, was sein Netzwerk betrifft. Dazu wird kaum jemand die Zeit finden und daher viele Beiträge verpassen.

Trotz vieler Proteste selbst prominenter Nutzer – »wir wollen unseren chronologischen Feed zurück«[47] – übernahmen die Plattformen so Schritt für Schritt die Macht über den ausgespielten Content. Sie spielten die Inhalte in die Feeds der Menschen auf Grundlage des Engagements aus – also der Interaktion der Menschen, die die Inhalte innerhalb dieser sozialen Graphen erfahren hatten. Die Beziehungen der Menschen untereinander – das alte Follower-Prinzip – spielten zwar weiterhin eine Rolle, aber nur noch als ein kleines Element in einem viel größeren Ganzen.

Gatekeeper der Öffentlichkeit

Von diesem Moment an waren die Feeds folglich keine unverfälschten Ströme von Beiträgen der Menschen und Organisationen mehr, denen man folgte – also nach dem Friends-Feed-Prinzip. Stattdessen waren sie das gewichtete Ergebnis der Algorithmen, die zu den Gatekeepern der Öffentlichkeit wurden, zu Content-Filtern, die über die Inhalte in den persönlichen Feeds

46 https://about.fb.com/news/2011/09/interesting-news-any-time-you-visit/
47 Siehe https://bit.ly/dr_yahoo_instagram-protest.

mitbestimmten. Sie entschieden darüber, welche Inhalte auftauchten und welche im digitalen Schatten verborgen und damit für uns unsichtbar blieben.

Doch welche Beiträge von wem fanden wir letztendlich in unseren Feed? Von welchen Freunden oder Netzwerkpartnern? Aus welchen Gruppen? Und warum von diesen so häufig und von den anderen eigentlich nie? Nähern wir uns dieser Frage, indem wir zuvor etwas ganz anderes klären: Was sind und wie funktionieren eigentlich Algorithmen, über die in diesem Kapitel so viel zu lesen ist?

Lernende Algorithmen

Algorithmen[48] sind eine der Grundlagen sozialer Netzwerke. Sie bestimmen, welche Inhalte auf welchen Profilen und Unternehmensseiten ausgespielt werden. Dazu greifen sie auf eine Reihe von Signalen zurück. Als eine Art unsichtbare Regisseure und auf Basis mathematischer Gleichungen sortieren sie die große Menge an Inhalten, die pro Tag publiziert werden. Diese stufen sie nach der Wahrscheinlichkeit ein, dass sie dem einzelnen Nutzer gefallen und er in seinem Feed damit interagieren würde.

Dazu analysieren sie detailliert große Datenmengen über uns, über unsere Vorlieben, über unsere Netzwerkpartner und die Intensität der Beziehung, über unsere bevorzugten Themen, über unsere bevorzugten Medienformate, über unsere bevorzugten Seiten und Gruppen, über unsere bevorzugten Orte, an denen wir aktiv sind, und natürlich über unsere Interaktionen samt Kontext. Jedes Like, jeder Kommentar, jeder Klick, jedes längere Verweilen, jedes schnelle Weiterscrollen wird in diesem dynamischen Prozess bemerkt, aufzeichnet, eingespeist und dazu genutzt, um weitere Aufschlüsse über die jeweilige Person hinter dem Account zu gewinnen. Auf Basis des bisherigen Verhaltens lassen sich dann maßgeschneiderte und relevante Inhalte einblenden. Dieses Lernen aus Vergangenem beschreibt Sabry Tozin, Vice President of Engineering bei LinkedIn, wie folgt:

> *»Our Feed uses algorithms to learn about your interests and helps add engaging content to your Feed, in addition to recommending relevant jobs and people connections. These algorithms also filter out low-quality and unsafe content to ensure that what you see on your Feed adds value to your professional journey.«*[49]

Die Individualisierung von Inhalten durch Algorithmen ist also ein Abbild unseres Verhaltens. Wir werden damit *»zu Hauptdarstellern in einem digitalen Theaterstück, in dem die Kulisse, die Figuren und die Handlung speziell für uns gestaltet sind«*.[50] Daher können auch niemals zwei Nut-

48 »In der Informatik bezeichnet ein Algorithmus streng genommen übrigens nur Verfahren, die bewiesenermaßen in endlicher Zeit das Problem lösen. Wir müssen also beides beweisen: dass das Verfahren wirklich die richtige Lösung finden kann und dass es das auch wirklich tun wird.« Zweig (2023), S. 30.

49 https://bit.ly/dr_linkedin_algorithmus

50 https://www.marketinginstitut.biz/blog/kuenstliche-intelligenz-in-sozialen-medien/

zer genau dieselben Inhalte sehen, selbst wenn sie genau denselben Accounts folgen würden.[51] Dieser stark personalisierte Ansatz schuf eine individuelle Nutzererfahrung, die mit der bisherigen generischen Timeline im Widerspruch stand.

Die Funktionsweise von Algorithmen

Auch wenn sie sich natürlich von Plattform zu Plattform unterscheiden, funktionieren Algorithmen nach dem folgenden, hier deutlich vereinfachten Modell (s. Abbildung 8): Jeder Beitrag wird im Vorfeld analysiert und auf seine Relevanz beurteilt. Dazu werden die Wahrscheinlichkeit eines Engagements sowie die daraus sich ergebenen potenziellen Auswirkungen auf das Netzwerk berücksichtigt.

1. Im **ersten Schritt** wird untersucht, welche Beiträge (Feed, Story, Reels etc.) von den vernetzten Personen oder Seiten für diesen Account aktuell zur Verfügung stehen und damit im Feed überhaupt dargestellt werden könnten.
2. Im **zweiten Schritt** wird die Affinität zwischen beiden Accounts – zwischen Content-Distributor und möglichem Content-Empfänger – berechnet. Dabei geht es um die Frage, wie hoch die Wahrscheinlichkeit ist, dass mit dem Beitrag interagiert wird. Schließlich ist Interaktion der Hauptgrund, warum ihm Beiträge des Absenders eingeblendet werden. Dies bezieht sich sowohl auf eine thematische Verbindung beim publizierten Content als auch auf das bisherige Engagement. Wird ein Beitrag gepostet, der zum Inhalt der möglichen Empfängerin passt, dann wird dies positiv beurteilt. Haben beide in der Vergangenheit häufiger miteinander interagiert – haben ihre Beiträge gegenseitig gelikt, vor allem kommentiert oder auch geteilt –, zahlt dies ebenfalls auf die Chance ein, dass der Beitrag im Feed der jeweiligen Person erscheint. Fanden »Meaningful Conversations« statt, also wirkliche Diskussionen unter einem Beitrag mit vielen Dialogen und hoher Verweildauer, so wird der Beitrag mehr Followern eingeblendet, als wenn der Beitrag keine Interaktionen verzeichnet hätte.
3. Im **dritten Schritt** wird überprüft, wie gut ein Beitrag ankommt. Dazu wird jeder Beitrag Schritt für Schritt ausgespielt – bei LinkedIn beispielsweise mit Fokus auf den Inner Circle der aktivsten Follower, auf neue Follower und Verbindungen und auf derzeit auf der Plattform aktive Follower. Erhält ein Beitrag viele Interaktionen, erreicht er eine hohe Verweildauer, interessieren sich also viele Accounts für diesen Beitrag, wird der Beitrag mehr Menschen eingeblendet. Erreicht er nichts davon – also keine dieser »Meaningful Conversations« –, wird der Beitrag versickern.
4. Im **letzten Schritt** berechnen die Algorithmen den jeweiligen Score. In diesen fließen die Faktoren aus den Schritten 2 und 3 ein. Je höher diese beiden Faktoren sind, desto höher ist der Score und damit die Chance, dass die Menschen diesen Beitrag in ihren Feeds zu sehen bekommen. Einfach zusammengefasst: Ähneln sich der gespielte Content und damit die Interessen und spiegelt sich das in vergangenen Interaktionen wider, so erhöht sich die Wahrscheinlichkeit, dass dieser Beitrag im Feed des Empfängers landet. Führt ein Beitrag zu keiner Interaktion, dann wird er nur wenigen Personen eingeblendet – und benötigt stattdessen ein Media-Budget.

51 Vgl. https://blog.hootsuite.com/social-media-algorithm/.

Abbildung 8: Die Funktionsweise von Algorithmen, stark vereinfachtes Modell

Lesetipp 1: Wie funktioniert das Instagram-Ranking?

Instagram heute: In einem umfangreichen Beitrag *So funktioniert das Instagram-Ranking* beschreibt Instagram-Chef Adam Mosseri erstmals detailliert die Algorithmen und die für eine Sichtbarkeit relevanten Faktoren. Dazu geht er Schritt für Schritt durch die Bereiche der App – also Feed, Storys, Reels, Explore –, um die Unterschiede bei den Faktoren aufzuzeigen. https://about.instagram.com/de-de/blog/announcements/instagram-ranking-explained/

Instagram morgen: Instagram passt die Algorithmen in unregelmäßigen Abständen an. Um auf dem Laufenden zu bleiben, lohnt es sich, Adam Mosseri auf Instagram zu folgen beziehungsweise seinen Instagram-Broadcast-Channel zu abonnieren. In regelmäßigen Video-Updates gibt der Head of Instagram gute Hinweise auf neue Funktionen und Veränderungen. https://www.instagram.com/mosseri

Menschen statt Unternehmen

Während die Algorithmen immer wichtiger wurden, führten Facebook, Instagram & Co. weitere Werbemodelle ein, mit denen Werbetreibende diese Algorithmen umgehen und stattdessen dafür bezahlen konnten, um ihre Beiträge verstärkt an bestimmte Zielgruppen auszuspielen. Für diese Strategie gab es noch einen anderen Grund.

Die in Kapitel 2.2 beschriebenen neuen Werbemöglichkeiten in den sozialen Medien hatten dazu geführt, dass viele Unternehmen und Institutionen massiv auf diese setzten, um damit in die Feeds der Menschen einzudringen. Nachdem sich viele Nutzer jedoch darüber beschwert hatten, dass sie nur noch Beiträge von Unternehmen sowie Werbung zu sehen bekämen, passte Facebook den Newsfeed-Algorithmus in dem Maße an, dass persönliche Beiträge gegenüber Beiträgen von Unternehmen oder Medien bevorzugt wurden.

Nutzerbindung als Ziel

»Bei Social Media geht es um die Menschen. Nicht um Ihr Unternehmen«, begründete der Unternehmer Matt Goulart diesen Strategieschwenk der Plattformen, die Inhalte von Unternehmensseiten auf Facebook und LinkedIn grundsätzlich eine deutlich geringere Sichtbarkeit zugestanden als denen von privaten Accounts.

Der Grund für diese Bevorzugung war rein kommerzieller Natur: Facebook&Co. mussten die Menschen an das eigene Netzwerk schließlich möglichst eng und lange binden. Denn wenn sie die Plattform verlassen würden, wer würde dann noch auf die Werbung klicken? Und die Unternehmen? Für diese hatte der Meta-Konzern eine immer detailliertere Auswahl an Werbemodellen im Angebot. Diese Veränderungen waren für Facebook deshalb ein guter Weg, das Engagement auf der Plattform zu erhöhen, sprich die Verweildauer auf der Plattform und die Interaktion zwischen den Menschen, wie auch Jan Firsching diesen Ansatz beschreibt:

> *»Ihr müsst immer im Hinterkopf behalten, dass diese Algorithmen hauptsächlich für die sozialen Netzwerke arbeiten. Es geht hier um die Steigerung der Aktivität und der Verweildauer der Nutzer*innen. Nach dem sozialen Netzwerk an sich kommen die Nutzer*innen und erst dann Unternehmen.«*[52]

Algorithmen auch bei LinkedIn

Dies galt nicht nur für die Meta-Töchter Facebook und Instagram. Auch LinkedIn verstand sich weniger als ein Unternehmens- denn als ein Köpfe-Netzwerk. Schon längst hatte es eigene Algorithmen eingeführt, die Menschen – also LinkedIn-Profile – im Vergleich zu den LinkedIn-Seiten von Unternehmen und Institutionen deutlich bevorzugten. Grob gesagt erhalten heute Beiträge von Organisationen durchschnittlich nur rund ein Siebtel der Sichtbarkeit von persönlichen Accounts – übrigens ein Grund, warum das Thema interne Markenbotschafter auf LinkedIn eine hohe Relevanz erhalten hat (s. Kapitel 5.2.2).

Lesetipp 2: Neues von LinkedIn

Wie stark LinkedIn regelmäßig die Algorithmen anpasst, lässt sich gut bei Richard van der Blom nachlesen. In seinen jährlichen Updates beschreibt der Berater regelmäßig, welche Content-Formate (Text, Video, Kombinationen, Newsletter) wie stark an Sichtbarkeit gewonnen oder verloren haben und wie Unternehmen wie Personen ihre Content-Strategie künftig ausrichten sollten. https://www.linkedin.com/in/richardvanderblom/

Abgesehen von Markenbotschaftern und sonstigen aktiven Mitarbeitenden als Multiplikatoren mussten sich die Unternehmen folglich ebenfalls auf LinkedIn mit den Werbe- und Marketing-Lösungen auseinandersetzen. Heute zählen Sponsored Content, Sponsored Messaging oder Text und Dynamik Ads, Lead Ads wie Thought Leader Ads[53] zu den notwendigen Push-Werkzeugen, um mit Unternehmensbeiträgen überhaupt eine Sichtbarkeit zu erreichen.

52 https://www.futurebiz.de/artikel/soziale-netzwerke-und-die-abhaengigkeit-von-algorithmen/

53 Thought Leader Ads sind ein spezielles Werbeformat von LinkedIn. Damit lassen sich einzelne Beiträge von Corporate Influencern, von internen Fachexperten, aber auch von leitenden Personen werblich pushen, um die Inhalte noch stärker bei der gewünschten Zielgruppe zu verbreiten.

WISSEN 5: DIE ALGORITHMEN PRO PLATTFORM

Um besser zu verstehen, wie die Algorithmen Inhalte in den Feeds filtern, will ich in dieser längeren Wissensbox auf einige Plattformen individuell eingehen.[54] Mit etwas Wissen lässt sich der jeweilige Einfluss der Plattformen auf die eigenen Inhalte besser einordnen. Kein Algorithmus darf jedoch als feststehendes Regelwerk verstanden werden. Er wird von den Plattformen fortlaufend angepasst.

Auch ist Algorithmus nicht gleich Algorithmus. Diese Unterschiede haben zur Folge, dass dieselben Inhalte nicht auf jeder Plattform funktionieren. Während man also ganz früher noch davon ausgegangen ist, mit dem gleichen Content auf allen Plattformen prunken zu können – was deutlich Zeit ersparte –, muss man sich dies heute genauer überlegen. Schließlich hat jede Plattform nicht nur unterschiedliche Zielgruppen, zieht unterschiedliche Altersgruppen an, wird aus unterschiedlichen Gründen besucht; sie hat auch unterschiedliche Algorithmen, weshalb die Beiträge je Plattform anzupassen sind.

Blicken wir also auf die drei ausgewählten Plattformen[55] – Facebook, Instagram und LinkedIn –, um zu sehen, welche Rankingsignale jeweils die Sichtbarkeit von Beiträgen mitbestimmen.

1. Der Algorithmus bei Facebook

Beginnen wir mit einem der ältesten und bekanntesten der sozialen Netzwerke. Gerade anhand von Facebook lässt sich der Einfluss der Algorithmen hervorragend verdeutlichen: Er entscheidet, welche Inhalte im eigenen Newsfeed angezeigt werden und welche Posts in welcher Reihenfolge beim Scrollen durch den eigenen Feed zu sehen sind. Dafür wird jeder Beitrag bewertet und nach Relevanz geordnet.

Der Newsfeed-Algorithmus

Der Newsfeed zeigt immer nur einen Teil der Beiträge an, die Freunde und gelikte Seiten publiziert haben. Bei der Gewichtung der Inhalte spielen unter anderem folgende Signale eine Rolle:

- **Affinität**: Bezeichnet die Beziehung zwischen zwei Nutzern: Welche inhaltlichen Gemeinsamkeiten haben sie? Wie intensiv interagieren sie miteinander? Inhalte von Profilen, mit denen am meisten interagiert wird, werden im Feed priorisiert.
- **Content-Art**: Bewertet den beliebtesten Beitragstyp, der höher gerankt wird: Nutzer, die sich viele Videos ansehen, werden mehr Videos erhalten. Nutzer, die auf viele Foto-Beiträge reagieren, werden weitere dieser Art zu sehen bekommen.

---

54 Dieser Absatz erwähnt nur einige der bekannten Signale pro Plattform. An dieser Stelle würde es zu weit führen, ausführlich auf alle Eigenschaften einzugehen. Auch halten die Plattformen Details zum Algorithmus und zur Anordnung der Beiträge geheim. Zudem werden sie kontinuierlich angepasst. Vielmehr sollen diese Tipps nur helfen, zu verstehen, wie die Algorithmen arbeiten und wie sich Content-Strategen an ihnen orientieren könnten.

55 Auf die Algorithmen bei TikTok und YouTube wird im folgenden Kapitel 3.2 eingegangen.

- **Engagement**: Priorisieren Posts mit einer hohen Engagement Rate (Likes, Shares, Comments, Profil-Klicks, Saves etc.). Dies gilt vor allem dann, wenn das Engagement von Personen stammt, mit denen man bereits interagiert hat.
- **Aktualität**: Definiert den Zeitraum der letzten Interaktion: Je älter sie ist, desto stärker verfällt ihre Bedeutung.

Dazu untersucht der Algorithmus sowohl die Qualität des Contents (native Inhalte, Unique Content, regelmäßige Postings, hohe Verweildauer etc.) als auch die Nutzersignale. Er analysiert, wie andere mit dem Beitrag interagieren, mit anderen teilen, auf Videos verweilen, inhaltlich kommentieren – oder wie es in der Meta-Sprache oft heißt: »having back and forth discussions in the comments of your post«. Schließlich folgert Facebook aus der Interaktion, aus den Kommentaren, aus dem Austausch untereinander, dass der Beitrag eine hohe Content-Qualität und damit einen deutlichen Mehrwert beinhaltet.

Fazit: Egal ob Beitrag im Feed, in der Story oder als Reel: Führt der Beitrag zu keinen »Meaningful Interactions«, zu keinen Beitragsinteraktionen jeglicher Art, erhält er keine Reichweite und wird nicht weiterverbreitet. Dies bedeutet im Umkehrschluss übrigens, dass auch negative Beiträge eine größere Sichtbarkeit erhalten, gerade wenn die Themen intensiv diskutiert werden. Die Kernfrage vor jeder Content-Creation muss folglich lauten: Was soll ich als Organisation posten, das für meine Zielgruppe so relevant ist, dass sie die Inhalte kommentieren und/oder teilen wird?

2. Der Algorithmus bei Instagram

Auch bei Instagram hat der Algorithmus große Macht: Affinität der Themen, Aktualität und Frequenz der Beiträge, Nutzerbeziehung und insbesondere Interaktion sind zentrale Einflussfaktoren. Er erfordert dauerhafte Aktivitäten im Feed wie in den Storys. Er behält im Blick, mit welchen Inhalten ein Nutzer gern interagiert und spielt ihm ähnlichen Content ein. Und er bevorzugt aktuelle Posts vor älteren, was wiederum kontinuierliches Agieren erfordert.

»Dazu sollte jeder wissen, dass es bei Instagram nicht den einen Algorithmus gibt, der bestimmt, was Nutzer in der App sehen und was nicht«, heißt es auf dem Instagram-Blog. *»Vielmehr nutzen wir verschiedenste Algorithmen, Klassifizierungen und Prozesse, die alle bestimmte Aufgaben erfüllen«*,[56] schreibt Instagram-Chef Adam Mosseri. So setzt Instagram in jedem Bereich des Netzwerkes – also im Feed, in den Storys, bei den Reels, im Explore-Tab, selbst in der Suche – auf einen eigenen Algorithmus, der aus dem jeweiligen Bereich gespeist wird, daraus Rückschlüsse zieht und die passenden Inhalte in die Feeds einspielt.

Relevante Signale

Doch welche Signale spielen welche Rolle? Laut Mosseri sind drei Faktoren zu beachten:

56 https://about.instagram.com/de-de/blog/announcements/instagram-ranking-explained/

1. **Der Beitrag selbst**: Hierzu zählen Standardinfos: Wie viele Likes und Kommentare hat er erhalten? Wann wurde er gepostet? Welcher Ort ist verknüpft, falls angegeben?
2. **Der publizierende Account**: In Verbindung mit den Interaktionen bewertet der Algorithmus, wie interessant der Account für den Betrachter sein könnte. Zählt er zu den engen Freunden? Wie hat er in der vergangenen Zeit mit ihm interagiert?
3. **Die eigenen Aktivitäten**: Welche Beiträge werden wie häufig gelikt, wie oft kommentiert oder wie lange wird welche Art von Video konsumiert? Die Historie der Interaktionen zeigt, ob jemand an Beiträgen einer bestimmten Person interessiert ist.

Feed, Story, Reel

Wie bereits erwähnt, unterscheiden sich die Signale bei Feed, Story, Reel deutlich. Ohne tiefer in Details zu gehen, lassen sich die Ergebnisse wie folgt zusammenfassen[57]:

- **Feed**: Im Feed spielen Engagement-Signale wie Abspeichern, Teilen, Kommentieren, Liken, Verweilen und der Klick auf das Profil wichtige Rollen. Gleichzeitig versteht sich Instagram als Community. Dazu ist es zentral, möglichst häufig auf der Plattform aktiv zu sein, um sich mit seiner eigenen etablierten Community regelmäßig auszutauschen.
- **Story**: Bei den Storys werden die Historie des Nutzers (bisher öfters angesehene Storys), sein Engagement mit den Storys bestimmter Accounts (häufige Interaktionen) und die Enge der Beziehung zum Account-Inhaber (Familie, Freundesliste etc.) berücksichtigt.
- **Reel**: Bei Reels blickt der Algorithmus auf die bisherigen Interaktionen generell mit Reels, auf die Beziehung mit dem Reel-Account und auf Popularität des Reels (Nutzung von Audio, Visuals, Keywords sowie Watchtime, Shares, Profil-Klicks etc.).

Fazit: Auch bei Instagram liegt der Schwerpunkt klar auf der Interaktion. Je wahrscheinlicher es ist, dass eine Person mit einem Account oder einem Beitrag interagiert, desto höher werden Inhalte angezeigt. Instagram belohnt auf diese Weise Accounts, die ihre Abonnenten an sich binden und mit ihnen eine aktive und interaktive Community pflegen. Wer dagegen nur postet, aber nicht mit Inhalten interagiert, verschenkt massiv Potenzial.

3. Der Algorithmus bei LinkedIn

Auch im weltweit führenden Business-Netzwerk bestimmen Algorithmen, welche Inhalte in den Feeds der Mitglieder auftauchen und welche nicht. Dazu werten sie Signale aus, um die Affinität zwischen Accounts einschätzen zu können. Dabei wird die thematische Verbindung genauso beurteilt wie die Historie der Interaktion. Wie in

---

57 Hilfreich zum Thema Ranking bei Instagram ist der bereits erwähnte Beitrag im Instagram-Blog https://about.instagram.com/de-de/blog/announcements/instagram-ranking-explained/.

anderen Netzwerken wird jeder Beitrag zuerst an einen engen Kreis ausgespielt. Dessen Feedback ist entscheidend für den weiteren Erfolg des Beitrages. Schließlich weiß der Algorithmus aus den Reaktionen der Community, ob und wie sehr sie den Inhalt zu schätzen weiß. Um zu seiner Einschätzung zu gelangen, analysiert er zwei Personengruppen:

- **Den Autor des Beitrages**: Hier liegt das Augenmerk auf dem Umfeld des Autors: Wer ist mit wem seit wann vernetzt? Mit wem gab es bereits direkten Kontakt? Wer hat mit wem in der Vergangenheit zusammengearbeitet? Wer teilt welche Interessen?
- **Den reagierenden Personenkreis**: Ihre Interaktionen bestimmen, wie stark der Beitrag ausgespielt wird: Wie ist das Feedback der Testgruppe? Wie haben die Personen reagiert, also mit Kommentaren, Likes, Profil-Klicks oder auch Shares? Haben sich unter dem Beitrag »Meaningful Conversations« entwickelt? Damit meint LinkedIn den fachlichen Austausch. Ohne richtige Kommentare und ohne einen wirklichen Austausch bekommt kein Beitrag – ob von Personen oder Unternehmen – Sichtbarkeit.

Fachliche Diskussionen statt viraler Verbreitung

Apropos fachliche Kommentare: LinkedIn ist im Unterschied zu Instagram & Co. nicht darauf ausgelegt, die Reichweite beliebter Beiträge besonders stark zu pushen:

»LinkedIn is not designed for virality but on occasion posts that result in significant engagement in the form of likes, reactions, comments, and reshares in a short period of time could be considered viral.«[58]

Der Grund: Beiträge, die sich besonders stark viral verbreiten, betreffen zumeist eher populäre und weniger fachliche Inhalte. Dies steht im Widerspruch zu dem Verständnis von LinkedIn als businessrelevantes Netzwerk. LinkedIn erwartet stattdessen Inhalte mit Mehrwert und fachlicher Expertise, ausführliche Gespräche unter Profis in den Kommentaren, wirkliche Diskurse und nicht den typischen Zweizeiler als Kommentar. Dazu werden auch die Kenntnisse der Personen gerade im Info-Bereich ebenfalls berücksichtigt.

Relevanz für Beziehungen zwischen Menschen

Auch LinkedIn nimmt regelmäßig Änderungen am Algorithmus vor, um die Personalisierung des Feeds zu verbessern. Die Vorgehensweise beschrieb Tomer Cohen, Chief Product Officer bei LinkedIn, im März 2023 in einem Beitrag im LinkedIn-Blog:

»Zunächst einmal legen wir mehr Wert auf Themen, die für Sie beruflich interessant und relevant sind. Wenn jemand in Ihrem Netzwerk einen Beitrag mag oder kommentiert, nehmen wir diesen Beitrag in Ihren Feed auf, wenn er für Sie relevant ist, das heißt, wenn er

58 https://engineering.linkedin.com/blog/2023/viral-spam-content-detection-at-linkedin

Ihnen hilft, Wissen oder Fähigkeiten zu erlangen, die Sie beruflich wertvoll finden würden. Außerdem sehen Sie mehr Beiträge von Personen, die Ihnen besonders wichtig sind. So verpassen Sie keine Gelegenheit, diese Beziehungen zu pflegen, wenn sie berufliche Meilensteine erreichen oder wenn es eine Gelegenheit gibt, sie zu unterstützen oder wieder mit ihnen in Kontakt zu treten.«[59]

Die wachsende Gefahr von Filterblasen

Algorithmen haben noch ein ganz anderes Gesicht. So sollte niemand unterschätzen, wie stark sie mit ihren auf uns ungeschnittenen Inhalten auf unser Verhalten Einfluss nehmen. Dies betrifft nicht nur das, was wir zu sehen bekommen, sondern auch, wie wir die Welt verstehen, heißt es passend in einem Beitrag des Deutschen Instituts für Marketing:

»Die Rolle von Algorithmen in sozialen Netzwerken ist nicht nur technisch, sondern auch kulturell und gesellschaftlich bedeutend. Sie formen nicht nur unsere Online-Erfahrung, sondern auch unsere Perspektiven und Überzeugungen.«[60]

Positiv könnte man sagen, dass die personalisierte Umgebung einen digitalen Kokon um uns legt, der uns inhaltlich sehr nah ist. Mit solch einer Einstellung würden wir jedoch eine große Gefahr übersehen, die aus verhaltensorientierten Empfehlungen entsteht: Und diese heißt Filterblasen. Schließlich erhalten wir nur Inhalte in unseren Feeds, die unsere bestehenden, teils oft einseitigen Ansichten und Überzeugungen stärken.

Vereinfachend gesagt:

- Wer sich mehrmals für einen bestimmten Fußballverein interessiert, dessen Feed ähnelt bald der Vereinsseite.
- Wer sich mehrfach rechtsextremistische Beiträge ansieht, dessen Weltbild wird mit weiteren radikalen Inhalten gefüttert.
- Wer sich regelmäßig mit veganen Rezepten beschäftigt, hat schnell den Eindruck, dass das soziale Netzwerk nur noch aus Veganern besteht, weil keine weiteren nicht-veganen Rezepte mehr eingespielt werden.

Kein Platz für alternative Sichtweisen

Algorithmen bestimmen also entscheidend mit, welche Informationen wir konsumieren, welche Perspektiven wir einnehmen, welche politischen Entwicklungen wir unterstützen, welche Positionen wir beziehen und damit letztendlich, wie wir die Welt wahrnehmen – zumindest in diesem Netzwerk. Für neue Ideen, alternative Sichtweisen, konträre Meinungen, Widersprüche, die so wertvoll für die eigene Meinungsbildung sind, ist kein Platz in einer Filterblase, wo die eigene Meinung zwischen hohen Mauern eingekesselt ist. Diese Entwicklung trägt wiederum zu einer polarisierten Gesellschaft bei, in der das Verständnis für abweichende Standpunkte schwindet und der Raum für konstruktiven Dialog schrumpft.

---

59 Übersetzt von https://bit.ly/dr_linkedIn_tomercohen.

60 https://www.marketinginstitut.biz/blog/kuenstliche-intelligenz-in-sozialen-medien/

Gefahr der polarisierenden Gesellschaft

Begünstigt wurden diese Meinungsblasen durch das Konzept hinter den Algorithmen, Beiträge mit vielen Interaktionen eine besonders hohe Sichtbarkeit zu schenken. *»Die Gewinnmaximierung als oberstes Ziel läuft einer demokratischen Debattenkultur zuwider«*,[61] warnte daher Caroline Lindekamp im *journalist*. Denn wenn ein Algorithmus insbesondere Wert auf schnelle Reaktionen und auf viele Kommentare legt, dann wird er eher aufmerksamkeitserhaschende News als unaufgeregte Analysen, eher provokantes Schwarz-Weiß-Denken und offene Konflikte als ausgewogene Diskussionen pushen:

> *»Wenn zusätzlich traditionelle Medien Social-Media-Trends hinterherrennen oder Social Bots Hassrede und Desinformationskampagnen amplifizieren, verschärft sich der Polarisierungseffekt.«*

Angesichts solcher digitaler Echokammern verschwinden wir Schritt für Schritt, Beitrag für Beitrag immer tiefer in unserer eigenen Meinungsblase – häufig, ohne dass wir es bemerken. Dagegen müssen wir bewusst zu Beiträgen außerhalb unseres täglichen Feeds navigieren, um andere Ansichten zu erhalten, die einen ausgewogenen Informationskonsum final ausmachen. Doch wie viele machen dies? Wie viele nutzen in sozialen Netzwerken die Suchfunktion, um ergänzende oder gar anderslautende Meinungen zu suchen? Die allergrößte Mehrheit lässt sich lieber von den Inhalten berieseln, die sie bereits in ihrer Timeline, in ihrem Feed zu sehen bekommen – bestimmt durch die Algorithmen, die sie lenken.

Tipp 2: Erst denken, dann interagieren

Wenn viele Interaktionen dazu beitragen, dass ein Beitrag eine höhere Sichtbarkeit erhält, dann gilt dies ebenso für negative Postings; und zwar gerade dann, wenn sie stark diskutiert werden beziehungsweise wenn sich viele mit dem Beitrag auseinandersetzen. Daher ist es sinnvoll, gerade auf Fake News und andere falsche oder bedenkliche Beiträge nicht zu reagieren, um ihnen nicht durch weitere Kommentare und Erwähnungen einen noch größeren Raum und damit noch mehr Sichtbarkeit zu geben.

Der Ruf nach mehr Sichtbarkeit

Mit ihrer Selektion von Inhalten sorgten die Algorithmen also dafür, dass die Menschen nicht mehr jeden Beitrag ihrer Netzwerkpartner, ihrer mit ihnen verbundenen Unternehmen zu sehen bekamen, sondern nur noch eine Auswahl. Viele vernetzte Accounts fielen sogar völlig durch das Raster, weil die Algorithmen keine Affinität feststellten.

Diese eingeschränkte Sichtbarkeit wird den Menschen und Organisationen immer stärker bewusst. Sie wissen, dass Algorithmen heute mitbestimmen, welche Beiträge in den Feeds ihrer Fans und Follower eingeblendet werden. Sie wissen aber auch, dass sie die Verbindung weiter fördern können, indem sie auf deren Beiträge reagieren, sie kommentieren, sie verbreiten und

61 Lindekamp, in *journalist*: 11/2023, S. 56.

damit die Sichtbarkeit deren Postings pushen. Gleichzeitig rufen sie selbst immer verzweifelter zu Interaktionen auf, um nicht vollständig aus der Wahrnehmung der letzten Fans zu fallen, wie dieses Hilfeersuchen von der Facebook-Seite »Omas Tipps und Rezepte« zeigt:

Tipp 3: So erziehen wir unseren Feed

Die Relevanz des Algorithmus wird immer mehr Menschen bewusst. Dabei lässt sich dieser durchaus dazu nutzen, seinen eigenen Feed zu entwickeln oder zu optimieren. Das heißt, wir liken und kommentieren Beiträge nicht allein deswegen, um diesen für ihre Inhalte zu danken oder um dies mit unseren Freunden zu teilen. Mit unseren Likes und Kommentaren, mit dem Verweilen auf oder dem Abspeichern von Beiträgen oder auch mit den Klicks auf Profile signalisieren wir vielmehr dem Algorithmus, uns künftig weitere Inhalte zu diesem Thema, von diesem Account, in diesem Medienformat einzuspielen. Folglich interagieren wir für uns selbst.

Kein Schreiben nach Algorithmen

Die Algorithmen der Social-Media-Plattformen haben heute eine große Macht. Sie belohnen Präsenzen, die im Vergleich zu inhaltlich ähnlichen Seiten eine höhere Interaktion verzeichnen. Jedoch werden die Regeln hinter den Algorithmen immer wieder neu angepasst. Dies wiederum kann schnell dazu führen, dass eine mühevoll aufgebaute Reichweite in den sozialen Netzwerken jederzeit wieder wegbrechen kann. Darum nochmals zurück zum Anfang dieses Unterkapitels und zur Aussage von Jan Firsching:

> *»Von der Abhängigkeit von Algorithmen könnt ihr zeitweise stark profitieren, aber genauso zu den großen Verlierern gehören.«* Und weiter: *»Natürlich gibt es auch immer Gewinner:innen, aber wie schon geschrieben, meistens nur für eine beschränkte Zeit. Algorithmen schenken euch Reichweiten, Follower*innen, Interaktionen und natürlich auch Umsätze. Sie können sie euch aber auch genauso schnell wieder nehmen.«*[62]

Seine Aussage ist eine berechtigte Kritik an einer falschen Denkweise. Denn als Reaktion auf die wachsende Macht der Algorithmen begannen viele, sich bei ihrer Content-Strategie weniger von ihren eigenen Inhalten leiten zu lassen. Stattdessen orientierten sie sich an Formaten oder Inhalten, die der Algorithmus bevorzugt behandelte. Zumindest in diesem Moment. Bevorzug-

62 https://www.futurebiz.de/artikel/soziale-netzwerke-und-die-abhaengigkeit-von-algorithmen/

te der Algorithmus Gesichter von Menschen, war plötzlich jeder Beitrag mit einem Selfie verbunden. Schätzte der Algorithmus längere Texte beziehungsweise bevorzugte er Verweildauer, wurden möglichst lange Texte geschrieben oder Videos integriert.

Beobachten ja, folgen jein

Natürlich ist es wichtig, sich mit den Algorithmen zu beschäftigen, gerade weil sie immer stärkeren Einfluss auf die Verbreitung von Inhalten genommen haben. Trotzdem sollte sich niemand zu stark von ihnen abhängig machen und sich zu sehr auf sie verlassen. In den vergangenen Jahren hat sich immer wieder gezeigt, wie schnell eine mühevoll aufgebaute Reichweite wegbrach, weil der Plattformbetreiber die Regeln für die organische Reichweite neu bestimmt hatte. Der einzige Ausweg für Organisationen hieß dann zumeist, noch mehr Werbung zu schalten.

Solch ein Schwenk zeigte sich im Jahr 2022. Geliebt gerade von jungen Menschen und gepusht von TikTok verlagerte sich der Fokus vieler Netzwerke auf kurze Videos. Erreichte dort ein Video hohe Reichweiten und verbreitete sich stark, konnte ein Account schnell anwachsen. Wer dagegen keine Kurz-Videos zu bieten hatte, dessen Account verlor an Reichweite. Plötzlich ließen sich viele Mitarbeitende darin schulen, möglichst gute Kurz-Videos zu erstellen, um ihrem Unternehmen zu mehr Sichtbarkeit zu verhelfen. Doch schon einige Monate später hatte sich der Fokus einiger Algorithmen wieder verändert und die Relevanz von Kurz-Videos etwas zurückgefahren.

Zu große Abhängigkeiten

Ein anderes etwas älteres Beispiel: In den späten 2010er-Jahren nutzten Publisher, Medien, Verlage und Nachrichtenagenturen insbesondere Facebook, um möglichst viele Menschen zu erreichen beziehungsweise auf ihre Webseiten und Newsportale zu leiten. Teilweise wurden sogar neue Medienportale hochgezogen, deren Geschäftsmodell allein darauf basierte, Besucher auf ihre Webseiten zu lenken, um sie dort dann mit Werbung zu monetarisieren. Einige dieser Geschäftsmodelle waren zu Anfang so erfolgreich, dass sie teilweise über ein Drittel ihrer Webseitenbesucher allein über die Präsenz auf Facebook erreichten.

Doch dann wurden die Plattformen zu immer besser geölten Werbemaschinen. Facebook passte den Algorithmus an und ließ die Nachrichtenverlage links liegen – zumindest was den organischen Traffic betraf. Plötzlich erhielten die Medienseiten deutlich weniger Traffic für ihre Webseiten. Diesen Verlust konnten sie nicht in ausreichendem Maße über Werbung kompensieren, sodass ihre Geschäftsmodelle letztendlich zusammenbrachen und viele dieser Firmen schon lange nicht mehr existieren.

Eine schwierige Ehe

Der Grund für die damalige Anpassung ist einfach zu verstehen: Die externen Links, mit denen die Medienhäuser von Facebook aus auf ihre eigenen Webseiten verlinkten, kamen nicht Facebook zugute. Im Gegenteil: Sie lockten die Menschen weg. Konnte dies im Interesse von Facebook sein? Einem Netzwerk, das davon lebt, dass die Menschen möglichst lange auf der

Plattform bleiben, auch um möglichst viel Werbung wahrzunehmen? Nicht wirklich. Von diesem Moment an hieß es stattdessen: Geht sparsam mit Verlinkungen auf die eigene Webseite, das eigene Blog, auf externe Medien- und News-Beiträge um. Facebook belohnt diese Links nicht – ganz im Gegenteil.

Hinzu kam, dass sie, da sie sich allein auf den Algorithmus fokussiert hatten, andere Kanäle wie die eigene Webseite oder auch Instrumente wie einen eigenen Newsletter sträflich vernachlässigt hatten. Für viele Organisationen waren die großen Plattformen daher eine Art Segen und Fluch zugleich, die Abhängigkeit von Algorithmen ein hohes Risiko.

Fazit: Die Algorithmen haben die Macht übernommen

Mit den Algorithmen[63] hatte ein neues Zeitalter begonnen. Über sie hatten die Social-Media-Plattformen die Kontrolle über den ausgespielten Content und damit die Macht über die Feeds ihrer Mitglieder übernommen. Schrittweise wurden sie zu den wahren Gatekeepern der Aufmerksamkeit, weswegen der Journalist und Berater Enno Park als Oberbegriff für Twitter, TikTok, Instagram und Co. den durchaus treffenden Begriff »Algomedia«[64] vorschlug. Dazu schrieb er:

> *»Der Punkt ist, dass fast alle Social-Media-Plattformen ihre Algorithmen nach und nach justiert und so die Kontrolle über den ausgespielten Content übernommen haben. Aus der auf sozialen Beziehungen basierenden Filtersouveränität wurde die algorithmische Plattformsouveränität, die zwar immer noch ein wenig auf sozialen Beziehungen basiert, aber längst nicht mehr nur.«*

Noch spielten die sozialen Beziehungen in den Netzwerken eine kleine Restrolle. Doch allmählich wurde aus einem Netzwerk aus Freunden, Bekannten und vernetzten Organisationen immer stärker ein Business, bei dem die Plattformen über die Inhalte bestimmten – geleitet von ihren eigenen kommerziellen Interessen.

Dies war jedoch erst der Startschuss zu einem viel größeren Change. Denn an das Ende des chronologischen Feeds, die Sortierung nach Algorithmen, die steigende Anzahl an Werbung – an all dies hatten wir Nutzer uns irgendwann zähneknirschend gewöhnt. Daneben entdeckten wir jedoch vermehrt auch Beiträge von Menschen und Organisationen in unseren Feeds, mit denen wir gar nicht vernetzt waren. Diese Inhalte waren klare Vorboten einer Entwicklung, auf die ich in den kommenden Unterkapiteln tiefer eingehen werde. Denn in der Zwischenzeit war TikTok aufgetaucht. Und damit war mit einem Schlag alles anders geworden.

---

63 Wer sich mit Mastodon oder anderen Plattformen im Fediverse beschäftigt, wird dort noch das »alte« Social Media wiederfinden. So werden Beiträge dort teilweise weiterhin in chronologischer Reihenfolge und nicht durch Algorithmen geordnet angezeigt (s. Kapitel 4.4).

64 https://bit.ly/dr_t3n_socialmediaalgorithmen

3.2 Interest Media: Content statt People

»Social media is dead. TikTok changed the game with entertainment and engagement.«[65]

Tomer Dean, Lychee

Um es gleich vorwegzunehmen: Mit radikaler Neuerung und mit dem plötzlichen »Alles-anders-Werden« ist nicht die Idee von Kurz-Videos gemeint. Dies war nichts wirklich Neues. Bereits vor über zehn Jahren hatte beispielsweise die Plattform Vine mit 6-Sekunden-Kurz-Videos für Aufsehen gesorgt. Nur war sie später von Twitter gekauft und Jahre danach geschlossen worden. Nein, dies war nicht das Neue an TikTok.

Abschied vom Social Graph

Das Revolutionäre war etwas ganz anderes: Die Freunde, das eigene Netzwerk, die persönlichen Verbindungen waren mit einem Schlag unnötig geworden. Wo einst Connections sowohl für die Inhalte als auch für die Sichtbarkeit der eigenen Inhalte sorgten, waren es plötzlich die Empfehlungen eines TikTok-Algorithmus, der sich nicht mehr an bisherigen Verbindungen, sondern pur an den Interessen und dem Verhalten der aktiven Nutzer orientierte. Wo früher die Community, die aufgebaute Fan-Gemeinde die Voraussetzung für eine zahlenmäßig starke Verbreitung des eigenen Contents war, spielte all dies keine Rolle mehr. Dies war damit die finale Verabschiedung vom herkömmlichen Social-Media-Gedanken.

Um diesen Bruch zu verstehen, gehen wir zeitlich wieder zurück: Über Jahre hinweg hatten unsere persönlichen Verbindungen die Newsfeeds geprägt. Regelmäßig fütterte das persönliche Netzwerk, also der Social Graph, die Feeds der Social-Media-Kanäle. Uns wurden genau die Inhalte angezeigt, für die sich auch unsere Bubble interessierte. Im darauffolgenden Schritt (s. Kapitel 3.1) übernahmen dann zusätzlich die Algorithmen die Macht, die innerhalb der Beiträge die Postings hoch gewichteten und ihnen eine Sichtbarkeit in den Feeds gaben, die für uns aus Sicht des Algorithmus besonders von Interesse waren. Die Kriterien dazu hießen Interaktion, Verweildauer und Themenverwandtschaft.

Interest Graph statt Social Graph

Doch mit TikTok geschah etwas Neues, denn mit TikTok trat eine Content-Plattform auf den Markt, die sich einem komplett anderen Prinzip verschrieb: dem Interest Graph[66] (s. Abbildung 9). Damit wurde sie zum Protagonisten eines neuen Trends, der hieß: weg vom etablierten Social Graph und hin zum kuratierten Interest Graph, auch Content Graph genannt, weg von den Menschen und ihren persönlichen Verbindungen, hin zur Macht der Inhalte.

---

65 https://bit.ly/dr_lychee_endofsocialmedia

66 Nicht nur TikTok setzt auf diesen Interest Graph. Auch der YouTube-Feed basiert neben Werbung vor allem auf Empfehlungen, die aus dem bisherigen eigenen Verhalten resultieren.

WISSEN 6: KOMPAKT – SOCIAL GRAPH VS. INTEREST GRAPH

- **Social Graph (s. Wissen 4)**: Basiert auf menschlichen Beziehungen: Mir wird das angezeigt, für was sich meine eigene Bubble, meine Connections, mein Netzwerk, meine Gruppen interessieren; also Personen, mit denen ich vernetzt bin (z. B. soziale Netzwerke) oder denen ich »nur« folge (z. B. X).
- **Interest Graph**: Funktioniert nicht nach Connections, sondern nur nach Interessen: Mir wird das eingespielt, was sich mit meinem bisherigen Verhalten deckt; die aufgebaute Community, das eigene Netzwerk spielt keine Rolle; darum benötigt TikTok gerade zu Anfang viele Daten der Person, um auf dieser Basis einen individuell passenden Interest Graph aufbauen zu können.

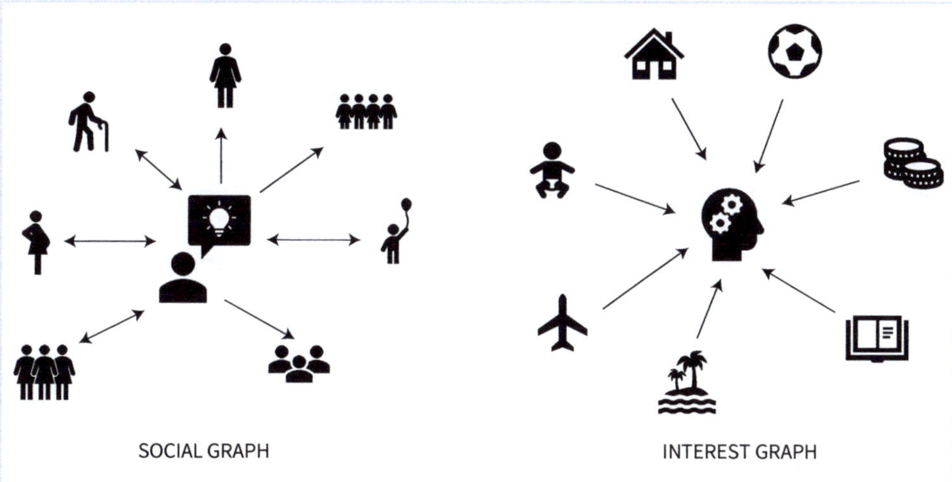

Abbildung 9: Social Graph im Vergleich zum Interest Graph, vereinfachtes Modell

Folglich funktionierte der KI-kuratierte »For you«-Hauptfeed von TikTok nicht mehr nach Connections – also nach bereits vernetzten Freunden und Followern; stattdessen schuf er einen radikal auf das eigene persönliche Verhalten abgestimmten Feed. Schon der Name »For You«-Page war bewusst gewählt: Schließlich handelt sich um Inhalte, die speziell für uns Nutzer ausgewählt werden, basierend auf der Art und Weise, wie wir in der Vergangenheit mit der App interagiert haben. Also ganz nach dem Motto: »Vergessen Sie Ihre Freunde, hier geht es nur noch um Sie.«

In der Folge finden wir Kurz-Videos von Menschen in unserem »For You«-Feed, mit denen wir keinerlei Verbindung hatten, die aber inhaltlich genau unserem bisherigen Verhalten, also den kürzlich angesehenen Videos, thematisch entsprechen. Zwar gibt es auch den persönlichen Feed, der ausschließlich Inhalte enthält, die von Personen stammen, denen wir folgen. Aber diesem Feed schenken wir kaum Aufmerksamkeit.

Der Feed zu unserem Verhalten

Wurden beim Social Graph also noch die Feed-Inhalte anhand der Verbindungen, der Abonnements, der Interaktionen – in Kombination mit Werbung – zusammengestellt, funktioniert TikTok »*ohne einen einzigen Freund, ohne einen einzigen Like, ohne ein einziges Abonnement*«.[67] Dazu analysiert der Algorithmus in Echtzeit unser Verhalten auf der Plattform, um unsere persönlichen Interessen besser kennenzulernen – auch wenn sie sich im Laufe der Zeit ändern.

Der große Vorteil aus Sicht des TikTok-Algorithmus: Da die Videos zumeist kurz sind, sehen wir uns zig TikToks pro Sitzung an. Dadurch erhält er viele Datenpunkte, mit denen sich analysieren lässt, welche Videos sich der jeweilige Nutzer ansieht, mehrfach ansieht, viel Zeit verbringt, kommentiert, wegwischt oder ausblendet. Schon innerhalb von wenigen Sitzungen kann er ein zuverlässiges Modell erstellen und eine passende Auswahl treffen, welche Themen uns am besten unterhalten könnten. Und je öfters und je länger wir diesen »For You«-Feed besuchen, desto genauer und besser werden die Daten durch maschinelles Lernen.

Bubble-Leben auch bei TikTok

Dieser ständige Abgleich zwischen Content und Nutzer bildet nicht nur ein »*more efficient network to match content between creator and user.*«[68] Der radikal themen- und verhaltensfokussierte Algorithmus führt ebenso zu einem ähnlichen Bubble-Leben, das die Algorithmen im vorherigen Kapitel schon bewirkt haben.

Diese Blase erleben wir auf TikTok täglich: Wer sich Videos mit Katzenbabys ansieht, scrollt fast nur noch durch Videos mit süßen Kätzchen; wer sich für die Börse interessiert und viele Videos rund um ETFs betrachtet, findet noch viel mehr TikToks zum Finanzwissen in seinem Feed. Und wer die eingeblendeten Koch- oder Fitnessvideos überspringt, wird künftig weniger davon erhalten.

Die Entertainment-First-Plattform

TikTok verstand sich von Anfang an weniger als soziales Netzwerk oder Social-Media-Kanal, sondern als eine Content- und Unterhaltungsplattform. Durch diesen Entertainment-First-Ansatz hob sie sich von Anfang an von anderen Ansätzen ab. Während es in den sozialen Netzwerken darum ging, sich zu vernetzen und miteinander zu kommunizieren, stand bei TikTok der Content-Konsum klar im Vordergrund.

Und die Menschen? Sie änderten ihr Verhalten. Der »Social«-Faktor spielte praktisch keine Rolle mehr. Plötzlich ließen sie sich nicht mehr von ihrem eigenen Netzwerk unterhalten oder informieren, von deren Beiträgen und Geschichten. Sie nutzten lieber den unaufhörlich fließenden Fluss an Videos, die meistens noch unterhaltsamer als die Inhalte ihrer Freunde waren. Dies lag auch daran, dass es nicht mehr nur wenige unterhaltsame Freunde waren, sondern Tausende

67 https://bit.ly/dr_nzz_endesocialmedia
68 https://bit.ly/dr_lychee_endofsocialmedia

emotionale Content-Pieces in Form von kürzeren Videos. »*Social media is dead. TikTok changed the game with entertainment and engagement*«, fasste Tomer Dean in seinem Beitrag *Why Recommendation Media Is the New Standard* auf der Content-Marketing-Plattform Lychee[69] den Wandel kompakt zusammen.

WISSEN 7: IST TIKTOK SOCIAL MEDIA?

Fast jede neue digitale Plattform, die keine Webseite ist, wird reflexartig als »Social-Media-Plattform« bezeichnet. Dies galt natürlich auch für TikTok. »*TikTok is not social media*«,[70] heißt es dagegen bei *The Drum*. »*In fact, it marks the end of the social era.*« Kein soziales Medium, sondern stattdessen das Ende der sozialen Ära? TikTok selbst definiert sich als Entertainment-Plattform und nicht als Social-Media-Plattform.[71] So auf der Webseite[72]: »*TikTok ist die führende Plattform für mobile Kurzvideos. Unsere Mission besteht darin, Kreativität zu inspirieren und Freude zu bringen.*« Damit betrachtet sich TikTok als Unterhaltungsplattform für User-Generated Videos sowie als Streaming-Service ähnlich wie YouTube und Twitch.

Unser Verhalten: Passiv statt »social«

Natürlich sind bestimmte »Social«-Elemente integriert, in dem wir Beiträge liken, kommentieren und weiterleiten können. Gleichzeitig sind dies heute Elemente, die bereits viele E-Mail-Newsletter, Online-Magazine und die Kommentarspalten von Tageszeitungen und Online-Medien integriert haben und die man deswegen kaum als Social-Media-Plattformen bezeichnen würde. Auch war die Einstufung als soziales Netzwerk häufig mit vielen negativen Assoziationen verbunden, sodass es nicht verwunderlich ist, dass TikTok und andere sich selbst in den Bereich der Unterhaltung positiver verorten.

Doch zurück zum Begriff »social«: Auf Facebook, LinkedIn, selbst teilweise auf X, Threads oder Mastodon sind wir »social« aktiv. Wir nutzen die Plattformen, um Inhalte mit unseren Freunden, mit Bekannten, mit Business-Partnern, mit Netzwerk-Partnern zu teilen. TikTok wie teils YouTube folgen einer anderen Logik. Auf TikTok sind wir nicht »social« aktiv, sondern zumeist passiv. Soziale Interaktion suchen wir selten, dafür passive Unterhaltung. Auch an gemeinschaftlichen Aktivitäten, an Communitys und Gruppen, beteiligen wir uns nicht. Wir lassen unsere Freunde nicht wissen, was wir uns ansehen. Stattdessen scrollen wir durch unseren Feed: »*We watch films. Hundreds of them, back to back, and fast. Swipe, swipe, swipe. (...) TikTok is not a social channel. It is a broadcast channel.*«[73]

69 https://bit.ly/dr_lychee_endofsocialmedia
70 https://bit.ly/dr_thedrum_tiktok
71 Siehe dazu auch https://bit.ly/dr_wuv_thomaswlazik.
72 https://www.tiktok.com/about
73 https://bit.ly/dr_thedrum_tiktok

Entertainment 3.0

Hunderte von Kurz-Videos sehen wir uns an. Und immer wieder neue. Natürlich finden sich bei TikTok ebenso Nachrichten, Bildungsinhalte, politische Kampagnen. Aber der Fokus liegt auf passiver Unterhaltung, auf reinem Content-Konsum. So ist es richtig, wenn sich TikTok als Entertainment-Channel positioniert, als das Netflix der kurzen und immer länger werdenden Videos, als eine Art Entertainment 3.0, das aus einem ständig fließenden Strom an Videos besteht – aber mit optionalem Community-Anschluss.

Nur guter Content ist King

Content war plötzlich allein King. Aber nur guter Content – also Content, der das Scrollen stoppt – lieferte Reichweite, unabhängig davon, welcher Creator, welche Marke dahintersteht. Also Content, der uns unterhält, informiert, zum Lachen bringt, ablenkt und möglichst viel Zeit auf der Plattform verbringen lässt. Durch diesen nutzerzentrierten Algorithmus konnte sich TikTok früh einen Vorteil gegenüber anderen Plattformen verschaffen.

Wie gut dieser Gedanke aufging, zeigt sich bis heute an der überdurchschnittlich hohen Verweildauer von rund einem Tag pro Monat, den die Nutzer auf TikTok verbringen; übrigens über doppelt so lang im Vergleich zu Facebook und Instagram.[74] Die Menschen schienen die Kurz-Videos von Fremden einfach fesselnder als die Beiträge ihrer eigenen Freunde zu finden, die sie auf ihren »alten« sozialen Medien zu sehen bekamen.

Kein Interesse an der Vergangenheit

TikTok hat damit das Drehbuch umgeschrieben, hat den ursprünglichen Gedanken von Social Media einfach weggewischt. Auf TikTok spielt es keine Rolle, mit wem die Menschen vernetzt, befreundet, verbunden sind. Die eigene Community, der persönliche Fan-Kreis, die Zahl der Follower, die früheren Erfolge – für all dies interessiert sich TikTok nicht.[75] Stattdessen wird jedes einzelne Video individuell analysiert, bewertet, anhand aktueller Trends, benutzter Hashtags, eingesetzter Musik und vieler weiterer Faktoren (s. Wissen 8). Die Beliebtheit des Contents hatte damit endgültig das menschliche Gesicht des Netzwerkgedankens ersetzt.

---

74 Laut der *Studie Digital 2024* für Deutschland verbringen die Nutzer 38 Stunden pro Monat auf TikTok. Dies ist die mit Abstand höchste Verweildauer im Vergleich aller Netzwerke; https://wearesocial.com/de/blog/2024/01/digital-2024/

75 Das geringe Interesse an der Vergangenheit hat auch einen positiven Nebeneffekt: Mit einem Mal war es möglich, mit dem ersten jemals publizierten TikTok eine hohe Sichtbarkeit zu bekommen, oft ein One-Hit-Wonder, auf jeden Fall mit hohen Abrufzahlen, weil beispielsweise der Algorithmus die Inhalte des Beitrages schätzte oder der benutzte Sound auf der Plattform aktuell beliebt war.

WISSEN 8: RANKINGSIGNALE FÜR DIE SICHTBARKEIT BEI TIKTOK

Warum werden mir welche Videos auf der »For You«-Page angezeigt? Der TikTok-Algorithmus unterscheidet sich stark von anderen. Follower-Zahlen oder frühere Erfolge spielen keine Rolle, ob die TikToks in die Feeds eingespielt werden oder nicht. Für TikTok steht allein das Nutzerverhalten im Fokus und dabei unter anderen die folgenden Signale:

- **Thematische Affinität**: Auf welchen Inhalten, auf welchen Themen ist der Nutzer in jüngerer Vergangenheit länger verweilt oder hat sogar mit diesen interagiert?
- **Interaktionen:** Welche Beiträge sind beim Nutzer besonders auf Interesse gestoßen, hat er also gelikt, geteilt, kommentiert beziehungsweise bis zum Ende angesehen?
- **Verweildauer**: Auf welchen TikToks ist der Nutzer länger verweilt, hat sie sogar mehrfach angesehen oder hat sie weggewischt beziehungsweise unterdrückt?
- **Trends**: Welche TikToks sind gerade erfolgreich, weil sie trendige Sounds, Effekte, Hashtags nutzen, wobei auch die Caption berücksichtigt wird?
- **Location**: Welche Kurz-Videos stammen aus dem Land des Nutzers, nahe des eigenen Standorts und werden dazu noch in seiner Sprache ausgespielt?

Trotzdem versucht der Algorithmus, es zu vermeiden, dass die Nutzer immer dieselben gleichen Inhalte zu sehen bekommen, und spielt stattdessen ab und zu auch andere Empfehlungen ein, wie TikTok im Newsroom schreibt:

»At TikTok, we recognize that too much of anything, whether it's animals, fitness tips, or personal well-being journeys, doesn't fit with the diverse discovery experience we aim to create. That's why our recommendation system works to intersperse recommendations that might fall outside people's expressed preferences, offering an opportunity to discover new categories of content.«[76]

Startschuss für einen Wandel

Diese sogenannte »TikTokification« bedeutete in der gesamten Branche einen kompletten Bruch mit dem Vorherigen. »*Social Media as we know it moving from Follower Platforms to Content Platforms*«, beschreibt Sasha Kaletsky von Creator Ventures diese Content-Metamorphose im Video *The Death of Social Media*.[77] Folgten die Menschen früher ihren Freunden, verwandelten sich die Follower-Plattformen jetzt in Content-Plattformen, das Netzwerk von Freunden zu einer individuell zugeschnittenen Content-Datenbank, wie auch John Dempsey und Dom Tunon bei *Adweek* schreiben:

76 https://bit.ly/dr_tiktok_update
77 https://bit.ly/dr_youtube_deathofsocialmedia

> *»In this new era, content media has evolved from a network of ›friends‹ into a living database of your own personal identity, tailored to the fluid way you see the world and the communities you see yourself in.«*[78]

Interest Graph auch bei YouTube

TikTok ist nicht das einzige Unternehmen, das auf den Interest Graph setzt. Auch YouTube legt weniger Wert auf Freunde, Kontakte und soziale Aspekte als auf Empfehlungsalgorithmen – zumindest, wer die Personalisierung zulässt. Wer durch seinen Feed scrollt, sieht so weniger die Videos seines Netzwerkes als Empfehlungen. Diese basieren auf den vielen Signalen, die wir abgeben. Ähnlich wie TikTok empfiehlt uns YouTube Inhalte, die dem ähneln, was wir zuvor angesehen haben, worauf wir länger verweilt und womit wir interagiert haben (s. Wissen 9). Darauf verweist YouTube in den Personalisierungseinstellungen deutlich hin:

> *»Bei aktiviertem YouTube-Verlauf erhalten Sie beispielsweise Empfehlungen auf der YouTube-Startseite, die auf Ihren Aktivitäten wie etwa den Videos, die Sie sich ansehen, und Dingen, nach denen Sie suchen, basieren. Wenn diese Einstellung deaktiviert ist, werden YouTube-Funktionen, die zum Personalisieren Ihrer Nutzung Ihren Verlauf benötigen, deaktiviert.«*

WISSEN 9: RANKINGSIGNALE FÜR DIE SICHTBARKEIT BEI YOUTUBE

Welche YouTube-Videos werden mir in meinen Feed eingespielt? Ähnlich wie bei TikTok spielen thematische Affinität, Verweildauer sowie Interaktionssignale wie Kommentieren, Abspeichern, Liken die Kernrolle. Dies verdeutlichen zwei Beispiele:

1. Sehe ich mir länger ein Video zu einer Musiksendung an, so werde ich in nächster Zeit weitere, ähnliche Videos zu dieser Musiksendung in meinem Feed finden, auch wenn ich die Sendung nicht abonniert habe.
2. Kommentiere ich einmal oder mehrfach Videos, bei dem es um Geldanlagen fürs Alter geht, so wird der Algorithmus mir künftig weitere Videos zum Thema Geld einspielen, weil er von meinem thematischen Interesse ausgehen kann.

Aus Nutzer- wie Organisationssicht ergibt sich daraus die Frage, wie wir unseren eigenen Videos zu mehr Sichtbarkeit verhelfen können. Ähnlich wie bei TikTok spielt bei YouTube die Verweildauer die entscheidende Rolle als Ranking-Faktor. Schließlich zeigt sie verlässlich auf, ob ein Video – ob längeres Video oder Short – auf Interesse gestoßen ist oder nicht. Konkret sind folgende Signale relevant:

- **Watchtime**: Kann der Kanal die Nutzer binden? Hierbei wirft YouTube einen Blick auf die Wiedergabezeit von Videos, auf die Watchtime des gesamten Kanals. Dazu wird berücksichtigt, ob ein Video kürzer oder länger, seltener oder häufiger, einmalig oder mehrfach angesehen wurde.

78 https://www.adweek.com/social-marketing/social-media-is-dead/

- **Performance**: Wie performen die Videos? Dazu betrachtet YouTube die Interaktionen des Videos, aber auch die Klickrate. Populäre Videos mit hohen Abruf- und Interaktionszahlen erhalten häufig mehr Sichtbarkeit.
- **Kanalbekanntheit**: Wie bekannt ist der Kanal zum gesuchten Thema? Liefert er regelmäßig passenden Content? Für diesen Trust-Faktor wird auch die Frequenz der Uploads und der Interaktionen berücksichtigt.
- **Kanalwachstum**: Wie stark wächst der Kanal? Dazu wird nicht nur berücksichtigt, wie häufig Videos hochgeladen werden; ebenso wird die Gesamtzahl der Videoaufrufe, die Anzahl der Abonnenten und das Wachstum bei den Videoaufrufen einberechnet.
- **Channel-Aktivität**: Wie stark wird mit den Videos auf dem Kanal interagiert? Dabei wird die Zahl der Kommentare, der Shares, der Views, die Zahl der eingebetteten Videos berücksichtigt, aber auch die Qualität der Interaktionen.

Dies sind nur ausgewählte Faktoren, die die Sichtbarkeit der eigenen Videos, des eigenen Accounts beeinflussen können und die bei einer Strategie zu berücksichtigen sind.

Der Content Graph bei Spotify und Amazon

Der Interest beziehungsweise Content Graph spielt nicht nur bei TikTok und YouTube eine tragende Rolle. Ebenso Medienunternehmen wie Spotify und Amazon bauen auf den Content Graph. Auch dort werden Inhalte anhand der angenommenen Nutzerinteressen ausgespielt beziehungsweise vorgeschlagen. Bei Spotify erhalten wir die Songs und die Playlists zu hören, die auf unserem bisherigen Musikgeschmack basieren; bei Amazon werden uns die Produkte vorgeschlagen, die unserem bisherigen Such- und Kaufverhalten entsprechen.

TikTok schrieb schnell Erfolgsgeschichte. Die mobile App entwickelte sich von einer aufstrebenden Plattform im Jahr 2018 zu den Top 5 der beliebtesten Plattformen. Parallel trieb die Entertainment-Plattform auch stark den Social-Shopping-Trend voran und drang damit immer tiefer in die Welt von Facebook und Instagram vor. Folglich musste Meta reagieren.

Menschen bleiben nicht wegen Menschen

Im Vergleich zu dem endlosen Fluss an Kurz-Videos auf TikTok fehlte es auf Facebook und Instagram immer stärker an Inhalten, um die Nutzer möglichst lange auf der Plattform zu halten. Nur weil Menschen Inhalte unkompliziert mit ihren Freunden teilen können, bedeutete das noch lange nicht, dass diese Inhalte die Freunde auch interessierten und diese sich lange damit beschäftigen. Viele verbrachten nur noch wenige Minuten pro Tag auf den Plattformen, weil sie nur kurz durch die neuesten Nachrichten ihrer Freunde klicken wollten, um sich danach wieder anderen Themen zu widmen.

Diese kurze Verweildauer konnte Meta aus kommerziellen Gründen schlicht nicht akzeptieren. Sie führte zu einer viel zu kurzen Werbewahrnehmung, um die eigenen Werbeplätze erfolgreich zu monetarisieren. Stattdessen brachte das Video-Entertainment-Konzept von TikTok stark steigende Einnahmen, indem Ads zwischen vertikal scrollenden Videos platziert wurden, die von immer mehr Menschen gesehen wurden. Es musste also etwas passieren.

Der Ruf nach dem Meta-Wandel

Noch nie hatte ein Konkurrent eine so große Bedrohung für den Meta-Konzern dargestellt wie TikTok. Denn gerade die Jüngeren – und auf diese haben es fast alle Plattformen abgesehen[79] – waren von TikTok begeistert. Die App-Downloads und Aufrufe gingen durch die Decke, Instagram verlor beträchtlich an Sichtbarkeit und vor allem an Verweildauer gegenüber TikTok,[80] und Mark Zuckerberg rief immer häufiger: Wir müssen jünger werden – und dies auf allen Netzwerken. Gesagt, getan. Damit leitete der Meta-Konzern seinen größten Strategiewechsel bei Facebook und Instagram ein und stellte das bewährte Prinzip des Social Graphs auf den Kopf. Schon rein aus finanziellen Gründen wusste Mark Zuckerberg eines:

> *»Die große Gewinnerin wird die Plattform sein, der es gelingt, die Konsumenten am längsten an den Bildschirm zu fesseln. Der Anbieter mit dem ausgeklügeltsten Algorithmus, der schon heute weiß, welche Inhalte uns morgen interessieren werden. Je mehr Zeit die Menschen in ihrem Newsfeed verbringen, desto mehr Werbung kann ihnen gezeigt werden. Die sozialen Netzwerke, wie wir sie kennen, gehören der Vergangenheit an, denn letztlich zählt der Profit.«*[81]

Damit wich die Ära der sozialen Medien Schritt für Schritt einer Ära der Unterhaltungsplattformen – selbstverständlich mit genügend Raum für Werbeplatzierungen.

3.3 Recommendation Media: Empfehlungen statt Beziehungen

> *»We'll make fewer explicit choices (›these are my friends‹) and more implicit choices (›this is where the algorithm recommends I should spend my attention‹) about how, when, and why we consume content.«*
>
> Michael Mignano, Unternehmer

> *»One of the most requested features for Facebook is to make sure people don't miss friends' posts. So today we're launching a feeds tab where you can see posts from your friends, groups, pages and more separately in chronological order«*,[82] schrieb Mark Zuckerberg am 21. Juli 2022 auf seiner Facebook-Seite.[83] Der wirkliche Strategiewechsel zeigte sich erst im zweiten Teil der Aussage: *»The app will still open to a personalized*

79 In diesem Beitrag hinterfragt der Autor kritisch die Fokussierung der Plattformen auf die jungen Zielgruppen: https://bit.ly/dr_ruisinger_digitaleheimat.

80 https://www.futurebiz.de/artikel/verweildauer-tiktok-social-media-2022/

81 https://bit.ly/dr_nzz_endesocialmedia

82 https://bit.ly/dr_zuck_facebook

83 Für News rund um Facebook, AI und neue Entwicklungen im Meta-Konzern: das Facebook-Profil von Mark Zuckerberg: https://www.facebook.com/zuck.

> *feed on the home tab, where our discovery engine will recommend the content we think you'll care most about. But the feeds tab will give you a way to customize and control your experience further.«*

Eine Maschine, die selbstständig Inhalte empfiehlt, die den User interessieren? Dieses Zitat symbolisierte den Abschied vom bisherigen Follower- und Social Graph, die Übernahme des Interest Graphs von TikTok und den Weg hin zu einer »TikTokification« der Meta-Netzwerke. Kompakt zusammengefasst lässt sich dies auch so definieren, dass von jetzt an eine Content-First-Strategie, also die Bindung an Inhalte, die bisherige Bindung an Menschen, also eine People-First- oder Creator-First-Strategie, schrittweise ersetzte.

Der Meta-Schwenk

Damit entfernten sich Instagram und Facebook noch weiter von dem uns bekannten Social Media, also von den Inhalten und Interaktionen verbundener Freunde, Fans und Follower. Sie shifteten um zu einem von Algorithmen dominierten, auf Empfehlungen basierenden Modell der Content-Distribution – mit anfänglichem Fokus auf Kurz-Videos. Dies sei das finale Zeichen für eine große Veränderung, schreibt der Marketing-Berater Michael Ruppert auf LinkedIn:

> *»Wenn nun also auch das weltweit größte soziale Netzwerk diesen Wandel umgesetzt hat, sollte jedem klar sein, dass dies das Ende von Social Media ist, wie wir es in den letzten 10 bis 15 Jahren erlebt haben.«*[84]

Notwendiger Shift

Diesen Move bekamen die Meta-Nutzer schnell mit. Plötzlich sahen sie auf Facebook und Instagram immer mehr Beiträge von Accounts, mit denen sie bisher weder befreundet waren noch ihnen folgten – aus dem einfachen Grund, weil Menschen aus ihrem engeren Umfeld diesen Beitrag gelikt, kommentiert, abgespeichert oder geteilt hatten, und der Algorithmus folglich davon ausging, dass der Inhalt auch für andere aus dem Umkreis von Interesse sein könnte und ihn deshalb einblendete.

Für das künftige Business sei dieser Shift – von Follower-Content zu Empfehlungs-Content – entscheidend, betonte Mark Zuckerberg auf seiner Facebook-Seite:

> *»One of the main transformations in our business right now is that social feeds are going from being driven primarily by the people and accounts you follow to increasingly also being driven by AI recommending content that you'll find interesting from across Facebook or Instagram, even if you don't follow those creators. Social content from people you know is going to remain an important part of the experience and some of our most*

84 https://bit.ly/dr_linkedin_ruppert

differentiated content, but increasingly we'll also be able to supplement that with other interesting content from across our networks.«[85]

Content-Einblendungen über eine KI, die Inhalte empfiehlt, die man auf Facebook oder Instagram interessant finden könnte, selbst wenn man den Creatorn nicht folgt? Als Ergänzung zum Content der eigenen Follower? Aber zu welchem Anteil?

Dieses Zitat leitete eine neue Ära ein. Von nun an blendete der Algorithmus immer mehr Content in die Feeds der Menschen ein, wenn er deren bisher bevorzugtem Konsum entsprach. Diese sogenannten »Vorschläge«[86] – ob einzelne Beiträge oder Empfehlungen für ganze Accounts – nahmen immer mehr Raum im Feed ein. Sie konkurrierten direkt mit den Beiträgen der vernetzten Freunde und Organisationen, die schrittweise zurückgeführt wurden. Die Zeiten, in denen man davon ausgehen konnte, dass die eigenen Follower den eigens erstellten Content erhalten würden, waren damit endgültig vorbei. Stattdessen ging es nur noch um die Content-Qualität, wie der US-Unternehmer Michael Mignano schreibt:

> *»In contrast to social media, recommendation media is not a competition based on popularity; instead, it is a competition based on the absolute best content (…) In recommendation media, the best content for each Consumer wins.«*[87]

Interne Konkurrenz im Feed

Welche massiven Auswirkungen die neue Konkurrenzsituation insbesondere auf die Seiten von Unternehmen und Institutionen hat, verdeutlichte der *Widely Viewed Content Report* von Meta aus dem 3. Quartal 2023. Dieser stellt dar, aus welchen Quellen ein typischer Facebook-Newsfeed in den USA gespeist wurde (s. Abbildung 10). Danach stammten rund zwei Drittel (64,8 Prozent) von Personen und Gruppen, knapp ein Viertel (23,7 Prozent) waren Empfehlungen und kamen demnach von Accounts, mit denen die Nutzer nicht verbunden waren, und nur vernachlässigbare 0,2 Prozent von den Facebook-Seiten von Unternehmen und Institutionen. Werbung wurde in diesem Report nicht ausgewiesen.

Daraus lassen sich zwei Schlussfolgerungen ziehen:

1. Facebook-Pages von Unternehmen und Institutionen bekamen schon 2023 praktisch keine Sichtbarkeit im Feed der Nutzer mehr – außer über Werbung oder über Mitarbeitende.
2. Empfehlungen machen bereits heute einen großen Anteil des Feeds aus und werden mit Sicherheit noch weiter ausgebaut.

---

85 https://bit.ly/dr_zuck_facebook_changes

86 Schon zuvor wurden auf Instagram und Facebook Inhalte empfohlen. Dies erfolgte jedoch über den separaten »Explore«-Tab. Von jetzt an konkurrierten die kuratierten Content-Empfehlungen jedoch innerhalb des Newsfeeds mit anderen Inhalten um die Aufmerksamkeit der Nutzer.

87 https://mignano.medium.com/the-end-of-social-media-a88ffed21f86

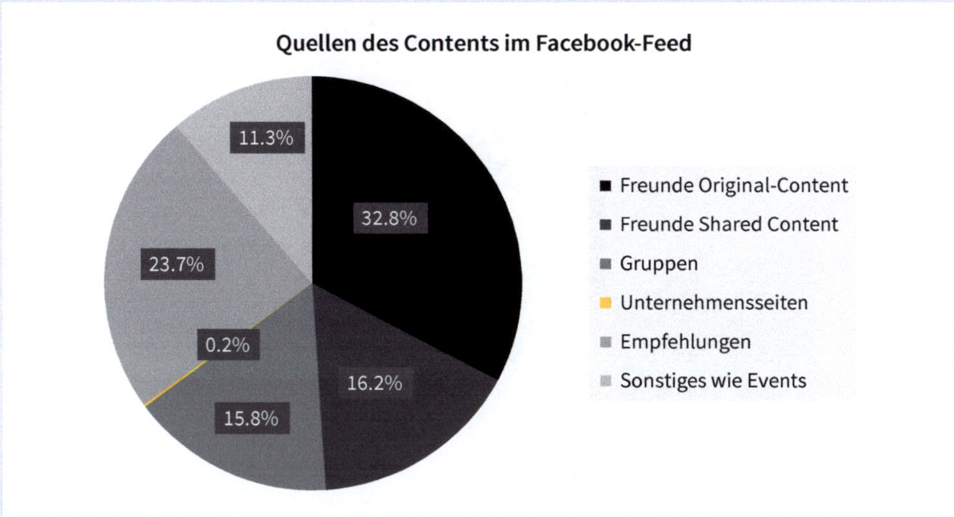

Abbildung 10: Facebook, Quellen für Feed-Content, Meta *Widely Viewed Content Report* Q3 2023[88]

Diese Zahlen decken sich mit den Aussagen von Mark Zuckerberg. Dieser hatte schon früh angekündigt, dass der Anteil der KI-Empfehlungen bei Instagram und Facebook bis Ende 2023 bei 30 Prozent liegen würde. Seine Hoffnung im April 2022:

> *»In the future, I think that people will increasingly turn to AI-based Discovery Engines to entertain them, teach them things, and connect them with people who share their interests.«*[89]

Veränderungen des Feeds

Springen wir zurück auf das Zitat von Mark Zuckerberg zu Anfang dieses Unterkapitels: Was passiert mit den Beiträgen der Friends und Followers, der Unternehmen und der Gruppen? Hatte er nicht weitere Feeds angekündigt, damit wir keine Beiträge unserer Freunde mehr verpassen? Richtig, seit dem Jahre 2022 lassen sich diese aktiv über die linke Navigation über den Feeds-Tab oder mobil über das Menü aufrufen. In den Streams werden wie angekündigt alle Beiträge in chronologischer Reihenfolge angezeigt – die Beiträge der Favoriten, von Freunden, von Gruppen, von Seiten. Doch auch diese Entscheidung war ein klassisches Symbol dafür, wie stark der traditionelle Social-Media-Gedanke weiter zurückgedrängt wurde.

Dies wird deutlich, wenn man sich den Facebook-Feed heute im Gesamten ansieht: Im Hauptfeed, dem sogenannten Homefeed, dominieren Empfehlungen, KI-Inhalte, Kurz-Videos, einige Posts von Freunden und natürlich Werbung. Vergleiche ich damit die vergangenen 100 Beiträge in meinem persönlichen Feed (s. Abbildung 11), fällt auf, dass Werbung und empfohlene Beiträge mit jeweils rund einem Viertel Übergewicht erhalten; natürlich ist solch ein Vergleich immer dem Moment geschuldet und keineswegs repräsentativ.

88 https://transparency.fb.com/de-de/data/widely-viewed-content-report/#what-people-see
89 https://bit.ly/dr_zuck_facebok_KI

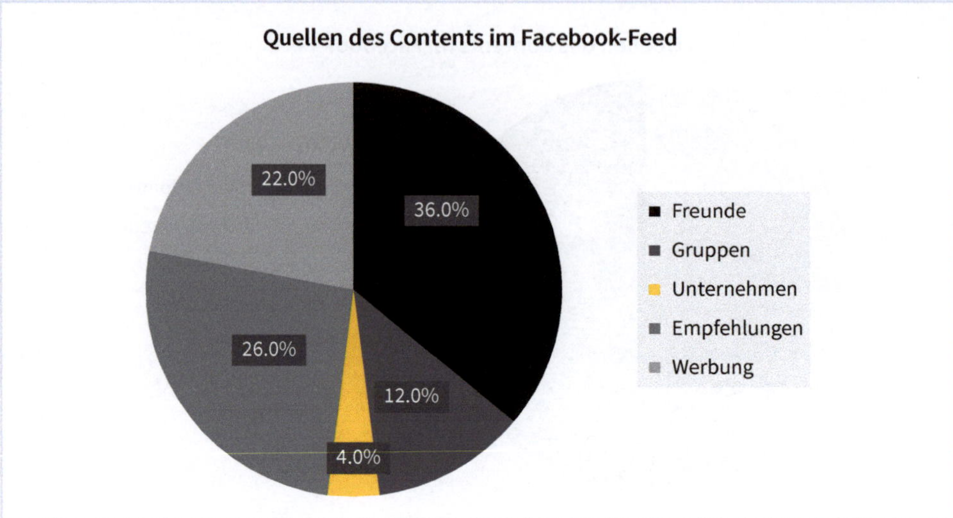

Abbildung 11: Facebook, Quellen für Feed-Content bei Dominik Ruisinger; eigene Analyse

Das Ende der Facebook-Seiten

Während im Hauptfeed also die Beiträge der Freunde, teilweise aus Gruppen, sowie viele Empfehlungen und Ads dominieren, verlieren alle anderen Beiträge deutlich an Sichtbarkeit. Was passiert mit den kaum noch sichtbaren Facebook-Seiten der Unternehmen und Institutionen, die über Jahre gefüttert wurden, mit Inhalten, mit viel Zeit, mit intensivem Community-Management und mit noch mehr Werbegeldern? In ihren Nebenfeeds sind sie aus dem Aufmerksamkeitstrichter herausgefallen – und damit aus dem Visier der bisherigen Fans, Follower, Kunden, Partner, Interessenten.

Als Folge sind Facebook-Seiten die großen Verlierer der Umstellung, da die Organisationen ihre Follower nicht mehr erreichen, bespielen und den Kontakt pflegen können. Sie werden weiter an Bedeutung verlieren – abgesehen von Facebook-Werbung und wenigen Marken mit sehr aktiven Communitys. Denn warum sollen Unternehmen und Institutionen, wenn sie mit ihren organischen Inhalten kaum mehr im Hauptfeed ihrer Zielpersonen auftauchen, noch Zeit und Aufwand dafür einsetzen?

Verloren in den Nebenfeeds

Facebook argumentiert, dass jeder in die Nebenfeeds wechseln kann, wenn er die Inhalte seiner Freunde, Gruppen oder vernetzten Unternehmen sehen will. Nur: Werden diese Nebenfeeds wirklich wahrgenommen?

Schon bei TikTok schenken die Nutzer dem parallelen, individuell gepflegten »Folge ich«-Feed nur eine sehr punktuelle Beachtung. Bei Instagram kennen viele nicht einmal die Option, vom Hauptfeed in die Nebenfeeds »Gefolgt« und »Favoriten« zu wechseln. Und bei Facebook sollen diese parallelen Feeds plötzlich Erfolg bringen? Ohne dies mit repräsentativen Zahlen belegen zu können, ist davon auszugehen, dass die Wechselrate vom Haupt- in die Nebenfeeds sogar noch geringer ist als bei Instagram oder TikTok.

Die drei Phasen des Contents

Trotzdem: Die Meta-Umstellung läuft weiter auf Hochtouren. Wie stark sich die hauseigenen Netzwerke damit vom ursprünglichen Social-Media-Gedanken schrittweise entfernt haben, macht ein Blick auf die bisherigen drei Phasen (Abbildung 12) deutlich:

1. **Phase 1**: In den Zeiten des »alten« Social Media sahen die Menschen noch die Inhalte ihrer Netzwerk-Verbindungen, unabhängig von der Content-Qualität. Der eigene Freundeskreis spielte damals die zentrale Rolle.
2. **Phase 2**: Im zweiten Schritt blendete ein Algorithmus insbesondere die Beiträge häufig ein, die die meisten und intensivsten Interaktionen verzeichnen hatten. Die Zeiten, in denen die Regel galt »Je größer die Followerzahl eines Accounts, desto größer das Verbreitungs- und Einflusspotenzial« waren damit vorbei.
3. **Phase 3**: Mit der dritten Phase lag die Macht nur noch bei den Plattformen selbst. Sie ließen die Inhalte über Algorithmen verbreiten, die speziell auf die Nutzer zugeschnittene Inhalte ausspielten. Die Plattform entschied final selbst, welche Art von Content empfohlen wird. Der Social Graph der vernetzten Personen verlor noch mehr an Bedeutung – und damit die Menschen selbst.

Abbildung 12: Die drei Phasen des Social-Media-Contents

Empfehlungen statt Freunde

Der Schwenk betraf nicht nur den technologischen Weg, also weg von den Menschen-Netzwerken, hin zu Algorithmen und KI-Empfehlungen. Angetrieben von Zuckerbergs Ausruf »Wir müssen jünger werden« und erneut an TikTok orientiert vollzog Meta einen weiteren Shift, und zwar beim Alter der anvisierten Zielgruppen. Diese komplette, langfristige Neuaufstellung hatte Mark Zuckerberg bei einem Investoren-Call Ende Oktober 2021 verkündet:

> *»So we are retooling our teams to make serving young adults their north star, rather than optimizing for the larger number of older people. Like everything, this will involve tradeoffs in our products and it will likely mean that the rest of our community will grow more slowly than it otherwise would have. But it should also mean that our services become stronger for young adults. This shift will take years, not months, to fully execute, and I think it's the right approach to building our community and company for the long term.«*[90]

90 https://bit.ly/dr_socialmediatoday_facebookfocus

Vom Networking zum puren Konsum

Meta hatte damit TikTok komplett kopiert. Beim Alter richteten Facebook und Instagram ihre Inhalte immer stärker auf die Jüngeren aus, die Älteren spielten dagegen keine Rolle mehr. Bei der Technologie verabschiedeten sich die beiden sozialen Netzwerke vom Social Graph und richteten ihre Inhalte immer stärker an dem Interest beziehungsweise Content Graph aus. Die Devise hieß ganz klar: Mehr Video, mehr Unterhaltung, weniger »social«. Die bisherigen sozialen Interaktionen, der persönliche Austausch war dem passiven Medienkonsum gewichen. Und ob Reels, TikToks oder YouTube Shorts: Den Feed zu betrachten war quasi das neue TV.

Dies verdeutlicht nochmals die folgende Abbildung: Wer sich viele TikToks oder Reels zu Elefanten ansieht oder sich an Bildern von einsamen Inseln ergötzt, der darf sich nicht wundern, wenn sein Feed künftig vor allem mit Bildern von Elefanten und anderen exotischen Tieren oder mit Reisezielen gefüttert wird. All diese Empfehlungen sind nichts anderes als das Ergebnis des eigenen Verhaltens in dem jeweiligen Netzwerk beziehungsweise in der App.

Doch genau dieser Schwenk zum Entertainment stand im Widerspruch zu der einstigen Ankündigung von Mark Zuckerberg, dass Facebook eine personalisierte Zeitung werden. Jetzt machten News nur noch 3 Prozent des Feed-Content aus. Wenn fast die Hälfte der jungen Menschen heute aber sagen, dass die sozialen Medien ihre Hauptquelle für Nachrichten seien, die Plattformen aber entscheiden, dass Nachrichten nicht mehr interessant seien, dann führt »diese TikTokification« zu einem weiteren Gap, der uns alle betrifft.[91]

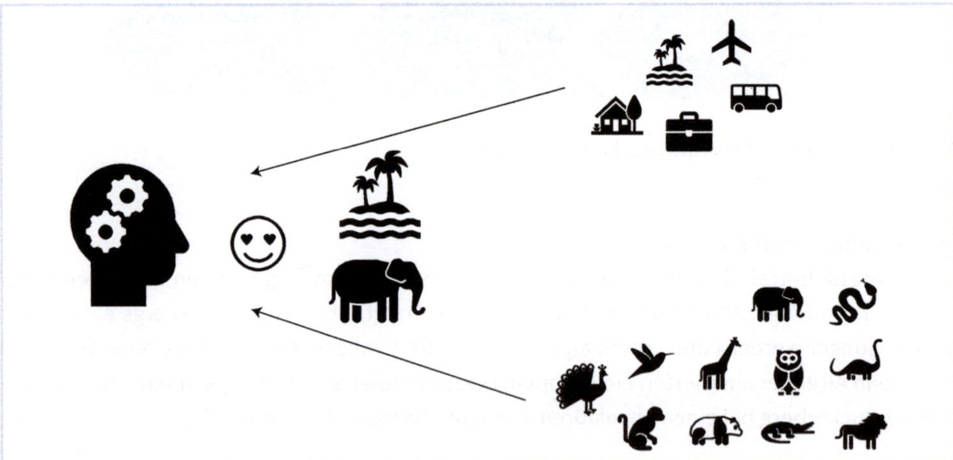

Abbildung 13: Empfehlungen sind die Folge des eigenen Verhaltens

91 Siehe https://www.economist.com/leaders/2024/02/01/the-end-of-the-social-network.

Auch bei X und LinkedIn

Selbst am führenden Business-Netzwerk geht die »TikTokification« nicht vorbei. So testete LinkedIn 2023/2024 individuelle Empfehlungen, um die Mitglieder künftig neue relevante Branchenthemen und fachlichen Content entdecken zu lassen. Markiert mit dem Begriff »Vorgeschlagen« werden den Mitgliedern Beiträge eingeblendet, die basierend auf ihren Aktivitäten und ihrem Engagement zu den Inhalten passen könnten. LinkedIn bezeichnet sie als »*suggested posts, to help you discover more of what interests you*«.

Diese Vorschläge sollen also helfen, relevanten Content zu entdecken, schrieb auch Tomer Cohen, Chief Product Officer at LinkedIn, im März 2023:

> *»There are many rich conversations happening across LinkedIn, but it's hard to know what you're missing out on unless you follow the right conversations. To help you discover more relevant content that you might not otherwise know about, we are testing Suggested Posts in your Feed. With Suggested posts, we'll do the heavy lifting to find out what's trending amongst professionals in your field and surface great conversations on topics that might be very relevant to you.«*[92]

Und X, die Plattform, die früher Twitter hieß? Auch diese schloss sich Meta, YouTube und TikTok an und setzte auf Empfehlungen. Im »Für dich«-Stream – die Namensgleichheit mit TikTok sollte nicht überraschen – werden Beiträge neuer Personen eingespielt, die zu den bisherigen Followern und dem wahrgenommenen Content des X-Nutzers passen, die er vielleicht interessant finden könnte, aber bisher noch nicht entdeckt hat.

Welcome to Recommendation Media

Die »TikTokification« des gesamten Social-Media-Kosmos ist eindeutig: Menschen sind nicht mehr wichtig. Der persönliche Austausch ebenso wenig. Viel zuverlässiger sorgen Algorithmen für passenden, individualisierten Content. Diesen Change beschrieb der erwähnte Michael Mignano in seinem lesenswerten Essay *The End of Social Media and the Rise of Recommendation Media*. Darin bezeichnete der frühere Head of Talk von Spotify den KI-erzeugten Content als »Recommendation Media«[93] und neuen Standard für die Verbreitung von Content im Internet:

> *»Platforms like the massively popular (and still growing) TikTok and YouTube put far less emphasis on friends and social graphs in favor of carefully curated, magical algorithmic experiences that match the perfect content for the right people at the exact right time. This is recommendation media, and it's the new standard for content distribution on the internet.«*

92 https://bit.ly/dr_linkedIn_tomercohen
93 https://mignano.medium.com/the-end-of-social-media-a88ffed21f86

Seine Schlussfolgerung »*Friend graphs can't compete in an algorithmic world*« ist ein Abgesang auf das bisherige Social Media, so wie wir es kannten. Sein Fazit:

> *»As a result, we'll make fewer explicit choices (›these are my friends‹) and more implicit choices (›this is where the algorithm recommends I should spend my attention‹) about how, when, and why we consume content.«*

Denn nur Recommendation Media könnten den Menschen den Content in ihre Feeds liefern, der zu einem maximalen Engagement und zu einer maximalen Verweildauer führt. Und was dieser beste Content sein könnte, das bestimmen natürlich allein die Algorithmen.

Lesetipp 3: Welcome to Recommendation Media

Wer einen tieferen Blick auf diesen Wandel hin zu »Recommendation Media« werfen will, dem ist der längere Beitrag von Michael Mignano zu empfehlen, auf den ich öfters in diesem Buch verweise. In seinem Essay auf *Medium* macht er sehr deutlich, warum auch der bisherige Follower Graph keine Chance gegen den auf Entertainment basierten Interest Graph haben konnte.

Michael Mignano: The End of Social Media and the Rise of Recommendation Media; https://mignano.medium.com/the-end-of-social-media-a88ffed21f86

Drei Vorteile für die Plattformen

Die beschriebene völlige Neuausrichtung brachte für die Plattformen gleich mehrere Vorteile mit sich. Greifen wir drei zentrale heraus:

1. **Macht über Inhalte**
   In den traditionellen sozialen Medien behielten die Urheber die Hoheit darüber, welche Inhalte die vernetzten Freunde und Partner in ihren Feeds zu sehen bekommen. Bei den Empfehlungsmedien haben die Plattformen die Kontrolle. Sie entscheiden, was wann populär ist.
2. **Chance für Zensur**
   Wenn die Algorithmen entscheiden, welche Art von Inhalten empfohlen werden, dann können sie natürlich ebenfalls bestimmen, welche Inhalte nicht in die Feeds eingespielt werden, weil sie der Plattform vielleicht aktuell nicht genehm sind. Und kein Mitglied eines Netzwerkes kann dagegen etwas tun. Das können Wortfilter sein, die Suchergebnisse oder ganze Postings ausblenden, weil sie ungewünschte Themen ansprechen. So gab es Ende 2023 Nutzer der Plattform Threads, die sich über Wortfilter bei Themen wie Covid&Co. wunderten und, wie der Publizist Mario Sixtus, vor den Gefahren möglicher Filterblasen warnten:

   > *»Was passiert denn erst im Wahlkampf? Oder bei der nächsten Pandemie? Wenn es unmöglich ist, sich hier über Aktuelles auszutauschen, weil Politik die kleinen Insta-Bewohner*innen so sehr beunruhigt und die Nanny deshalb böse Worte im Kinderzimmer verbietet, was soll das dann alles hier?«*[94]

94 https://bit.ly/dr_sixtus_threads

3. **Reduktion von Kosten**
   Die Moderation von Diskussionen und von ungewünschtem Content verursacht hohe Kosten – gerade in Form von riesigen Community-Management-Teams. Doch mit dem neuen Modell lassen sich unerwünschte Inhalte einfach ausblenden und die Verbreitung bestimmter Inhalte unterbinden. Auf diese Weise lassen sich die Kosten für große Moderationsteams deutlich senken.

Plattformen als Gatekeeper

Algorithmen statt Social Media, Recommendation Media statt Friends Media, bester Content statt bester Connections: Die erwähnten Vorteile zeigen auf, wie stark die Plattformen durch die »TikTokification« zu Gatekeepern von Informationen werden – mit beträchtlichen Folgen.

Plötzlich liegt es fast allein in ihrer Macht, über den Content zu bestimmen. Sie können feststellen, ob jemand ein Filmfan, ein Autonarr oder eine Anhängerin einer bestimmten Marke oder Partei ist, um ihm die passenden Inhalte zu empfehlen, die seine Aufmerksamkeit fesseln. Sie können jedoch ebenfalls bestimmen, welchen Content der Nutzer nicht erhalten sollte und damit umstrittene, polarisierende, widersprüchliche Inhalte von vornherein ausblenden. Es ist offensichtlich, dass auf diese Weise die bereits erwähnten Filterblasen weiter verstärkt werden.

Wenn Menschen nicht mehr für Content sorgen

Welche Ziele die Plattformen mit der Neukalibrierung erreichen wollten, ist damit verständlich. Natürlich kann dies nur gelingen, wenn sich die Empfehlungen genauso gut oder sogar noch besser als die Inhalte der bisherigen Freunde und Netzwerkpartner anfühlen, und wenn die kuratierten Inhalte die Menschen genau zur richtigen Zeit mit den passenden Inhalten erreichen. Dafür sind die Algorithmen wiederum auf Content der Menschen angewiesen, an denen sich die Empfehlungen orientieren.

Doch schon heute posten immer weniger auf Facebook, Instagram & Co. und geben immer seltener Informationen über sich preis. Hinzu kommt: Wenn der Social Graph kaum mehr relevant ist, Menschen mit ihren eigenen Postings immer weniger Sichtbarkeit erhalten und die Algorithmen allein über die Verbreitung der Inhalte bestimmen, wozu sollten Menschen oder Organisationen überhaupt noch eigene Inhalte in ihren Streams posten, ob im privaten oder im Business Kontext? Bilder oder Videos vom Essen und Leben, von der kleinen Katze und dem letzten Urlaub, vom neuen Job und dem eigenen Start-up?

Fehlt Meta & Co. dann nicht der Content, den sie empfehlen könnten, beziehungsweise die Signale, auf die sie ihren Content ausrichten? Schließlich benötigen sie viel Nischen-Content, um jedem individuell Inhalte in die Feeds einblenden zu können, darauf weist Mignano hin:

> *»However, in order to be able to match the exact right content with the exact right person, a platform needs an ocean of content, including extremely niche content for every person on the planet. The only way to have that much content is to be an open creation platform where users of the platform are able to create on the platform.«*[95]

Im Umkehrschluss bedeutet dies, dass sich die Umstellung negativ auf das Engagement der Menschen ausgewirkt hat, überhaupt selbst noch öffentlich Beiträge zu publizieren. Auf diese gravierenden Folgen werde ich in Kapitel 3.5 eingehen.

Marketing rückt in den Vordergrund

Für Unternehmen und Institutionen hat die Umstellung auf ein empfehlungsbasiertes Modell Folgen. Einerseits bietet sich ihnen die Chance, mit ihren Inhalten in mehr Feeds präsent zu sein und neue Menschen zu erreichen, die ihnen bislang nicht folgen und die noch nicht zu den Followern zählen. Andererseits klagen viele über weiter sinkende Reichweiten bei organischen Beiträgen. Dies hat wiederum zur Folge, dass die Werbeetats deutlich ansteigen werden, damit die eigenen Botschaften von der Zielgruppe überhaupt noch wahrgenommen werden.

Damit rückt das Marketing immer stärker in den Vordergrund, das die Kanäle weniger als dialogische Instrumente für organische Inhalte, sondern in erster Linie als werbliche Vertriebskanäle versteht. Jetzt könnte man durchaus argumentieren, dass sich die Social-Media-Welt nicht wesentlich von der traditionellen Medienwelt unterscheidet, in der man Werbung benötigt, um sich eine gesicherte und erweiterte Sichtbarkeit zu erkaufen. Allerdings versteht man jetzt die Perfidität der Plattformen: Erst mussten die Unternehmen Geld dafür ausgeben, um Fans und Follower zu generieren; jetzt müssen sie weiteres Geld investieren, um die damals bezahlten Follower wieder zu erreichen.

Machtverlust bei Influencern

Und noch eine Branche trifft dieser Move: die Influencer. Jahrelang hatten sie ihre Communitys aufgebaut und sie regelmäßig mit persönlichen Inhalten an sich gebunden. Doch mit dem Aufkommen von Recommendation Media verloren sie an Macht, da sie nicht mehr allein über ihre Communitys herrschten, sondern in deren Feeds plötzlich mit den KI-Empfehlungen um Aufmerksamkeit buhlen mussten. Durch das fehlende Follower-Prinzip waren sie jetzt davon abhängig, dass ihre Fans sich intensiv mit ihnen beschäftigen, damit diesen die Algorithmen weiterhin Postings der Influencer einblendeten. Mignano sah deshalb in dem Widerstand prominenter Influencer am Meta-Strategieschwenk durchaus eigene Interessen:

> *»It's no wonder why Kylie Jenner opposes this change; her more than 360 million followers are simply worth less in a version of media dominated by algorithms and not followers.«*[96]

95 https://mignano.medium.com/the-end-of-social-media-a88ffed21f86
96 https://mignano.medium.com/the-end-of-social-media-a88ffed21f86

Fazit: RIP Social Media?

Empfehlungsmedien sind der neue Standard für die Verbreitung von Inhalten. TikTok hat hier Pionierarbeit geleistet, Meta hat es für Facebook und Instagram kopiert, und LinkedIn und X haben nachgezogen. Aus Sicht der Plattformen sind sie ein überlegenes Modell, gerade wenn es um Unterhaltung geht. Schließlich verweilen die Menschen viel länger auf gutem Content, als sich kurz mit ihren Freunden auszutauschen. Damit wurden die Algorithmen zum »*final decision maker about what gains traction and what doesn't*«.[97] Algorithmen als endgültige Entscheider über Inhalte? Und nicht mehr die Menschen? Aber war dies nicht der Gedanke von Social Media?

Aus dem Austausch mit den eigenen Followern ist heute ein Wettbewerb um die besten Inhalte geworden. Dabei rücken die Besonderheiten sozialer Netzwerke und ursprünglicher Social-Media-Kommunikation immer mehr in den Hintergrund. Friends Graph, Follower Community, People Networking: Die soziale Komponente spielt fast keine Rolle mehr. Immerhin war der Content noch von Menschen erzeugt. Doch auch dies sollte sich bald ändern, wie das nächste Kapitel zeigt.

3.4 Synthetic Media: Maschinen statt Menschen

»Think of all the problems social media is causing today, especially for political polarization, social fragmentation, disinformation, and mental health. Now imagine that within the next 18 months (…) some malevolent deity is going to crank up the dials on all of those effects, and then just keep cranking.«[98]

Jonathan Haidt, The Atlantic

Spätestens mit Recommendation Media hatte die künstliche Intelligenz Eingang in die sozialen Medien gefunden: als künstlicher Kopf bei der Analyse des Nutzerverhaltens und beim Ausspielen entsprechender Inhalte. Seitdem beeinflusste sie mit ihren Empfehlungen, welche Inhalte wir wahrnehmen. Doch seit Ende 2022 ging es noch einen deutlichen Schritt weiter.

Mit dem medienwirksamen Aufkommen des Themas KI und generativer KI vollzog sich eine wirkliche Revolution, die sich mit den sieben Buchstaben ChatGPT beschreiben lässt. Denn mit der Publikation der ersten Version des Chatbots durch die OpenAI-Initiative erkannten die Menschen die Möglichkeit, sich hochwertige Inhalte von Maschinen erstellen zu lassen.

»*KI schreibt jetzt automatisch Nachrichten*«,[99] titelte dazu das *GoogleWatchBlog*. Und der Autor fragte weiter: »*Muss das wirklich sein?*« Von diesem Moment an brachen immer mehr KI-Tools

97 https://mignano.medium.com/the-end-of-social-media-a88ffed21f86
98 https://bit.ly/dr_theatlantic_generativeAI
99 https://www.googlewatchblog.de/2023/04/gmail-google-messages-ki/

in die Kommunikationsplattformen als mögliche Helfer ein – und zwar quer durch alle privaten wie beruflichen Kanäle.

WISSEN 10: WAS IST GENERATIVE KI?

Generative künstliche Intelligenz ist ein Sammelbegriff für KI-basierte Systeme, die in der Lage sind, auf Basis sinnvoller Prompts neue Inhalte wie Texte, Bilder, Videos, Audios, Codes etc. zu erstellen. Dazu zählen heute ChatGPT, Gemini, DALL-E2, Midjourney oder Jasper. Dazu greift das jeweilige KI-System auf große Datenmengen zurück, um daraus Muster abzuleiten. Schon heute zeigt sich das große Potenzial generativer KI, indem sich beeindruckende Inhalte produzieren lassen. Gleichzeitig können die Systeme missbraucht werden – beispielsweise in Form von Deep Fakes. Dazu werden mithilfe von KI realistisch wirkende Bilder und Videos erzeugt und als echt ausgegeben. Heute ist stark davon auszugehen, dass sich die KI-Branche und die KI-Systeme weiter stark verändern werden.

Die nächste Entfremdung

Damit ging die Entfremdung des Social-Media-Kosmos einen Schritt weiter. Bisher hatten Algorithmen dafür gesorgt, dass wir nicht mehr nur den Content unserer Netzwerkpartner, sondern vor allem auf uns individuell zugeschnittene Inhalte erhielten. Dabei konnten wir jedoch davon ausgehen, dass hinter den produzierten Inhalten zumindest ein Mensch stand, der für den Content verantwortlich war.

Mit dem Aufkommen der KI und dem Einsatz von ChatGPT&Co. entstehen aber immer mehr Inhalte, die nicht von Menschen, sondern von Maschinen erstellt werden. Dies betrifft nicht nur den Content, sondern ebenso die Profile vieler Social-Media-Auftritte. Somit eröffnet sich die Frage, ob sich dahinter wirklich ein Mensch verbirgt oder nur eine künstlich erstellte Person, die sich als Mensch ausgibt.[100]

Aus Sicht der Social-Media-Plattformen ist diese neue Entwicklung dagegen ein sehr wichtiger Baustein bei der Content-Produktion, schreibt Michael Mignano:

> *»If recommendation media is about platforms having more control over the consumer experience, it's not hard to imagine that platforms will ultimately seek even more efficiency by making their own content.«* Und weiter: *»I expect platforms to create more synthetic media over time to create even more perfect fit content for the right users at the right time.«*[101]

100 Dieses Unterkapitel soll keineswegs zu negativ gegenüber KI klingen. KI ist eine wichtige Zukunftstechnologie mit riesigem Potenzial. Und sie kann perfekt dazu genutzt werden, um die eigene Effizienz im Bereich digitaler Kommunikation zu erhöhen. Auch als Texter und Stratege nutzt der Autor sie täglich – für Texte, Grafiken und Videos, für Anregungen bei der Recherche, aber auch als Dialogpartner und großen Ideenpool. Jedoch ist es wichtig, sich kritisch mit den Auswirkungen der KI und mit der veränderten Wahrnehmung von Inhalten speziell im Bereich Social Media auseinanderzusetzen.

101 https://mignano.medium.com/the-end-of-social-media-a88ffed21f86

Denn mit den KI-Technologien hatten nicht nur die Menschen neue Instrumente erhalten, um Texte, Bilder, Videos und vieles mehr zu erstellen und direkt für die einzelnen Social-Media-Kanäle vorkonfektioniert zu publizieren. Die Plattformen selbst konnten diese ebenso nutzen, um effizient Content für die eigenen Empfehlungen zu erstellen und diese synthetisch erzeugten Inhalte auf die Bedürfnisse der einzelnen Nutzerfeeds passgenau zuzuschneiden.

KI-Inhalte als austauschbare Ware

Wenn Menschen wie Plattformen mithilfe von generativer KI Inhalte so einfach, schnell und kostengünstig wie nie zuvor produzieren können, dann bedeutet dies im Umkehrschluss, dass Content immer stärker zu einer Commodity, einer austauschbaren Ware wird, die längst nicht mehr aus der Masse heraussticht. Bislang waren Beiträge immer auch von persönlichen Erfahrungen, privaten Begegnungen, individuellen Einschätzungen geprägt. Doch mit diesem KI-Schritt verschwindet der individuelle Content immer stärker in einem Einheitsbrei aus Inhalten. Das Ergebnis ist synthetischer Content, dem die besonderen Unterscheidungsmerkmale, der wirkliche inhaltliche USP fehlt.

Dies hat erhebliche Auswirkungen insbesondere für Content-Strategien beziehungsweise für die digitale Kommunikation. Denn wenn die Menschen Content vor allem wahrgenommen haben, um von den persönlichen Erfahrungen, den individuellen Noten, den zwischenmenschlichen Tönen beispielsweise bei Empfehlungen zu profitieren, so sorgten die KI-Inhalte eher für austauschbare Inhalte »von der Stange«. Können solche Informationen innerhalb einer Content-Strategie einen wirklichen Mehrwert liefern, wenn ihnen die Individualität fehlt? Andersherum verdeutlicht dies, dass die Anforderungen an den eigenen »menschlichen« Content deutlich steigen, um sich von den künstlich erzeugten Inhalten abgrenzen zu können.

KI-Content: Authentisch, sichtbar, echt?

Denken wir in diesem Kontext über fünf Konsequenzen nach, die sich aus dem verstärkten Einsatz von KI ergeben und die unser bisheriges Verhalten im Netz stark beeinflussen:

1. **Information Overload**: KI-Tools erleichtern es den Menschen, noch mehr Inhalte zu produzieren und zu verbreiten. Durch diesen vereinfachten Zugang stehen wir vor einer weiteren Welle der Content-Schwemme[102]. Schließlich führt die Fülle an Inhalten in den sozialen Medien zu einer Informationsüberflut, die einerseits die Menschen zu einer noch oberflächlicheren Wahrnehmung der Inhalte verleitet, andererseits es immer schwieriger werden lässt, die Aufmerksamkeit des eigenen Publikums zu gewinnen. So benötigen wir wertvolle, relevante, individuelle Inhalte, um das Grundrauschen zu durchbrechen, was wiederum den Content-Aufwand erhöhen wird.
2. **Eingeschränkte Sichtbarkeit**: Vor Jahren hat Google bereits damit begonnen, auf Fragen sofortige Antworten auf der Ergebnisseite auszuspielen. Dies hat zur Folge, dass wir bei Suchanfragen gar nicht mehr auf die Webseiten klicken und diesen damit weniger Besucher

102 Die bereits heute sichtbaren Auswüchse einer KI-Content-Welle beschreibt dieser Beitrag; https://omr.com/de/daily/ki-content-welle.

zuführen. Dieser wachsende Anteil an sogenannten »Zero-Click-Suchen« führt zu einem veränderten Nutzerverhalten: Wir wollen möglichst schnell eine direkte Antwort auf unsere Frage. Ähnlich ist dies im Fall von KI zu sehen. Der einfache Zugang zur Content-Produktion bedroht die Sichtbarkeit der produzierten Inhalte selbst, weil sie zunehmend als Teil von KI-Antworten genutzt werden. Selbst wenn in Zukunft korrekte Quellenangaben in die KI-Texte integriert werden, dürfte der Verlust an Webseitenbesuchern spürbar sein – mit Folgen für Kommunikationsstrategien. Denn wie Falk Hedemann in einem Beitrag fragt: »*Wenn KI-Tools oder KI-basierte Suchmaschinen die Anliegen der Suchenden direkt bedienen, ohne sie auf die Websites von Unternehmen und Marken zu schicken, brauchen wir dann überhaupt noch Content Marketing?*«[103]
KI wird damit den Kampf um Aufmerksamkeit im Netz verschärfen, den wir bereits heute durch Social-Media-Plattformen wie TikTok&Co. erleben. So werden ebenfalls KI-Inhalte und Plattformen wie Gemini und ChatGPT die Aufmerksamkeit vieler Menschen auf sich lenken, so dass sie weniger Zeit auf den Plattformen der Unternehmen, der Institutionen und der Medien verbringen. Nur mit sehr stark personalisierten Inhalten kann es ihnen gelingen, sich von austauschbaren Inhalten abzugrenzen.

3. **Fehlende Authentizität**: Authentizität zählt zu den besonderen Werten von Social Media – zumindest des ursprünglichen Gedankens. Doch in einer digitalen Landschaft, die von KI-Algorithmen dominiert wird, wird es zur Herausforderung, authentische Beziehungen zum Publikum aufzubauen. Menschliche Nähe und Einfühlungsvermögen sind für den Aufbau von Beziehungen und Vertrauen jedoch unerlässlich. Übermäßig automatisierte Interaktionen lassen die Wärme und die emotionale Werte vermissen, die menschliche Kommunikation bietet. Organisationen müssen folglich Wege finden, um neben KI-gestützten Lösungen eine menschliche Note zu erhalten. Zumindest aus heutiger Sicht sind synthetische Inhalte statt authentischer Dialoge keine Lösung.
4. **Schwierige Echtheit**: Mit immer besseren KI-Systemen wird es schwieriger, zu beurteilen, was menschlich und was künstlich ist, was echt ist und was generiert wurde. Besonders auch, weil es bis heute noch keine klaren Richtlinien zu der Anwendung von KI in den sozialen Medien gibt. Diese Verunsicherung bezieht sich auf Informationen wie auch auf Empfehlungen. Kommen die Tipps für die nächste Reise nach Madrid wirklich von einer Reisebloggerin, die schon häufig in die spanische Hauptstadt gereist ist und aus ihrem persönlichen Nähkästchen plaudert? Stammt die Auswahl der Top-3-Pianos, die für eine Anfängerin geeignet sind, wirklich von einer erfahrenen Klavierlehrerin, wie es in dem Beitrag heißt? Oder sind beide Tipps mit einem einfachen Prompt über ChatGPT&Co. generiert? Und ist die Reisebloggerin vielleicht selbst gar nicht echt, sondern ebenfalls von einer KI produziert? Über diesen Aspekt wird noch später in diesem Kapitel zu lesen sein.
5. **Ende der aktiven Suche**: Die neue Form des Contents hat eine weitere Konsequenz. Und die betrifft insbesondere Menschen, die soziale Medien dafür nutzen, Wissen aufzunehmen, aktiv zu recherchieren, sich zu informieren. Warum soll ich jemandem noch folgen, wenn ich alles doch per KI erhalte? Wenn ich mir die notwendigen Informationen über einen Chat-

103 https://bit.ly/dr_upload_menschlicheinhalte

bot beziehe? Dies verdeutlicht das schrittweise Ende des Follower-Prinzips. Die KI-Welle führt damit zu einer Fortsetzung des Trends, dass die Verbindungen mit anderen Menschen immer unwichtiger werden und in den Kanälen der Fokus auf passivem Entertainment liegt.

Fehlende Glaubwürdigkeit

Nachdenklich stimmen muss noch eine weitere Konsequenz aus der KI-Welle: Wenn an der Schnittstelle von computergenerierten Bildern, Videos und Sprache ein neuer Medientypus entsteht, wie steht es dann um die Glaubwürdigkeit dieser Inhalte? Genau diese Frage ist für die Social-Media- und die erweiterte Kommunikationsbranche hoch relevant, zählen neben Authentizität die Glaubwürdigkeit zu den wichtigsten Werten von Inhalten, von Marken, von Personen. Sehen wir uns dazu einige Beispiele an:

> *»Guten Abend, meine Damen und Herren. Ich begrüße Sie zur Tagesschau«,* erklärt Jens Riewa zum typischen Sound des »Tagesschau«-Jingles. *»Heute möchten wir uns bei Ihnen entschuldigen«,* führt der Tagesschau-Sprecher fort. *»Seit über drei Jahren lügen wir Ihnen dreist ins Gesicht.«*[104]

So beginnen im Netz kursierende Aufnahmen, die zeigen wollen, wie sich Jens Riewa und seine Kollegin Susanne Daubner für die angeblichen Lügen entschuldigen, die der Sender in den vergangenen Jahren verbreitet habe, speziell zur Corona-Pandemie und zum Ukraine-Krieg. Diese Aufnahmen sind Fakes, die Stimmen manipuliert.

Gefakte Videos, gefälschte Stimmen, getäuschte Menschen

Doch wie viele Menschen haben sich täuschen gelassen, in einem Land, in dem die digitale Bildung und der gelernte Umgang mit digitalen Medien nicht gerade an erster Stelle stehen? Oder andersherum gefragt: Können wir uns eigentlich auf die Wirklichkeit verlassen, so wie wir sie wahrnehmen? Vor allem, da wir doch erst am Anfang eines neuen Zeitalters stehen, in dem uns KI mit großartigen Chancen aber auch mit sonderbaren Blüten begleiten wird?

Denn der ARD-Case ist kein Einzelfall. Wie gut sich Werbevideos per KI immer besser fälschen lassen, zeigt ein zweites Beispiel: Wieder im deutschen Fernsehen, wieder ein öffentlich-rechtlicher Kanal, dieses Mal das ZDF mit News Anchor Christian Sievers. In einem Video im Design des *heute journal* im ZDF-Nachrichtenstudio scheint Sievers öffentlich für ein Finanzprodukt zu werben:

> *»Wir sprechen von einer neuen KI-gestützten Anlage-Plattform, die bereits Millionen von deutschen Bürgern zur Verfügung steht und ihnen hilft, mit minimalen Investitionen große Geldsummen zu verdienen.«*[105]

104 https://www.tagesschau.de/faktenfinder/tagesschau-audio-fakes-100.html
105 https://twitter.com/CHSievers/status/1704505532571152657

Natürlich ist es nicht Sievers selbst, sondern ein »digitaler Klon«, der hier lippensynchron berichtet; natürlich sind es nicht die *heute*-Nachrichten, sondern ein per KI erstelltes Video mit der geklonten Stimme von Christian Sievers und ganz im ZDF-Design.

> Auf X schreibt Sievers dazu: *»Der Typ sieht aus wie ich, klingt (fast) wie ich. Aber ich bin es nicht wirklich ... Echt nicht.« »Vorsicht, fiese Betrugs-Masche mit KI in soz. Medien. Schlimme neue Welt. Und von Facebook und Co: Nur Achselzucken«.*[106]

Schon länger Warnungen vor KI-Missbrauch

Auch wenn sich der Fake anhand der bunten Zahlen im Untertitel des Videos leicht erkennen lässt: Der Clip belegt, wie weit die Entwicklung im Bereich KI bereits ist, um Videos mit prominenten Köpfen, gefälschten Bildern und geklonten Stimmen künstlich zu generieren. Doch ist dies so überraschend? Nicht wirklich. Hinweise gab es bereits früh.

Schon im Jahre 2018 hatte beispielsweise der Tech-Investor Matt Hartman davor gewarnt, dass es erste Beispiele dafür gäbe, wie die neue Technologie genutzt werden kann, um gefälschte Videos und Audioclips zu erstellen, die Menschen zeigen, die Dinge sagen, die sie in Wirklichkeit nicht gesagt haben, und sogar Dinge tun, die sie aber ebenfalls nicht getan haben.

> *»This new type of media, with its positive and negative uses, will proliferate as the technology to create it becomes more accessible.«*[107]

Schon damals prophezeite also Hartman, dass diese Art von Medien sich verbreiten werde, sobald Technologie allen Menschen zugänglich sein wird. Fünf Jahre später ist es soweit.

Neuer Schub für die Influencer-Branche

Ein Beispiel dafür: Influencer. Die Frage »echt oder unecht« hatte sich hier schon seit Jahren gestellt. So gab es schon vor KI-Zeiten künstlich erzeugte Figuren, die als virtuelle Influencer auftraten. Lil Miquela, Noonoouri, Kami oder Imma sind teilweise bereits seit 2017 insbesondere auf Instagram »aktiv«. Per Computer generiert, agieren sie wie menschliche Influencer, zelebrieren ihr Leben, teilen ihren Alltag und entwickeln so eine Beziehung zu ihren Followern. Dass sie nur eine virtuelle Erscheinung sind, ist auf vielen ihrer Bilder für das bloße Auge kaum erkennbar.

Selbst wenn in ihren Profilen meist zu lesen ist, dass es sich um künstliche und nicht um echte Figuren handelt, hat dies ihrer Beliebtheit nicht geschadet. Ganz im Gegenteil: Vielen Unternehmen dienen sie heute als wichtige Werbe- und Markenfiguren, um mit ihren Produkten vor allem junge Menschen anzusprechen.

---

106 https://twitter.com/CHSievers/status/1704505532571152657
107 https://bit.ly/dr_betaworks_synthesizedfuture

KI: Preiswert, schnell und einfach steuerbar

Es ist also kein Wunder, dass die KI-Welle der Branche einen neuen Schub verliehen hat. Schließlich erleichtern es die KI-Generatoren, Szenarien zu konzipieren und umzusetzen und Content herzustellen – und zwar preiswert, schnell und einfach steuerbar. Virtuelle Figuren lassen sich in den sozialen Medien so noch deutlich stärker auf die Wünsche der anvisierten Zielgruppen ausrichten.[108]

Schon heute sind Figuren wie YUNA[109] teils so realistisch gestaltet, dass die Grenzen zwischen Realität und Virtualität, zwischen Wirklichkeit und Fiktion, zwischen Menschen und Maschinen verschwimmen. Gerade wenn sie über ihre persönlichen Erlebnisse, über Begegnungen mit Freunden und Familie, über ihre eigenen Gefühle sprechen, ihre eigene Verletzlichkeit zeigen. Sie bauen eine so starke emotionale Bindung zu ihren Followern auf, dass nicht jeder mehr erkennt, dass es sich um künstlich erzeugte Figuren und nicht um reale Menschen handelt. Dies zeigt sich am Beispiel des KI-Models Emily Pellegrini[110]. Viele prominente Sportler schickten der »heißen« 23-jährigen Schöpfung gleich Instagram-Direktnachrichten, um sie von einem Date zu überzeugen. Und dies ist bei anderen nur knapp bekleideten Schönheiten wie Ava Rosemont, Gina Stewart oder Jeanna Dreamz nicht anders. Ihre australische »AI-Supermodel«-Kollegin Sarah Jordan[111] hat sogar gleich einen VIP Fan Channel als Broadcast-Kanal installiert samt Threads-Account.

KI-Zuhause auch auf LinkedIn

Wer sich die Kommentare zu ihren Bildern durchliest, durch die vielen Einladungen zu Dates in Restaurants oder ferne Reiseziele scrollt, versteht schnell, warum das Thema »echt oder unecht« zu den großen Themen der nächsten Jahre zählen wird.[112] Vor allem, weil KI-Influencer nicht nur auf TikTok und Instagram, sondern selbst auf dem Business-Netzwerk LinkedIn ihre Heimat gefunden haben. Ein Beispiel ist Katharina von Württemberg. So heißt es in ihrem Profil:

> *»Ich bin Königin von Württemberg und habe 1818 die LBBW gegründet. Ja, richtig gelesen: Ich hab' eine Bank gegründet. Und eine Universität, ein Gymnasium sowie das Stuttgarter Katharinenhospital. Und als seeeehr erfahrene female Leaderin und Gründerin weiß ich, wie man die Leute zusammenbringt, die wirklich was bewegen wollen. Genau deshalb wurde ich von der LBBW nach 200 Jahren wieder zum Leben erweckt. Ich bin zurück – zumindest virtuell und hier auf LinkedIn. Und ich suche Menschen, die etwas #NeuesSchaffen wollen. Die Lust haben, mit mir und der LBBW zusammen die nachhaltige Transformation in Deutschland voranzutreiben.«*[113]

108 Zwei lesenswerte Beiträge über den wachsenden Einsatz von KI bei Influencern im Bereich Social Media lassen sich hier nachlesen: https://www.basicthinking.de/blog/2023/10/04/ki-als-influencer-social-media/ sowie https://omr.com/de/daily/ki-models-fanvue.

109 https://www.instagram.com/iamyunaverse/

110 https://www.instagram.com/emilypellegrini/

111 https://www.instagram.com/sarah_jordan_1

112 Vgl. dazu https://bit.ly/dr_stern_KImodel.

113 https://bit.ly/dr_linkedin_katharinavonwuerttemberg

Doch ist dies jetzt eine Frage der Ethik, wenn es nicht mehr darum geht, als Mensch aus Fleisch und Blut eine Reichweite mit persönlichen Themen und Anliegen aufzubauen? Sondern, wenn scheinbar menschliche Persönlichkeiten nur noch auf Unternehmensziele getrimmt werden, um junge Zielgruppen gezielt anzusprechen? Was hat dies noch mit einer Social-Media-Kommunikation zu tun, bei der Werte wie Authentizität und Glaubwürdigkeit im Fokus stehen?

Künstliche Prominente?

Diese Schritte sind stark in Verbindung mit der Weiterentwicklung der KI-Tools zu sehen. Diese rühmen sich immer häufiger, das echte Leben realistisch abbilden zu können. An der Schnittstelle von computergenerierten Bildern, Videos und Sprache entwickeln gerade die großen Tech-Unternehmen immer neue Anwendungen, die bereits vieles aus der näheren Zukunft vorhersehen lassen.

Nicht nur Microsoft als führender KI-Konzern hat einen Text-to-Speech-Avatar, mit dessen Hilfe sich »realistische sprechende Avatare von echten Personen« erstellen lassen. Auch Meta hat mit Meta AI einen Konversationsassistenten gestartet, der auf WhatsApp, Messenger und Instagram verfügbar ist. Dort können wir gleich mehrere künstlich erzeugten KIs als unsere persönlichen »echten« Freunde gewinnen.

> *»We've been creating AIs that have more personality, opinions, and interests, and are a bit more fun to interact with. Along with Meta AI, there are 28 more AIs that you can message on WhatsApp, Messenger, and Instagram. You can think of these AIs as a new cast of characters – all with unique backstories.«*[114]

Einige dieser Figuren erinnern in Aussehen und Stimmen an kulturelle Ikonen, darunter der Rapper Snoop Dogg, der Football-Star Tom Brady, die Tennisspielerin Naomi Osaka oder die Influencerin Kendall Jenner. Vor allem sollen uns die KI-Personen aber noch länger auf den Plattformen halten. Doch wo bleibt die Authentizität? KI scheint hier die letzten Züge menschlicher Kommunikation zu zerstören.

Der Auftakt zu synthetischen Netzwerken

Unterhalten wir uns also künftig mit künstlichen Personen? Und chatten mit berühmten Persönlichkeiten, die sich als echte Freunde ausgeben? Die aber KI-generierte Personen sind, die dank Stimme und Aussehen an Stars und Sternchen erinnern? Werden wir künftig »*falschen Freunden unsere intimsten Gedanken, Sorgen, Wünsche und Ängste anvertrauen, damit IT-Konzerne unsere Stärken und Schwächen lebenslang auf ihren Servern speichern, auswerten und an Dritte verkaufen?*«,[115] fragt der Journalist Richard Gutjahr besorgt. Denn es ist offensichtlich, dass das Tor zur Beeinflussung beispielsweise bei politischen Fragen, bei der persönlichen

114 https://bit.ly/dr_facebook_AIexperiences
115 https://www.gutjahr.biz/2023/09/die-geburtsstunde-der-synthetic-social-networks/

Entwicklung und bei Richtungsentscheidungen geöffnet wurde – leider auch für Stimmungsmacher, Populisten oder Extremisten, die dies zur Manipulation nutzen können.

Gutjahr bezeichnet dies als die Geburtsstunde der synthetischen sozialen Netzwerke, auch wenn der Begriff »Social« ausgeklammert werden sollte. So schreibt er:

> *»Was wir in diesen Tagen erleben ist die Geburt von Synthetic Social Media, soziale Netzwerke, in denen wir nicht länger mit Menschen, sondern mit künstlichen Personas interagieren. Digitale Avatare, die immer Zeit für uns haben, die in der Lage sind, menschliche Empathie, Freude, Trauer, Mitgefühl erschreckend echt zu simulieren.«*[116]

Gefahr nicht nur für Jugendliche

Solche digitalen Avatare stellen gerade für Menschen jüngeren Alters ein Problem dar, da sie sich besonders leicht beeinflussen lassen. So heißt es in einem Beitrag auf *The Atlantic*:

> *»Kinder sind die Bevölkerungsgruppe, die am anfälligsten für süchtig machende und manipulative Online-Plattformen ist, da sie den sozialen Medien stark ausgesetzt sind und ihre präfrontalen Kortexe noch nicht so weit entwickelt sind. (…) Und wenn Erwachsene in unserem metaphorischen Kasino schon anfällig für Manipulationen sind, dann sind es Kinder noch viel mehr. Wer auch immer die Chatbots steuert, wird enormen Einfluss auf Kinder haben.«*[117]

Doch diese mögliche Manipulation gilt nicht nur für Kinder – oder für Menschen älteren Jahrgangs, die sich mit den Folgen digitaler Kommunikation niemals tiefer auseinandergesetzt haben und sich deshalb von solchen KI-Fakes leichter täuschen lassen könnten. Es betrifft uns alle, sofern digitale Bildung weiterhin so tief angesiedelt ist.

»AI is going to destroy Social Media«

Die Gefahren des Missbrauches und falscher Freunde sind nicht nur auf die Meta-Netzwerke beschränkt. Im März 2023 kündigte Daniel Roth für LinkedIn eine große Veränderung an: die Einführung von »collaborative articles«. Damit meinte er Fachthemen, die von LinkedIn publiziert und mit Einblicken und Perspektiven der LinkedIn-Community ergänzt würden: »*These articles begin as AI-powered conversation starters, developed with our editorial team*«,[118] so der Editor in Chief von LinkedIn.

Lebt nicht gerade ein Business-Netzwerk von den fachlichen Einschätzungen, den persönlichen Erfahrungen, den individuellen Beobachtungen, von dem spezifischen Mehrwert einzel-

116 https://www.gutjahr.biz/2023/09/die-geburtsstunde-der-synthetic-social-networks/
117 Übersetzt von https://bit.ly/dr_theatlantic_generativeAI.
118 https://www.linkedin.com/pulse/unlocking-nearly-10-billion-years-worth-knowledge-help-daniel-roth/

ner Personen? Diese Idee von halb automatischen, KI-gepushten sozialen Medien wird daher von vielen skeptisch gesehen.

Der Journalist John Brandon vermutete bei *Forbes*, dass LinkedIn KI einsetze, um seine eigene Plattform zu scannen und daraus KI-gestützte, stark personalisierte Inhalte zu generieren. »*As humans, we'll respond to these posts because they will be tailor-made to encourage a response and debate*«,[119] so Brandon in seinem Beitrag *Artificial Intelligence is going to destroy Social Media*. Auch wenn es noch unklar sei, wie diese Beiträge gekennzeichnet würden: Klar sei es jedoch, dass es eine Fülle von KI-gestützten Inhalten geben würde, die alle zu mehr Engagement anregen sollten. Schließlich sollen wir Nutzer möglichst viel Zeit auf LinkedIn verbringen.

Wenn *The Matrix* Wirklichkeit wird

Genau solche Inhalte bezeichnete John Brandon als KI-Spam. Auch würden künstliche Accounts mit menschlichem Gesicht Social Media zerstören: »*Once AI starts controlling the algorithm and posting content to lure us into more discussions, it's just a matter of time before more and more accounts that appear to be human start invading these networks, ruining the experience for all of us.*« Dazu malt er ein Matrix-ähnliches Bild der Zukunft, das nachdenklich stimmt:

> *»Stellen Sie sich vor, wie das funktionieren könnte. An einem normalen Tag loggen Sie sich vielleicht bei LinkedIn oder Facebook ein und scrollen durch Ihren Feed. Sie sehen viele Kommentare und lebhafte Diskussionen. Aber das ist alles nur ein Trick. Die Social-Media-Plattform hat es den KI-Konten erlaubt und sogar ermöglicht, die Diskussionen (und die Kommentare) zu erstellen, und sie sind auf Sie – Ihre Interessen und Neigungen – ausgerichtet. Die Chats werden immer ansprechend aussehen, weil die sozialen Netzwerke wissen, was Sie mögen und was Sie normalerweise verfolgen. Auf Instagram und TikTok wissen die Bots, welche Fotos und Videos Ihnen am besten gefallen, aber ohne das menschliche Element wird das alles nur dazu dienen, Ihre Aufmerksamkeit noch mehr zu erregen und Sie länger an die Apps zu binden, indem Ihnen Werbung angezeigt wird, die ebenfalls auf Ihre Interessen abgestimmt ist. (…) Wenn wir alle von KI-Bots umgeben sind, die sich wie Menschen verhalten, wenn wir uns Inhalte ansehen, die nicht von Menschen erstellt wurden, und wenn wir von Algorithmen gesteuerte Werbung sehen, wird es sich ungefähr so anfühlen wie in The Matrix. Nichts davon wird real erscheinen. (…) Das könnte der Zeitpunkt sein, an dem die sozialen Medien endlich ihren Einfluss auf uns verlieren und wir erkennen, dass alles nur dazu gedacht war, uns an ihre Werbeformeln zu binden. Ich hoffe, wir wachen auf, bevor dieser Albtraum eintritt.«*[120]

Wenn die KIs sich unterhalten

Doch zurück zu LinkedIn: Geht es in einem Business Netzwerk nicht um den Aufbau und die Pflege von menschlichen – und nicht von maschinellen – privaten wie vor allem beruflichen

119 https://bit.ly/dr_forbes_AI
120 Übersetzt von https://bit.ly/dr_forbes_AI.

Kontakten? Ist dies nicht das Ziel des B2B-Networking? Oder unterhalten sich auch bei LinkedIn bald zwei Bots miteinander? Also ohne die Menschen? Und wir Menschen sind nur Beobachter? Dies wäre wirklich »The End of Social Media«. Der LinkedIn-Experte Richard van der Blom hat daher recht, wenn er davor warnt, die eigene Community zu unterschätzen: »*Don't underestimate your audience! They sense, they feel, they know when your post is written by AI.*«[121]

All dies wird viele nicht daran hindern, trotzdem massiv ihre Content-Produktion zu erhöhen. Nur: »*Besser werden dadurch die Inhalte dennoch nicht unbedingt*«,[122] schreibt der Kommunikationsberater Klaus Eck. Aktuell wirkt diese Entwicklung so, als würde man auf eine Veranstaltung nicht die Menschen, sondern nur noch deren KIs schicken, die sich dort austauschen, Party feiern, Wissenswertes aufsaugen und dies dann in ihren Speichern fixieren. Social Media hätten sich damit auf jeden Fall final in Artificial Media verwandelt.

Misstrauen der Menschen

Passender KI-Content, realistische KI-Avatare, künstliche KI-Gespräche: Der KI-Trend wird weitergehen, die Qualität immer besser werden. Schon heute können viele Tools täuschend echte Bilder, Videos und Audios erzeugen, die es in Wirklichkeit gar nicht gibt. Künftig wird es noch realistischere Portraits von Personen geben, mit Stimmen, die genau wie sie klingen.

Gerade die Lancierung des KI-Modells Sora von OpenAI[123] bedeutete einen enormen Technologiefortschritt. In Sekundenschnelle wandelt Sora Texteingaben in extrem realistische Videos um. Und die Ergebnisse sind tief beeindruckend[124]. Doch sie haben auch eine ganz andere Seite. Denn wenn sich künftig per Text-Prompt so einfach und schnell realistische Videos produzieren lassen, dann wird es wohl nicht lange dauern, bis sich verstärkt Deep Fakes, Fake News und sonstige Fakes verbreiten und die Menschen verwirren.

Sie werden kaum zu widerlegen sein, selbst wenn uns gesagt wird, dass das Video eine Fälschung sei. Folglich werden wir uns noch häufiger und bei noch mehr Texten, Bildern und Videos fragen, ob wir diesen trauen können.

Doch was passiert, wenn genau dieses Vertrauen in die Inhalte immer stärker schwindet, weil KI-Figuren sich als Menschen ausgeben, KI-Content sich als Human Content ausgibt? Müssen wir nicht Vertrauen in die Echtheit entdeckter, eingeblendeter, geteilter Inhalte haben? Doch je mehr Fälschungen erstellt und anschließend aufgedeckt werden, desto mehr Menschen werden sich die Frage nach der Authentizität von Inhalten, Medien, Personen stellen. Sie werden fragen, ob das, was sie sehen, hören, wahrnehmen, wirklich echt ist und in der Konsequenz das Vertrauen in Institutionen, Medien, andere Menschen weiter verlieren.

121 https://bit.ly/dr_linkedIn_rvblom_AI
122 https://bit.ly/dr_klauseck_chatbots
123 https://openai.com/sora
124 In diesem Video lassen sich einige Beispiele betrachten, die mit Sora in Sekundenschnelle erstellt wurden; https://bit.ly/dr_youtube_sora.

Polarisierung, Fragmentierung, Desinformation?

Ein noch düstereres Bild malt Jonathan Haidt in seinem Beitrag *AI is about to make Social Media (much) more toxic* für *The Atlantic*, wenn er die kommenden Auswirkungen der KI auf die sozialen Medien schildert:

> *»Think of all the problems social media is causing today, especially for political polarization, social fragmentation, disinformation, and mental health. Now imagine that within the next 18 months (…) some malevolent deity is going to crank up the dials on all of those effects, and then just keep cranking.«*[125]

Wird es wirklich diese bösartige Gottheit geben, die die bisherigen Probleme weiter verschärft? Bezogen auf politische Polarisierung, soziale Fragmentierung, Desinformation, psychische Gesundheit?[126] Dies ist eine Frage, die wir erst in einigen Jahren wirklich beantworten und final beurteilen können.

Wo sind da noch Social Media?

Gehen wir stattdessen zur Ausgangsfrage dieses Buches zurück: Was hat künstlich erstellter Content – andere nennen dies bereits seit vielen Jahren »Synthetic Media«[127] – noch mit dem Grundgedanken und der ursprünglichen Bedeutung von Social Media zu tun, mit Begriffen wie »persönlich«, »authentisch«, »individuell«?

Und was ist mit dem Begriff der Authentizität: Zählte er nicht immer zu den großen Werten von Social Media, auch wenn er durch die Algorithmen schon viel seiner ursprünglichen Bedeutung eingebüßt hatte? Heißt im KI-Zeitalter die Antwort künftig synthetische Inhalte statt authentischer Dialoge? Und finden wir künftig Authentizität, Nähe, Social Media stattdessen nur noch in der nicht-öffentlichen Kommunikation? Auf diese Frage wird das nächste Unterkapitel abschließend eingehen.

3.5 Private Media: Rückzug statt Öffentlichkeit

> *»People's interests and motivations and awareness of how social works has changed so much that private sharing has become a huge growth area.«*[128]
> Matt Navarra, Social Media Consultant und Analyst

125 https://bit.ly/dr_theatlantic_generativeAI

126 Auf einige dieser Probleme geht Kapitel 4.2.1 ein.

127 Matt Hartman beschreibt in diesem Beitrag aus dem Jahre 2018, wie künstlich erstellte Bilder, Stimmen synthetischer Medien die Wahrnehmung beeinflussen können und immer stärker Eingang in unser Leben finden: https://bit.ly/dr_betaworks_synthesizedfuture.

128 https://www.contagious.com/news-and-views/matt-navarra-on-social-media

Soziale Medien hatten uns die Möglichkeiten eröffnet, uns mit anderen zu vernetzen und öffentlich mit diesen frei zu kommunizieren. Und wir nahmen dies zu Anfang auch genauso an. Doch ganz allmählich zogen sich immer mehr Personen zurück. Sie posteten weniger öffentlich, sie kommentierten fast nicht mehr, sie engagierten sich kaum mehr, und sie konsumierten Inhalte fast nur noch passiv. Für sie waren die Plattformen zu sehr zu einer Echokammer verkommen, die allein darauf ausgerichtet war, Menschen als Marketingkategorien zu betrachten.

Stattdessen zogen sie sich lieber in geschlossene, private Räume zurück. Ihre Inhalte teilten sie vorwiegend via WhatsApp; und ihre Lieblings-Tools hießen Direktnachrichten, geschlossene Gruppen oder »Enge Freunde« bei Instagram. Schließlich boten diese einen sicheren Ort, um sich mit ihren Kreisen auszutauschen und das ursprüngliche Versprechen der sozialen Medien zu erleben, frei, unbeobachtet und ohne äußere Einflüsse zu kommunizieren. Dies läutete eine neue Zeit ein, die weniger an Social Media denn an die Zeiten von E-Mail und E-Mail-Newsletter erinnerte.

Rückzug ins Private

Diese Rückkehr zu einer frühen Zeit skizziert *The Verge*-Chefredakteur David Pierce in seinem Beitrag *So where are we all supposed to go now?*. In der Hoffnung auf bessere Zeiten schreibt er:

> *»As far as how humans connect to one another, what's next appears to be group chats and private messaging and forums, returning back to a time when we mostly just talked to the people we know. Maybe that's a better, less problematic way to live life. Maybe feed and algorithms and the ›global town square‹ were a bad idea.«*[129]

Natürlich gab es weiterhin Menschen, die ganz regelmäßig ihre Inhalte über die sozialen Plattformen verbreiten. Aber diese Gruppe bestand vor allem aus professionellen Content Creators, aus Influencern und aus Consumer-Marken, während »normale« Menschen einen Großteil ihres digitalen Lebens hinter privaten Accounts verbargen. Bei ihnen sei der Wunsch, Informationen oder Geschichten öffentlich zu teilen, nicht mehr so groß, beobachtet der bekannte Social-Media-Analyst Matt Navarra.

> *»Whether it's sharing a link to an interesting story or a product that's really cool, the motivation for sharing it publicly is not as great anymore, unless you're a professional user or a creator or advertiser.«*[130]

Wo sind meine Kontakte geblieben?

Den meisten Menschen ging es nicht so sehr darum, viral zu gehen, sondern sich vielmehr mit den Leuten zu verbinden, die ihnen am wichtigsten sind. Waren sie jedoch mit diesen über die sozialen Plattformen verbunden, sahen sie – Stichwort Algorithmen – deren Beiträge immer

129 https://bit.ly/dr_theverge_mastodon
130 https://www.contagious.com/news-and-views/matt-navarra-on-social-media

seltener. Social-Media-Feeds waren vielfach »*vollgestopft mit Nachrichten, Memes, Creator-Content, Werbung, organischem Marketing von Marken. Das Einzige, was man in den Social-Media-Feeds kaum noch sieht, sind organische, nicht kuratierte Posts von Freunden und Familie.*«[131] Kein Wunder also, dass die Zahl der Nutzer zurückging, die öffentlich posteten, kommentierten und interagierten.

Dieser Wandel blieb natürlich nicht unbeobachtet, gerade in einer stark auf Daten basierenden Branche. So ließ sich die immer geringere Bereitschaft, eigene Inhalte zu verbreiten und mit anderen öffentlich in einen Dialog zu treten, am Rückgang der Interaktionsraten ablesen, wodurch die Menschen als bisherige Multiplikatoren der Inhalte im Social Web wegfielen. Auch Instagram-Chef Adam Mosseri stellte fest, »*dass die Netzgemeinschaft sensibler geworden sei und sich vermehrt im privaten Rahmen mitteile statt in der Öffentlichkeit des Internets.*«[132] So überrascht es nicht, dass insbesondere Meta einen weiteren strategischen Schwenk vollzog und sich immer stärker darauf fokussierte, neue Funktionen zu entwickeln, die dieses private Teilen unterstützten.

Doch werfen wir zuerst einen kleinen Blick darauf zurück, warum die Nutzer sich zurückgezogen hatten und wie die Plattformen bisher darauf reagiert hatten.

Technologie als Enabler

Dass heute das Internet und speziell die sozialen Medien zu den Bestandteilen unseres Lebens zählen, dafür spielte die mobile Kommunikation die zentrale Rolle. Der Siegeszug von Smartphones und Tablets, die Chancen der Wearables und des Internets der Dinge, die Verbreitung von Internet-Flatrates, die ubique Verfügbarkeit von WLAN, die einen Zugriff auf das Internet jederzeit und von überall her erlauben: Dieser mobile Fortschritt hatte den Zugang zur Social-Media-Landschaft erleichtert, sodass heute jede Zielgruppe ihren gewünschten Content, jede Meinung ihre eigene Plattform, jede Community ihr Thema findet – und dies zu jeder Zeit und von – fast – jedem Ort aus.

Die mobile Verfügbarkeit jeglicher Art von Informationen und Formaten, von kurzen wie längeren Texten, von Bilderserien und Infografiken, von Kurz-Videos und ausführlichen Erklär-Videos, von schnelllebigen Inhalten wie Ephemeral Media via Storys, sorgte gleichzeitig dafür, dass der Umfang und die Vielfalt an Informationen kontinuierlich stiegen. Dazu trugen ebenfalls die vielen Messenger-Angebote bei, die für individuelle Dialoge und für den Austausch in kleineren oder größeren, privaten wie halböffentlichen Gruppen bestimmt sind. Kein Wunder also, dass einige den Content-Shock ausriefen und sich fragten, wie sie die ständig wachsende Anzahl an Inhalten unterschiedlicher Art noch wahrnehmen sollten.

131 https://blog.hootsuite.com/de/social-media-trends/
132 https://bit.ly/dr_nzz_endesocialmedia

WISSEN 11: DER BEGRIFF »DARK SOCIAL«

Der Rückzug der Menschen ins (Halb-)Private ist ein Phänomen, das mit dem Begriff »Dark Social« überschrieben wird. Der Begriff wurde erstmals im Jahre 2012 in einem Artikel der Zeitschrift *The Atlantic* erwähnt. In ihm spiegelt sich das Bedürfnis vieler Menschen wider, sich stärker in privaten, geschlossenen Micro-Gruppen zu spezifischen und für sie relevanten Themen auszutauschen. Dazu zählen private Communitys wie Facebook- und LinkedIn-Gruppen, Kanäle und Gruppen bei WhatsApp und Telegram, Broadcast-Channels bei Instagram und Facebook, aber auch Close-Friends-Storys und E-Mails. Dieses private Teilen lässt sich deutlich schwieriger verfolgen und beobachten im Vergleich zu Inhalten, die auf öffentlichen Plattformen geteilt werden.

Sensibilität gegenüber Daten

Im Angesicht dieses Information Overload hatten die Menschen auch immer weniger Zeit, sich um all die vielen Plattformen zu kümmern. Sie wollten sich vielmehr auf die Personen und die Themen fokussieren, die ihnen am Herzen liegen. Dazu verbanden sie sich in geschlossenen Räumen mit Menschen, die ähnliche Gedanken teilten; das konnten Freunde, Familie, Kollegen, Geschäftspartner sein, oder einfach Menschen, die dieselben politischen Ideologien hatten, sich mit denselben fachlichen Themen beschäftigten oder sich in einer ähnlichen Lebens- oder Berufssituation befanden.[133]

Hinzu kam: Die Sensibilität gegenüber ihren Daten hatte deutlich zugenommen. Immer mehr fragten sich danach, was die Plattformunternehmen mit ihren Daten, ihren Bildern, ihren Videos, ihren Informationen machen. Sie stellten ihre Accounts auf »privat« oder zogen sich gleich in geschlossene Räume zurück, in denen sie hofften, unter sich zu bleiben.

»The future is private«

Wie sollten die Plattformen auf diese Entwicklung zur Kommunikation in geschlossenen, privaten Räumen reagieren? Auf diesen Trend zu kleineren Communitys, die nicht mehr in der Öffentlichkeit gebildet und gepflegt wurden? Und wie konnte eine Lösung entwickeln werden, die sich monetarisieren ließe? Denn die Verlagerung in Nischengemeinschaften wurde für viele Unternehmen und Werbepartner der großen Netzwerke zum immer größeren Problem. Schließlich waren ihre Zielgruppen kaum mehr zu erreichen.

Marktführer Meta hatte dies bereits früh erkannt. »*The future is private*«,[134] proklamierte Mark Zuckerberg auf der Facebook-Entwicklerkonferenz im Jahre 2019. Jetzt wählten die Plattformanbieter einen neuen Ansatz: Sie gaben den Nutzern stärkere Kontrolle darüber, mit wem sie was kommunizieren möchten. Schließlich sind nicht alle Inhalte für jeden interessant. Diese fragmentierte Ansprache des eigenen Netzwerkes war schon lange bei den Messenger-Diens-

133 Vgl. dazu auch https://www.contagious.com/news-and-views/matt-navarra-on-social-media.
134 https://bit.ly/dr_digitaltrends_futureisprivate

ten über Gruppen möglich. Im ersten Schritt erlaubten die Plattformen also den Menschen, Inhalte mit kleineren Gruppen – den Close Friends – zu teilen.

Von Gruppen zum Messaging

Dies war nichts völlig Neues gewesen. Bereits Mitte der 2010er-Jahre hatte Facebook beispielsweise Gruppen lanciert – und kräftig beworben: »Für jeden gibt es eine Facebook-Gruppe«, war im Rahmen einer großen Werbekampagne überall in Deutschland zu lesen. In der Folge hatten die Gruppen immer mehr an Relevanz gewonnen. Gerade spezifische Inhalte und die höhere Content-Relevanz führten zu einer engeren Vernetzung der Marken mit ihren Gruppenmitgliedern, was sich in höherer Interaktivität, besserer Mitglieder-Bindung und damit einer größeren Sichtbarkeit im Newsfeed zeigte. Nur jetzt kam das Thema mit viel größerer Vehemenz auf die Plattformen zu.

Im zweiten Schritt ging Instagram noch ein Stück weiter – und strukturierte das Thema Messaging neu. Diesen Fokuswechsel hatte Instagram-Chef Adam Mosseri bereits Ende Juni 2021 indirekt angekündigt, als er zur Positionierung von Instagram sagte:

> *»We're no longer just a square photo-sharing app. (…) Right now we're focused on four key areas: Creators, Video, Shopping and Messaging.«*[135]

Der Boom der Direktnachrichten

Der in den vorherigen Kapiteln beschriebene Wandel hatte nicht dazu geführt, dass sich die Menschen völlig aus der Social-Media-Landschaft zurückziehen. Vielmehr spiegelte sich der Trend zur privaten Kommunikation im Erstarken der Direktnachrichten wider. Viele Menschen nutzten die privaten Funktionen von Instagram, Snapchat & Co. vor allem, um mit Freunden persönliche Updates zu teilen.

Den Boom der Direct-Messaging-Funktionen im eigenen Haus hatte auch Instagram-Chef Adam Mosseri beobachtet. Im *20VC*-Podcast[136] sagte er: *»Der größte Teil des Wachstums von Instagram findet in Stories und DMs statt.«* Und weiter: *»Wenn man sich anschaut, wie Teenager ihre Zeit auf Instagram verbringen, verbringen sie mehr Zeit mit privaten Chats als mit Stories, und sie verbringen mehr Zeit in Stories als im Feed.«*

Mark Zuckerberg und Adam Mosseri sahen im Ausbau der Direktnachrichten zunehmend eines der Zukunftspotenziale von Meta. Kein Wunder also, dass sie bei Instagram und bei Facebook den Fokus auf neue Features rund um Direktnachrichten legten. Doch gleichzeitig war ihnen bewusst, dass Instagram keine Messaging-App sei, wie Adam Mosseri häufig betonte, gerade im Wettbewerb mit konkurrierenden Apps wie Telegram oder Snapchat. Doch da gab es ja noch eine andere App im Konzern.

---

135 https://www.instagram.com/p/CQwNfFBJr5A/
136 Übersetzt vom Podcast auf https://www.thetwentyminutevc.com/adam-mosseri/.

Der Siegeszug von WhatsApp

Die weitere Entwicklung ist eng mit dem Aufstieg eines Messengers zu sehen, den wir heute fast alle auf unseren Mobiltelefonen täglich einsetzen: WhatsApp. Die App ist ein Symbol für die verstärkte Privatisierung der Social-Media-Kanäle und den Siegeszug der Messenger. So hat auch deren Zahl und Macht in den vergangenen Jahren kontinuierlich zugenommen, was sich in den Nutzerzahlen widerspiegelt. Heute nutzen rund drei Milliarden Menschen WhatsApp, jeweils über eine Milliarde den Facebook Messenger und WeChat, knapp dahinter liegt Telegram. Selbst der Schweizer Dienst Threema zählt noch über 11 Millionen Appkäufer im DACH-Raum. Aber auch Snapchat, Skype, Facetime, Viber, Line oder Signal liefern weitere Optionen, um direkt per Smartphone oder Web-Anwendung mit anderen Menschen und Organisationen in Kontakt zu treten – ob einzeln oder aber in kleineren oder größeren Gruppen.

Allein die Nutzerzahlen der beliebten Messenger-Dienste zeigen die enorme Popularität der Chat-Apps weltweit. Längst haben die Messaging-Apps die Social-Networks-Apps bei den monatlichen Nutzerzahlen überholt. Doch die Menschen verstehen WhatsApp&Co. nicht nur als Messenger-Instrument: WhatsApp stieg ebenfalls zur beliebtesten Social-Media-Plattform für Menschen über 35 Jahren weltweit auf.[137]

Hohe Beliebtheit in Deutschland

Und in Deutschland? Auch hierzulande ist WhatsApp für 40 Prozent der hiesigen Menschen die beliebteste Plattform.[138] Studien wie die ARD/ZDF-Onlinestudie verdeutlichen jedes Jahr von Neuem, dass privater Austausch zwischen einzelnen Personen und innerhalb kleiner Gruppen vor allem in Messengern stattfindet, wobei sich WhatsApp als beliebtestes Tool klar etabliert hat. Rund 80 Prozent der Deutschen haben die App auf ihrem Mobiltelefon installiert und kommunizieren damit zumindest wöchentlich, meist aber täglich. Heute ist sie unabhängig von den Altersgruppen populär – ein Unterschied zu anderen Plattformen.

Eine immer intensivere, aktive Nutzung der Messenger bei gleichzeitig verstärkt passiver Nutzung der Social-Media-Plattformen: Dieses Auseinanderdriften zeigt, wie stark immer mehr Menschen ihre bisherige öffentliche Kommunikation in die private Kommunikation verlagerten. Die hohe Nutzungsintensität erwies sich zugleich als positive Voraussetzung und als geringe Einstiegsschwelle bei den Entwicklungen, die noch kommen sollten.

Und die Unternehmen?

Angesichts der hohen Nutzerzahlen verwundert es nicht, dass sich immer mehr Unternehmen und Institutionen fragten, wie sie ihre definierten Zielgruppen künftig im Privaten erreichen könnten, wenn diese sich immer stärker aus der Öffentlichkeit zurückzogen. Also suchten sie nach Wegen, Messenger mit ihren Informationen und Services zu bespielen und bei ihren Zielgruppen direkt auf dem Smartphone prominent sichtbar zu sein – ob als Service- und Support-

137 Vgl. https://datareportal.com/reports/digital-2023-october-global-statshot.
138 Vgl. https://datareportal.com/reports/digital-2023-october-global-statshot.

Angebot via WhatsApp Business und Facebook Messenger oder als Push-Service über Anbieter wie Notify, Telegram und Threema – mit unterschiedlichem Erfolg.

Gleichzeitig stellte sich natürlich die Frage, wie die Plattformunternehmen auf diese Entwicklung reagieren würden, um davon gerade auch finanziell zu profitieren. Schließlich handelt es sich nicht um einen kurzfristigen Trend, sondern um eine wirkliche Wachstumsbranche, wie der Analyst Matt Navarra schreibt:

> *»People's interests and motivations and awareness of how social works has changed so much that private sharing has become a huge growth area.«*[139]

Wie reagierten Meta & Co.?

Mark Zuckerberg war sich der neuen Chancen bewusst. Ein Messenger beinhalte wirklich alle Bestandteile, die heute ein soziales Netzwerk ausmachen würden, meinte Zuckerberg gegenüber der *New York Times*: *»Klarer Fokus auf Austausch mit Freunden und Bekannten, kaum Creator, Medien und Marken. Nicht Feeds bestimmen, was ankommt, sondern Freunde untereinander. Sogar Ende-zu-Ende-Verschlüsselung. Fair enough.«*[140]

Angesichts des immer stärker schwächelnden öffentlichen Business hatte Zuckerberg vor allem das enorme finanzielle Potenzial erkannt, das sich durch den Bereich Messaging heben ließe und das er auf keinen Fall Konkurrenten überlassen wollte. Diesen Fokus und Kurswechsel, den Meta jetzt einschlagen würde, lässt sich klar aus der Aussage von Zuckerberg gegenüber dem Sender *CNBC* Mitte 2023 herauslesen:

> *»Unser Playbook war es immer, Dienste zu entwickeln, die so viele Menschen wie möglich nutzen, also eine Milliarde, zwei Milliarden, drei Milliarden Menschen damit zu erreichen – und danach die Monetarisierung zu skalieren. Und das haben wir mit Facebook und Instagram geschafft. WhatsApp wird sicherlich das nächste Kapitel sein, mit Business Messaging und Commerce, die dort eine große Rolle spielen.«*[141]

Eine Folge dieser Kommunikation, die zunehmend in geschlossenen Räumen stattfand: Meta rollte Mitte 2023 für seine Plattformen ein neues Produkt aus und führte Kanäle beziehungsweise Broadcast-Channels ein – bei WhatsApp, bei Instagram und zum Schluss bei Facebook.

Einführung Broadcast-Channels

Dabei handelt es sich um Informationskanäle, über die Organisationen über Neuerungen, Produkte, Veranstaltungen informieren und Updates mit ihren Followern teilen können. Dies kann in Textform, aber auch als Sprachnachricht, als Foto, als Video oder als GIF erfolgen. Sie können

139 https://www.contagious.com/news-and-views/matt-navarra-on-social-media
140 https://socialmediawatchblog.de/2023/11/09/das-ende-von-social-media-der-ersten-stunde/
141 https://omr.com/de/daily/whatsapp-kanaele

die Community unterhalten und binden, indem sie Behind-the-Scenes-Inhalte teilen, die Follower an Umfragen teilnehmen lassen oder Q&A durchführen. Auf diese Weise könnten sie, so die Vorstellung von Meta,[142] die Verbindung mit ihrer Community stärken, nur dass dies nicht per E-Mail passiert, sondern integriert in einen Social-Media-Kanal.

Das Neue: Bei den Broadcast-Channels handelt sich um reine One-to-many-Kommunikationstools. Ähnlich wie bei einem E-Mail-Newsletter können nur die Channel-Inhaber und damit die Content-Ersteller Nachrichten versenden, während die Empfänger diese nur lesen, auf sie reagieren oder beispielsweise an Umfragen teilnehmen können. Es geht hier folglich nicht um Dialog und Eins-zu-eins-Kommunikation, wie es beispielsweise über Instagram Direct möglich ist.

Marken setzen auf Channels

Mit Beginn der Broadcast-Channels ergriffen zahlreiche Marken die Chance der Informationsvermittlung. Medien lieferten Kurz-News zum täglichen Nachrichtengeschehen, Fußballvereine berichteten über Spieler, Ergebnisse und alles rund um den Verein, Marken wie die Drogeriekette DM setzten auf Geschenkideen und viel Interaktion mit den Menschen, Netflix verwies auf neue Filme und News rund um Stars und Sternchen.

Andere Organisationen integrierten Links, die zu Traffic auf den Webseiten führen sollten, oder nutzten den Kanal für die Interaktion mit der Community. Sie verschickten Kurz-News, spaßige Umfragen, kreative Bilder – und dies bei geringem Aufwand gerade im Vergleich zu einem E-Mail-Newsletter. Da Interessierte nur mit Emojis auf die Nachrichten reagieren, aber nicht selbst schreiben konnten, blieb der Aufwand für das Community-Management gering.

Chancen der Nutzerbindung

Mit den Broadcast-Channels hat Meta erstmals einen reinen Push-Kanal eingeführt. In einer Zeit der Algorithmen, der Empfehlungen, des KI-Contents und des an Bedeutung verlierenden Follower-Prinzips bieten die Channels Marken die Möglichkeit, ihre Zielgruppe wieder stärker an sich zu binden. Gerade für bekannte Marken, die bereits eine bestehende Community aufgebaut haben, stehen die Chancen gut für eine weitere Reichweite. Bestehende Nutzer werden schließlich sofort darüber informiert, wenn ein Broadcast-Channel eröffnet wird, dem sie beitreten können, oder wenn eine neue Nachricht vorliegt.

Channels können sich somit durchaus zu auch kommerziell relevanten Reichweitenplattformen entwickeln. Kein Wunder, dass Meta viele Hoffnungen auf die Channels setzt, um weiter wachsen zu können. So konnte es auch nicht lange dauern, bis die ersten Werbeoptionen in den Channels möglich wurden.

142 Vgl. https://about.fb.com/news/2023/10/broadcast-channels-on-facebook-and-messenger/.

Fehlender Multiplikatoreneffekt

Channels sind heute eigene, geschlossene Informationsnetzwerke innerhalb einer großen Plattform, ganz im Schatten der öffentlichen Debatten und mit begrenzten Interaktionen. Der Nachteil: Sie haben nur einen begrenzten Multiplikatoreneffekt.

Um auf das Modell von Mark S. Granovetter der Strong und der Weak Ties aus Kapitel 2.2 zurückzukommen: Über die Channels erreichen Organisationen vor allem die Strong Ties – die engen Verbindungen –, also die überzeugten Fans, die regelmäßigen Käufer, die neugierigen Mitarbeitenden; dagegen findet die Kommunikation mit den Weak Ties, den schwächeren Verbindungen, dort nicht statt. Dabei wären genau diese als mögliche Käufer, künftige Mitarbeitende, optionale Partner, interessierte Multiplikatoren etc. im geschäftlichen Umfeld durchaus relevant.

Vielfältige Messenger-Kommunikation

Trotzdem hat die Messenger-Kommunikation mit den Channels eine weitere Säule (s. Abbildung 14) dazugewonnen, über die Organisationen ihre Zielgruppen informieren und mit dem richtigen Content teilweise binden können. Neben dem schon lange existierenden One-to-one-Support als Chatfunktion für Service und Support, für kurze Dialoge, für Fragen und Bestellungen, neben den Gruppenfunktionen via One-to-Group für beispielsweise virtuelle Schnuppertage, wie es viele Sparkassen anbieten, wurde jetzt ein One-to-many-Service etabliert. Dies zeigt, in welcher Vielfalt sich heute Messenger in die digitale Kommunikation einbinden lassen – und warum man wirklich von einem Messenger-Boom sprechen kann.

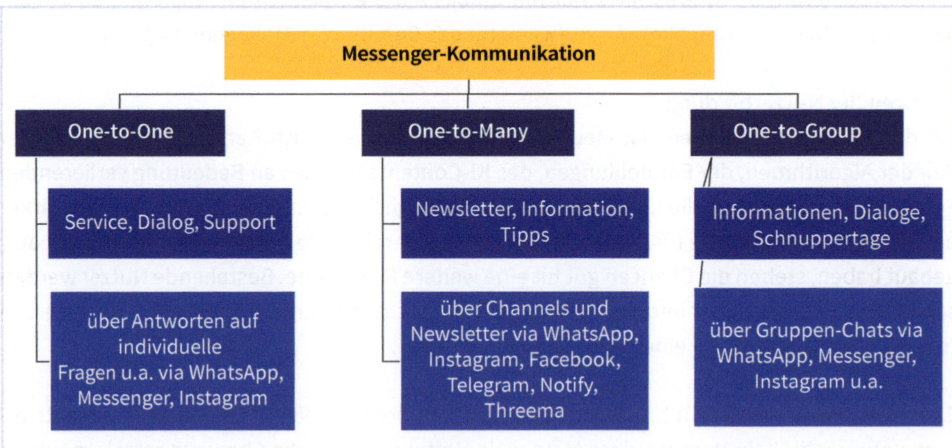

Abbildung 14: Die drei Wege der Messenger-Kommunikation

Wenig Innovationskraft

Bestehenden Followern (und einigen mehr) gezielt Informationen zukommen zu lassen, um sie noch stärker an die Marke zu binden: Wer sich dieses Ziel vor Augen führt, kann nur zum Schluss kommen, dass diese Phase nicht gerade von großer Innovationskraft seitens der Plattformen geprägt ist. Channels wirken eher wie der etwas verzweifelte Versuch, die Menschen sowie die Unternehmen und Institutionen mit allen Mitteln und möglichst lange auf den Plattformen zu halten. Egal ob die Instrumente jetzt neu oder alt sind: Vor allem sollen sie mit hohen Nutzerzahlen und noch höherer Verweildauer die Werbekunden glücklich machen.

So gleichen diese Instrumente einer Rückkehr in ganz alte Zeiten, genau gesagt in die Zeiten der E-Mail und des E-Mail-Newsletters. Man könnte sagen, dass die Channels eine Art Wiedergeburt des E-Mail-Newsletters sind, nur jetzt im modernen, »smoothen« Gewand einer Social-Media-Plattform.

Revival des E-Mail-Newsletters

Dazu passt, dass wir bereits seit den Jahren 2019/2020 von einem Revival des E-Mail-Newsletters sprechen können. Seitdem ist die Zahl der professionellen Newsletter, die regelmäßig News, Informationen und Angebote in die E-Mail-Postfächer der Abonnenten einspeisen, erheblich gestiegen. Immer mehr Redaktionen – gerade in Wirtschaft und Politik – bauen ihre Newsletter-Redaktionen für diesen Zweck mit teilweise sehr bekannten und anerkannten Journalisten aus,[143] weil Newsletter gelesen werden, wenn sie gut segmentiert auf die Zielgruppen zugeschnitten sind.

Dies belegen die Zahlen der ARD/ZDF-Onlinestudie. Danach genießt die E-Mail 50 Jahre nach ihrer Geburt weiterhin eine hohe Beliebtheit quer durch die Altersstufen; auch die Newsletter-Nutzung bleibt hoch. Rund 32 Prozent – und dies unabhängig vom Alter zwischen 14 und 69 Jahren – gaben bei der ARD/ZDF-Onlinestudie 2023[144] an, dass sie mindestens einmal pro Woche einen Newsletter lesen. Der Trend zum E-Mail-Newsletter bleibt also bestehen.

Newsletter im Social-Media-Gewand

Wenn schon Channels nicht viel anderes sind als E-Mail-Newsletter im Social-Media-Gewand, dann fehlen ihnen (noch) die großen Vorteile, die erfolgreiches E-Mail-Marketing ausmachen. Und diese heißen: Analyse, Individualisierung und Segmentierung (s. Kapitel 5.1.3). Bis heute ist es nur möglich, immer allen Followern dieselbe Nachricht zukommen zu lassen. Einzelne Zielgruppen lassen sich dagegen nicht individuell bündeln und ansprechen.

Zudem ist zu fragen, wie viele Channels überhaupt wahrgenommen werden können, wenn künftig jedes Unternehmen, jede Institution, jedes Medium, jeder Prominente, jede Influencerin einen eigenen Kanal einrichtet. Schon heute stöhnen Instagrammer über die Vielzahl an

143 Die Newsletter-Redaktionen wurden in den letzten Jahren mit teils prominenten Gesichtern ausgebaut, wie einige Beispiele zeigen: Neben etablierten Wirtschafts-Newslettern wie das *The Pioneer Briefing* von Gabor Steingart oder das *Morning Briefing* vom Handelsblatt verantwortet der Netzökonom Holger Schmidt das wöchentliche *Professional Briefing D:Economy* der *FAZ* über digitale Ökonomie, der mehrfach ausgezeichnete Journalist Gordon Repinski leitet als Executive Editor Germany den ersten deutschsprachigen *Politico*-Newsletter *Berlin Playbook,* der frühere Chefredakteur der *Rheinischen Post* und von *The Pioneer* Michael Bröcker die Chefredaktion bei *Table.Media.*

144 Vgl. ARD/ZDF-Onlinestudie 2023: https://ard-zdf-onlinestudie.de/.

Einladungen zu den Channels. Dies zeigt, wie stark sie auf deren Bedürfnisse zugeschnitten werden müssten.

Fazit: Der Rückzug aus der Social-Media-Welt

Wenn sich die Menschen nicht mehr öffentlich äußern und mit anderen interagieren wollen, wenn sich die Menschen stattdessen in ihre privaten Kanäle zurückziehen, wenn die Menschen dort von Unternehmen nur noch mit Push-Nachrichten erreicht werden, hat das wirklich noch mit dem ursprünglichen Gedanken von Social Media zu tun, von einem Austausch unter Menschen, von einem gemeinsamen Netzwerken? Nicht wirklich.

Channels sind eher ein weiteres Symbol dafür, wie sich Plattformen aus einer dialogorientierten Social-Media-Kommunikation zurückziehen und sich wieder der klassischen Einwegkommunikation zuwenden, die wir schon seit 30 Jahren kennen. Denn diese neuen Kanäle sind alle nicht »social«; sie sind vor allem Nachrichten-Feeds, über die Organisationen informieren und auf die wir sehr begrenzt reagieren könnten. Ähnlich wie E-Mail-Newsletter sind Channels ein Bestandteil des Online-Marketings, des klassischen Marketings auf digitaler Ebene – aber ohne die »Social«-Komponente.

Aktuell wirken sie daher eher wie der verzweifelte Versuch, die Menschen irgendwie auf den Plattformen zu halten, auch wenn diese sich viel lieber in ihre privaten, geschlossenen Communitys – online wie offline – zurückziehen und nur in diesen austauschen wollen. Denn nur noch dort können sie den ursprünglichen Social-Media-Gedanken weiterleben: Also weg von Social Media, hin zu Private Media?

4 Zwischenfazit: Die Zeichen des Wandels

4.1 Media: Das Ende der »Social«-Komponente

»Wenn wir mit Freunden sprechen, können wir kaum noch Begeisterung für die Social-Media-Plattformen der ersten Stunde identifizieren.«[145]
Martin Fehrensen, Social Media Watchblog

Warum kommuniziere ich mit allen über Messenger, auf Instagram, per LinkedIn? Ganz einfach: Weil ich mich für die Menschen interessiere – ihre Texte, ihre Bilder, ihre oft auch konträren Meinungen, ihre Einschätzungen, ihre Erkenntnisse, ihre Erfahrungen, ja, besonders auch die ganz persönlichen, individuellen Noten. Und egal, wie mich deren Inhalte erreichen – ob per E-Mail, per WhatsApp, auf LinkedIn oder in den Medien des Fediverse – all diese sind immer ganz eng mit etwas verbunden: einem Menschen, der dahintersteckt, also einem klugen Kopf, wie die *FAZ* früher einmal in einer Werbung titelte. Doch bleibt dies so?[146] Oder bedeutet der Wandel der Social-Media-Plattformen auch das Ende der menschlichen Kommunikation? Ziehen wir in diesem Kapitel ein kleines Zwischenfazit, wo wir heute, nach all den in Kapitel 3 beschriebenen Entwicklungen und Änderungen, stehen.

Wir wissen jetzt, wie stark sich die sozialen Medien in den letzten Jahren verwandelt haben. Kaum etwas ist vom ursprünglichen Gedanken übrig geblieben. Gehen wir dazu noch einmal kurz zum Ursprungsgedanken von Social Media zurück: Bis zu diesem Zeitpunkt reine Informationskonsumenten wurden durch die Social-Media-Plattformen zu Sendern, zu Prosumern, zu aktiven Teilnehmern, die selbst Content produzierten und diesen ohne technischen oder finanziellen Aufwand über die eigenen Kanäle verbreiten konnten. Sie konnten diese Inhalte mit anderen Menschen teilen, mit ihren Friends, Fans, Followern, besser gesagt ihren Netzwerkpartnern, die wiederum darauf reagieren konnten – unabhängig von Zeit und Ort.

Mehrfacher 180-Grad-Wandel

Dieses unabhängige Publizieren von Inhalten im Social Web ging einher mit Werten wie Authentizität, Glaubwürdigkeit, Transparenz, Individualität, Persönlichkeit, die die Social-Media-Kommunikation prägten. Doch ist dies noch der Fall in einer Welt, die von Algorithmen geprägt ist, die von KI gesteuert wird und deren Inhalte verstärkt KI generiert sind?

Die Art und Weise, wie wir soziale Medien nutzen, befindet sich folglich in einem 180-Grad-Wandel. Während wir früher persönliche Anliegen austauschten, erhalten wir heutzutage anonyme Inhalte. Statt individueller Meinungen erhalten wir kuratierten Content. Statt fachlicher Ein-

145 https://socialmediawatchblog.de/2023/11/09/das-ende-von-social-media-der-ersten-stunde/
146 Im Mai 2023 schrieb der Autor dieses Buches dazu einen längeren Blog-Beitrag. In seinem Gedankenspiel über das »Ende der menschlichen Kommunikation« geht er auf diese Entwicklung noch detaillierter ein: https://dominikruisinger.com/vom-ende-menschlicher-kommunikation/.

schätzungen finden wir per KI erstellte Antworten – auch wenn LinkedIn unter den Plattformen teilweise eine Ausnahme bildet. Noch.

Auf dem Weg ins Entertainment

Neben Facebook symbolisiert gerade Instagram diesen Wandel, die beschriebene schrittweise Entfremdung. Einst war die App eine Art digitales Sammelalbum, ein Ort, an dem wir visuell mit unseren Freunden und guten Bekannten in Kontakt blieben. Irgendwann begannen wir, mit Filtern unsere eigenen Bilder zu kuratieren und zu bearbeiten. Plötzlich ließen wir uns nicht mehr von der Neugierde leiten, uns in unserer privaten Zeit zu vernetzen; wir achteten immer stärker bewusst darauf, wie wir uns am besten professionell darstellen konnten: anfangs über Bilder, dann über Videos, über Live-Session und bald auch schon in Konkurrenz mit vielen anderen Menschen, mit Influencern, die mit Marken Kooperationen eingingen.

Heute ist die App eine Unterhaltungsplattform, eine elegante Flaniermeile, eine virtuelle Shoppingmall. Genau diesen Weg geht nicht nur Instagram: Auch TikTok etabliert immer stärker den Gedanken des Online-Shoppings über Empfehlungen. Und wenn man sich den Plänen von Elon Musk bezüglich X und seinem Vorbild WeChat genauer widmet, so wird auch dort die Rolle von E-Commerce und virtuellen Einkaufserlebnissen eine große Rolle spielen.

Ausgeladen von der Best-Buddy-Party

Nur wo sind die früheren Bekanntschaften, das frühere Netzwerk geblieben? War es nicht der Grundgedanke von Social Media, die Inhalte befreundeter oder zumindest vernetzter Accounts zu sehen? Haben wir uns nicht deshalb mit anderen verbunden? Und einfach gefragt: Hat es überhaupt noch einen Sinn, jemandem zu folgen, wenn der Algorithmus sowieso selbst entscheidet, welche Inhalte, basierend auf unserem bisherigen Verhalten, eingespielt werden?

Die ganze Umstellung wirkt so, als wären wir von der Party unserer Best Buddys ausgeladen und stattdessen zu einer wildfremden Party geschickt worden, um dort ständig neue Menschen kennenzulernen. Doch wir blieben draußen stehen, blickten von dort neugierig, lange und durchaus amüsiert auf das Geschehen und die Menschen, ohne mit diesen aber in Kontakt zu treten. Denn dafür hatten wir schon andere Kanäle gewählt.

Ende der Begeisterung

Schon dieses Beispiel verdeutlicht die veränderte Perspektive: Waren die sozialen Medien früher ein Ort der Konversation, ist eine gleichberechtigte Unterhaltung nicht mehr unbedingt notwendig, sondern nur noch das Beobachten und Zuhören. Für viele Social-Media-Nutzer würde deshalb gerade eine Epoche zu Ende gehen, schreibt Martin Fehrensen in seinem Beitrag *Das Ende von Social Media der ersten Stunde* auf dem *Social Media Watchblog*. Wenn er mit Freunden spräche, könne er kaum noch Begeisterung für die Social-Media-Plattformen der ersten Stunde identifizieren:

> *»Facebook? Da unterhalten sich doch ohnehin nur noch die immer gleichen zwölf Bekannten. Für Events noch ganz brauchbar. Aber ansonsten? Was soll ich dort noch posten? Auch Instagram wird vor allem genutzt, um sich für den nächsten Einkauf im Möbelhaus inspirieren zu lassen oder wenn die Langeweile mal wieder groß ist. Selbst etwas zu posten oder zu kommentieren, fällt kaum jemanden in unserem Bekanntenkreis noch ein. Reels und Stories schauen, ja. Kommentieren oder selbst etwas teilen? Nein.«*[147]

Dies zeigt nochmals, wie stark die Plattformen ihren Fokus verschoben haben und sich viele Menschen von ihnen abgekoppelt fühlen. Noch vor Jahren waren für sie erst MySpace und StudiVZ, später dann Facebook und Instagram die perfekten Plattformen, um andere Menschen zu entdecken, um mit ihnen in Verbindung zu bleiben, um mit ihnen Texte, Fotos, Videos zu teilen. Doch heute sieht die Realität anders aus, beschreibt auch Martin Fehrensen den veränderten Fokus:

> *»Facebook und Instagram haben sich in reine Konsum-Plattformen verwandelt. Wo einst der Austausch im Vordergrund stand, geht es heute um eine Art zeitgemäßes Fernsehen: Unterhaltung und Konsum haben Priorität. Schließlich will Meta die junge Nutzerschaft TikTok nicht allein überlassen.«*[148]

Kein Wunder also, dass sich die Menschen ins Private zurückziehen, weniger posten und teilen und lieber ihre Zeit in engeren Verbindungen und Nischengemeinschaften verbringen. Denn dort passiert das Wichtigste.

Ende der sozialen Komponente

Die Veränderungen über die letzten knapp zwei Jahrzehnte haben den Grundgedanken von Social Media nicht nur stark beeinflusst; der Wechsel von einem von Personen zu einem von Algorithmen gestalteten und von Content bestimmten Feed bedeutete vielmehr das Ende von Social Media, zumindest so, wie es ursprünglich gedacht war und wie wir es bisher kannten.

Die Abwendung vom Social Graph und die Hinwendung zum Interest Graph bis hin zu Artificial Media schwächte die soziale Komponente des Social Networking deutlich ab. Schrittweise entfernten sich die Social-Media-Plattformen von diesem Gedanken des Austausches und entwickelten sich zu Plattformen, die in erster Linie auf den Content-Konsum ausgerichtet sind, mit Entertainment als Trumpf-As. Als die Menschen sich dann als Konsequenz noch stärker in ihre privaten Räume zurückzogen, fiel der öffentliche Austausch über aktuelle Ereignisse, persönliche Erlebnisse, wichtige Geschehnisse noch häufiger aus.

147 https://socialmediawatchblog.de/2023/11/09/das-ende-von-social-media-der-ersten-stunde/
148 https://socialmediawatchblog.de/2023/11/09/das-ende-von-social-media-der-ersten-stunde/

90-9-1: War die Social-Media-Idee eine Illusion?

Doch war das nicht schon immer so gewesen? Wenn wir bedenken, dass die Zahl der Menschen deutlich gefallen ist, die interagieren, die kommentieren, die ihre Beiträge verbreiten: War vielleicht die Idee von Social Media und von Menschen, die Lust haben, sich mit anderen auszutauschen, nur eine Illusion? Blicken wir dazu auf ein altbekanntes Kommunikationsmodell: das 90-9-1-Modell. Dieses hatte der dänische Usability-Experte Jakob Nielsen im Jahre 2006 als »Participation Inequality« beschrieben. Es besagt, wie viele Menschen auf Kommunikationskanälen sich eher aktiv oder eher passiv verhalten.

Überträgt man das Modell auf die Social-Media-Plattformen, dann sind die Zahlen wie folgt zu interpretieren:

- 90 Prozent der Nutzer sind »**Lurker**«. Diese schauen sich rein passiv die Inhalte an. Interaktionen finden nicht statt. Stattdessen sind sie reine Content-Consumer und unterscheiden sich demnach kaum von anderen traditionellen Mediennutzern.
- 9 Prozent sind »**Contributor**«. Diese beteiligen sich zumindest ab und zu an den Inhalten. Auch wenn sie fast nie eigenen Content produzieren, diskutieren sie immer wieder mit; auch kommentieren und teilen sie ab und zu Beiträge, die sie interessieren.
- 1 Prozent sind »**Creator**«. Diese sind für die Inhalte verantwortlich. Nur sie produzieren den Content, den wiederum die Lurker und Contributor wahrnehmen. Gleichzeitig beteiligen sie sich aktiv an Diskussionen, ob über ihre oder fremde Beiträge.

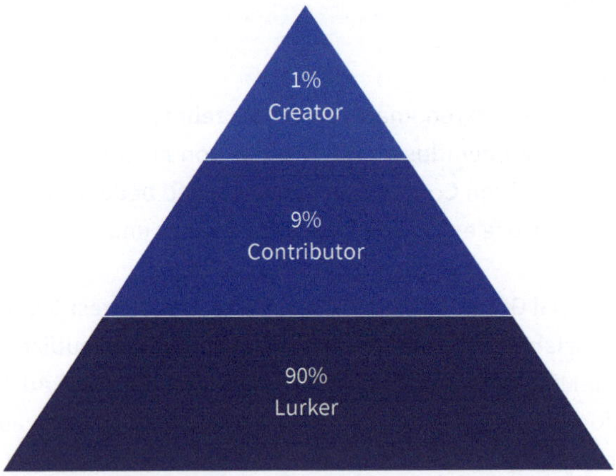

Abbildung 15: Das 90-9-1-Modell von Jakob Nielsen

Können wir das gepriesene »Mitmachnetz« als solches überhaupt verstehen, wenn doch nur 1 Prozent der Nutzer den größten Anteil beisteuert? Wenn wir dieses Modell auf die öffentliche Kommunikation übertragen, müssen wir die unterschiedlichen Phasen der Social-Media-Geschichte berücksichtigen. In den Anfangsjahren waren die Menschen durchaus daran interessiert, andere in ihr privates Netzwerk zu holen, die sie vom Studium kannten, die sie auf

Reisen kennengelernt hatten, denen sie auf nächtlichen Touren begegnet waren. Wie sich gut an Zahlen belegen lässt, waren dies deutlich mehr als nur das eine Prozent, die sich aktiv mit anderen digital austauschten.

Aktive Netzwerker, passive Content-Consumer

So belegt die ARD/ZDF-Onlinestudie beispielsweise aus dem Jahre 2009, dass 38 Prozent der Onliner daran interessiert wären, selbst eigene Inhalte ins Netz zu stellen, mit Fokus auf die jüngeren Bevölkerungsgruppen. Zudem gab es schon damals beträchtliche Unterschiede, wo welche Interaktionen stattfanden: Auf Content-Plattformen wie YouTube (Video) oder Flickr (Fotos) dominierte der passive Konsum. Dialoge fanden kaum statt. Auch zu Wikipedia steuerten nur wenige Menschen etwas bei. Auf diesen Plattformen hatte die 90-9-1-Regel durchaus seine Gültigkeit.

Ganz anders sah es damals auf den sozialen Netzwerken aus: MySpace, StudiVZ oder Facebook nutzten die Menschen sehr aktiv, da eine Vernetzung mit anderen Menschen immer eine aktive Handlung voraussetzte und dies auch ohne eigenes Profil nicht möglich war. Wer sich dort bewegte, verspürte in der Regel das Bedürfnis, aktiv Kontakte zu knüpfen und dann auch zu pflegen, sodass viele von einer 70-20-10-Regel bis hin zur 20-30-50-Regel sprachen.[149]

An diesem Rückblick lässt sich gut feststellen, wie die Veränderungen auf den Plattformen auch das Verhalten der Menschen verändert haben. Durch die Macht der Algorithmen und insbesondere den Schwenk der sozialen Netzwerke hin zu Content-Plattformen hat die Passivität deutlich zugenommen, die Aktivität dagegen deutlich abgenommen. Heute werden daher die sozialen Netzwerke wie früher YouTube und Flickr genutzt, auf denen das passive Konsumieren schon immer dominierte. Dagegen ist nur noch in Gruppen von einem Mitmachnetz zu sprechen, im Sinne dessen, was das Wesen des Social Web ursprünglich ausmachte.

Erosion des Grundgedankens

Folglich ist heute die ursprüngliche schöne Idee der Verbindung und des Austausches durch algorithmische Filter, durch KI-Content, durch den Fokus auf passives Entertainment, aber auch durch immer stärker polarisierende Inhalte erodiert. Doch wenn die Plattformen immer weniger »social« sind, müssen wir uns dann nicht auch von dem Begriff Social Media verabschieden?

> *»Hört auf, es Social Media zu nennen«*, schrieb der Tech-Autor Enno Park im Branchenmagazin *t3n* bereits Ende 2022. *»Es wird Zeit, den Begriff ›Social Media‹ endlich über Bord zu werfen. Er beschreibt nicht mehr das, was auf Social-Media-Plattformen stattfindet.«*[150]

Ähnlich Brian Merchant, Tech-Kolumnist bei der *Los Angeles Times*. Er bezeichnet den Zustand des Social-Media-Feeds als *»fractured and fragmented, siloed and confused«* und nicht mehr als

149 https://der-socialmediamanager.de/community-engagement-und-die-90-9-1-regel/
150 https://t3n.de/news/social-media-algorithmen-tiktok-facebook-twitter-mastodon-1523390/

den richtigen Ort für kulturelle Trends, für Nachrichten, für Erzählungen, für den Social-Media-Gedanken:

> *»So much so that I couldn't help but finally, grudgingly agree with the critics who've been warning that we are witnessing the end of days for the social media network as we knew it.«*[151]

Drei Phasen von Social Media

Diese beschriebene Erosion einer grundsätzlich schönen Idee bis zum heutigen Ende von Social Media lässt sich gut anhand unseres eigenen Verhaltens nachbilden. Blicken wir also auf uns selbst in drei Phasen:

Abbildung 16: Die drei Phasen von Social Media

Phase 1: Neugierig: Vernetzen, schreiben, lesen

Die erste Phase war der Moment der großen Neugierde. Wir begannen damit, uns für Social Media und die verschiedenen ersten Plattformen zu interessieren. Wir schrieben unsere ersten Blogbeiträge, erstellten ein Profil auf einem Netzwerk unserer Wahl, vernetzten uns privat wie beruflich mit Menschen, die wir kannten oder kennengelernt hatten, tauschten uns mit Freunden und Bekannten öffentlich aus und beobachteten, was unser Netzwerk aktuell erlebte und was sonst überall passierte. Social Media wurden so schnell zu einem digitalen, weitgehend öffentlichen Spiegel unserer »realen« Welt.

151 https://bit.ly/dr_latimes_theendofsocialmedia

Phase 2: Öffentlich: Zeigen, verbreiten, wachsen

Die erste Phase der zurückhaltenden Neugierde war irgendwann vorbei. Wir änderten unsere Einstellung. Uns ging es nicht mehr nur noch darum, hin und wieder zu erfahren, was unsere Bekannten und Freunde erlebten, trieben und davon öffentlich teilten; wir warfen plötzlich einen Blick auf unsere Zahlen: Wir freuten uns, wenn wir viele neue Follower bekamen, wenn unsere Postings viele Likes erhielten, wenn viele mit unseren Beiträgen interagierten, wenn auf diese Weise unser Einfluss in der Social-Media-Welt stieg:

> *»Je stärker die Dienste, von Facebook über Instagram hin zu Twitter, OnlyFans und TikTok, Engagement in den Mittelpunkt rückten und die virtuelle Bühne bewarben, desto mehr bekamen die Nutzerinnen das Gefühl, dass man ihnen zuhören müsse.«*[152]

Teilweise ging es sogar nicht mehr um wirklich sinnvolle Gespräche. Oft teilten wir einfach Updates, neue Texte, aber vor allem auch Bilder und wachsend Videos, um bei unserem eigenen Netzwerk möglichst viele Likes, Shares und Comments einzusammeln. Diese Suche nach der eigenen Bühne stand übrigens eng in Zusammenhang mit den Plattformen, die uns unsere Zahlen positiv wie negativ besonders hervorhoben, wie Cory Turner für das US-Rundfunknetz *NPR* schreibt:

> *»The problem is, social media platforms often (though not always) emphasize metrics over the humans behind the ›likes‹ and ›followers‹, which can lead teens to simply post things about themselves, true or not, that they hope will draw the most attention.«*

Mit unseren Content-Ideen und Postings wollten wir natürlich auf jeden Fall auffallen, Aufmerksamkeit erhaschen und – wie es bei *NPR* heißt – Bedürfnisse unterschiedlicher Art befriedigen:

> *»Social media offers the ›empty calories of social interaction‹, that appear to help satiate our biological and psychological needs, but do not contain any of the healthy ingredients necessary to reap benefits.«*[153]

In dieser zweiten Phase betraten noch zwei weitere Protagonisten die virtuelle Bühne, die entscheidend für die weitere Entwicklung sein würden:

1. Die ersten Unternehmen erkannten die vielfältigen Chancen von Social Media und begriffen die Netzwerke als weitere Kanäle, um über ihre Organisation, ihre Produkte, ihre Ideen zu informieren; dazu nutzten sie auch die wachsenden Werbemöglichkeiten, die ihnen die Netzwerke zur Verfügung stellten. Durch den Vernetzungseffekt entwickelten sich die sozialen Medien auch frühzeitig zu einem mächtigen Instrument für soziale und politische Bewegungen.

152 https://www.zeit.de/digital/internet/2022-11/social-media-engagement-werbung-freundschaft
153 https://bit.ly/dr_npr_socialmedia

2. Die ersten Privatpersonen begannen ihre eigene Bekanntheit, ihre hohen Interaktionsraten, ihr Renommee im Netz, ihre vielen Follower als kommerziellen Wert zu begreifen. Sie traten als Influencer und Multiplikatoren für Unternehmen und deren Produkte auf, die diese Reichweite für sich nutzen wollten. Manche ließen sich sogar dazu verleiten, Follower zu kaufen oder sich in sogenannten Engagement Pods[154] zu treffen, allein, um ihre eigenen Zahlen zu pushen und damit ihr Selbstbewusstsein und ihren Marktwert zu steigern. Parallel bauten Organisationen intern Mitarbeitende auf, die heute als Markenbotschafter, Corporate Influencer oder Brand Ambassadors aktiv sind (s. Kapitel 5.2.2).

Phase 3: Privat: Sehen, hören, lesen

Während die Unternehmen ihre Chancen auf den Social-Media-Plattformen erkannten und oftmals größere Erfolge feierten, begann es in unseren Bäuchen zu grummeln und in den Köpfen zu murren: zu viel Werbung, zu viele Empfehlungen, zu aufgeheizte Diskussionen, zu wenig private Inhalte. Immer mehr hatten wir das Gefühl, dass Instagram mit Werbung und Influencer-Content überschwemmt war, dass TikTok nur zum unterhaltsamen Scrollen diente, dass auf Facebook niemand wirklich mehr aktiv war, dass X seit der Übernahme von Elon Musk so oder so nicht mehr nutzbar war und dass sich auf den neuen X-Konkurrenten maximal die Meinungselite traf.

Doch wir murrten nicht direkt lautstark; wir zogen uns stattdessen langsam zurück. Die einen von uns verließen die Social-Media-Kanäle komplett (s. Kapitel 4.2.2); die anderen begaben sich auf die Suche nach Alternativen und probierten die Plattformen des Fediverse wie Mastodon, Bluesky und Threads aus (s. Kapitel 4.4); die Dritten aber – und dies war die Mehrzahl – zogen eine Art innere Emigration als Protest vor: weniger kommunizieren, weniger liken, kaum mehr posten, noch weniger teilen und am wenigsten kommentieren. Stattdessen fokussierten wir uns vor allem auf die privaten Kanäle, in denen wir mit unseren engsten Kreisen alleine waren und uns freier fühlten.

»Social« endgültig streichen

Wenn wir uns diese drei Phasen nochmals vor Augen führen, dann sind wir heute an einem Punkt angelangt, an dem sich der Fokus der Plattformen nicht mehr mit dem Begriff Social Media bezeichnen lässt, zumindest nicht so, wie wir es bisher kannten. Social Media haben sich von dem ursprünglichen Gedanken verabschiedet und sind in die Welt des Entertainments eingetaucht – mit ganz wenigen Ausnahmen. Daran wird es sich auch nichts ändern. Denn alle neuen Funktionen, neuen Anwendungen, neuen Features sind nicht auf den Austausch ausgerichtet, sondern nur darauf, dass wir Menschen möglichst lange in der App verweilen, um diese Verweildauer dann wiederum über Werbung vermarkten zu können.

Dieser Ansatz hat grundsätzlich nichts Negatives, aber: Der Grundgedanke des Social Web, Menschen weltweit miteinander zu vernetzen, genau diesen Grundgedanken gibt es in diesem

154 Engagement Pods sind Gruppen, in denen sich Menschen treffen, um die Reichweite der anderen zu pushen, indem sie mit den Beiträgen des anderen interagieren, unabhängig davon, ob der Inhalt für sie selbst relevant ist.

Ansatz nicht mehr. TikTok hatte diesen Gedanken schon immer abgestritten – verständlicherweise, wenn man heute auf die Entwicklung blickt.

Digital Media statt Social Media

Die sozialen Medien sind damit viel weniger sozial als vielmehr medial; sie haben sich zu Unterhaltungsplattformen und zu digitalen Shoppingmalls entwickelt, auf denen die Nutzer zwar Inhalte konsumieren und teilweise sogar kaufen, aber nur selten, wenn überhaupt, eigene Inhalte erstellen. Und sie dienen als Werbeplattformen für Unternehmen und Institutionen, die dort noch viele Menschen mit ihren Aussagen, Produkten, Ideen erreichen können. Für sie sind es vor allem Medien und digitale Vertriebs- und Marketingkanäle. Daher sollten wir sie auch als »Digital Media« bezeichnen und den Begriffsteil »Social« aus den Begriffspaaren Social Media oder Social Networks endgültig streichen. Denn die sozialen Medien, wie wir sie einst kannten, sind tot.

Und die Menschen selbst? Wir wissen jetzt, dass sich viele immer stärker und immer länger in ihre privaten Kanäle zurückzogen, um sich dort mit ihren Nächsten auszutauschen. Bedeutete dies, dass sie stattdessen die klassischen Social-Media-Plattformen allmählich verließen? Lässt sich dies anhand von Zahlen nachweisen? Und gab es neben dem Schwenk der Plattformen noch weitere Gründe, die zu diesem veränderten Verhalten geführt hatten? Diese Fragen werden im nächsten Unterkapitel beantwortet.

4.2 Menschen: Der Epilog einer Party

»For many first-gen social media users – millennials between the ages of 27 and 42 – there is a developing sentiment that the party is over.«[155]
Jason Parham, Wired

4.2.1 Auf der Suche nach den Gründen

»People aren't sharing as much«,[156] schrieb der erwähnte Social Media Consultant Matt Navarra in einem Beitrag über den bedeutsamen Shift von Social zu Private Media in den letzten Jahren:

> *»I think we've seen a significant shift in social in various ways in the last few years, but particularly in respect of private social.«*

Viele scheinen sich offensichtlich den Risiken des öffentlichen Teilens bewusster zu werden, dass sie für ihre geäußerten Ansichten und Meinungen angegriffen oder dass diese Aussagen auch gegen sie verwendet werden könnten, so der bekannte Analyst. Darum würden sie lieber

155 https://www.wired.com/story/first-gen-social-media-users-have-nowhere-to-go/
156 https://www.contagious.com/news-and-views/matt-navarra-on-social-media

in sicherer, also privaterer Umgebung mehr Zeit mit den Verwandten und Freunden verbringen, die ihnen besonders wichtig sind.

Diese Aussage kann vielleicht verständlich machen, warum wir immer weniger selbst posten, publizieren, kommentieren, interagieren. Doch ist dies auch der Grund dafür, warum viele von uns die Social-Media-Kanäle in den letzten Jahren verlassen oder sich Schritt für Schritt in die Private-Media-Channels zurückgezogen haben? Sicherlich nicht der einzige.

Sieben Erklärungen für den Rückzug

Die Kritik an den sozialen Medien ist so alt wie die sozialen Medien selbst.[157] Doch greifen wir hier exemplarisch sieben Aspekte heraus, die zumindest dazu beitragen, diesen Wandel beziehungsweise Rückzug zu erklären.[158]

1) Fehlende Sichtbarkeit beim engen Kreis

Dieser Grund wurde bereits im vergangenen Kapitel erwähnt, darum hier nur kurz: Der Grundgedanke von Social Media war ein durchaus positiver – Menschen unabhängig von Zeit und Raum stärker miteinander zu vernetzen. Doch wenn die Algorithmen über die Sichtbarkeit von Inhalten alleine bestimmen: Warum sollte dann ein Unternehmen oder eine Person überhaupt noch etwas auf den eigenen Social-Media-Kanälen publizieren? Warum etwas schreiben, kommentieren, liken, mit anderen interagieren? Gerade wenn dieses Posting nur eine begrenzte Sichtbarkeit erhält und in starker Konkurrenz zu KI-Inhalten und empfohlenen Beiträgen steht? Diese Frage war für viele Menschen immer schwerer zu beantworten.

2) Überdruss wegen dominanter Werbung

Egal ob Beitrag in einem Social-Media-Feed, in einer Story oder als Video: Führt er zu keinen »Meaningful Interactions«, zu keinen Beitragsinteraktionen jeglicher Art und keiner Verweildauer, erhält er keine Reichweite und wird nicht weiter in die Feeds der Menschen verbreitet. Neben besserem Content heißt für viele die Lösung Werbegelder. Kein Wunder also, dass der Anteil der Werbung in allen sozialen Medien stark zugenommen hat.

Beispiel LinkedIn: Wie stark die werblichen Postings mittlerweile dominieren, spiegelt sich in der folgenden Grafik (s. Abbildung 17) wider. Sie stellt dar, aus welchen Quellen der Feed eines Nutzers oder einer Nutzerin gespeist wird. Der Überblick zeigt, dass sich die Zahl der Werbung und der sogenannten Promoted Ads innerhalb von fünf Jahren verdoppelt hat (von 18 Prozent

157 Die Kritik an Social Media ist vielfältig. In diesem Buch können jedoch nur einige ausgewählte Kritikpunkte angesprochen werden. Weitere Faktoren wie rechtliche Bedenken, Cybermobbing, Privacy etc. werden aus Platzgründen und aus Gründen der Gewichtung innerhalb des Buches nicht tiefer behandelt.

158 Wie stark der Einfluss der großen Tech-Unternehmen und der sozialen Netzwerke auf das Leben der Menschen schon heute sind, verdeutlichten Doku-Dramen wie *The Social Dilemma* aus dem Jahre 2020. Experten aus dem Silicon Valley thematisierten darin das hohe Suchtpotenzial der sozialen Medien, die negativen Auswirkungen auf die psychische Gesundheit vor allem bei jüngeren Nutzern, die negativen Einflüsse auf die Menschen und die Gesellschaft und die Art und Weise, wie Tech-Unternehmen mittels der Plattformen die Social-Media-Nutzer manipulieren.

auf 35 Prozent), während die Zahl der Unternehmens-Postings auf ein Viertel (von 9 Prozent auf 2 Prozent) eingebrochen ist. Zudem bekommen gerade die Personen eine deutlich größere Sichtbarkeit, die regelmäßig posten, während das normale eigene Netzwerk laut dieser Untersuchung stark an Sichtbarkeit verloren hat.

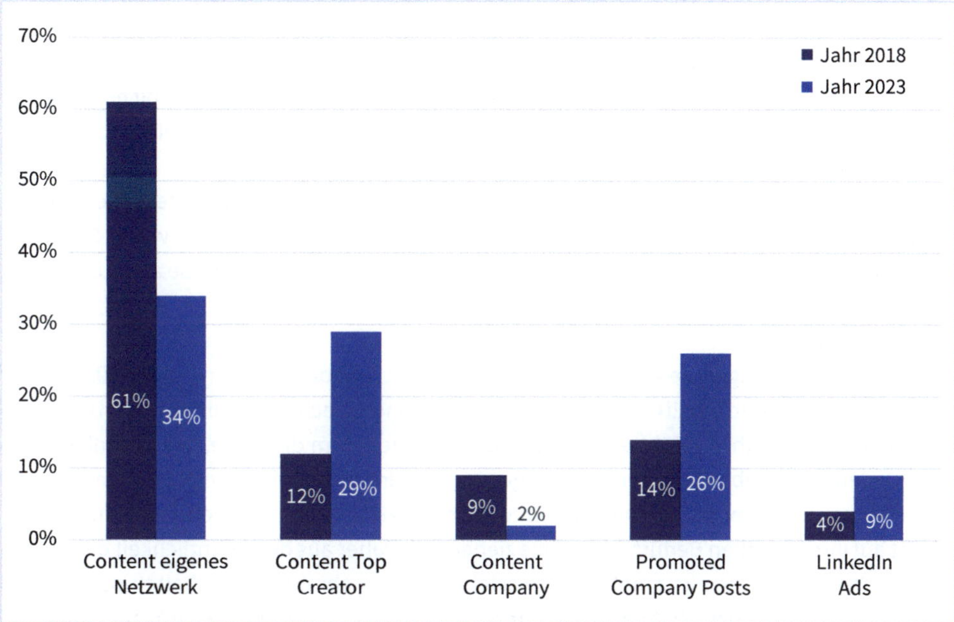

Abbildung 17: Content-Quellen im LinkedIn-Feed; Grafik erstellt auf Basis des Beitrages von Richard van der Blom, https://bit.ly/dr_linkedIn_rvb_contentquellen

Für Unternehmen bedeutet dies: Ohne eine Ad-Strategie und/oder ohne aktive Mitarbeitende hat es heutzutage keine Chance, mit den Beiträgen in die Feeds der Follower zu gelangen und bei den eigenen Themen sichtbar zu werden. Für die Nutzer hingegen entwickelt sich die dominante Werbung auf allen Plattformen immer stärker zu einem Ärgernis. Gerade auf Instagram beschweren sich jüngere Nutzer, dass sie statt den Postings ihres Netzwerkes nur noch Werbung eingeblendet bekommen – und wenden sich davon ab.

3) Content-Shock wegen Information Overload

Wir Menschen nehmen viele Informationen im Internet auf. Sehr viele. Und täglich werden es mehr. Über die verschiedensten Quellen, Kanäle und Medien und mithilfe vielfältiger Endgeräte – Rechner, Laptops, Mobiltelefone, Smart Watches etc. Schließlich bietet uns das Internet Zugriff auf schier endlose Quellen. Die Verfügbarkeit von jeglicher Art von Informationen und Informationsformaten, von neuen Instrumenten und Tools, von manuellen wie automatisierten Messenger-Angeboten, die für individuelle Dialoge oder Dialoge in kleineren oder größeren, privaten wie halböffentlichen Gruppen bestimmt sind, sorgt dafür, dass der Umfang und die Vielfalt an Informationen kontinuierlich weitersteigen.

Angesichts dieser Fülle an Informationen, Formaten und Quellen überrascht es nicht, dass sich viele Menschen überfordert fühlen. Sie leiden unter dem teilweise selbst verursachten inneren Druck, nichts verpassen zu wollen – Stichwort FOMO[159]. Diese wachsende Informationsflut gerade in den sozialen Medien könne zu einem »Popcorn-Gehirn« führen, da wir Schwierigkeiten haben, uns über einen längeren Zeitraum auf eine einzige Aufgabe zu konzentrieren, so der klinische Psychologe Daniel Glazer gegenüber dem Newsmagazin *Metro*. «‹Popcorn brain refers to the tendency for our attention and focus to jump quickly from one thing to another, like popping corn kernels.«[160] Uns ginge die Fähigkeit immer stärker verloren, uns wirklich intensiv mit einzelnen Inhalten zu beschäftigen, ohne in der nächsten Zehntelsekunde schon wieder abgelenkt zu werden.

In dieser Thematik spiegelt sich gleichzeitig der schwierige Umgang vieler Menschen mit der Vielfalt an vorhandenen, angebotenen und zu verarbeitenden Informationen wider. Sie haben Probleme, daraus die für sie relevanten gezielt auszuwählen beziehungsweise andere bewusst auszusortieren.

In der Konsequenz fragen sie sich, wie sie die ständig wachsende Anzahl an Inhalten überhaupt noch wahrnehmen und inhaltlich verarbeiten können, und sprechen vom Information Overload und Content-Shock. Ihre gefühlte Überforderung hat wiederum die Folge, dass sie Inhalte aus Zeitgründen immer oberflächlicher, flüchtiger, weniger intensiv wahrnehmen. Zudem beurteilen sie immer radikaler Inhalte nach ihrem wirklichen Mehrwert, nach dem individuellen Zuschnitt auf ihre aktuellen Bedürfnisse. Viele ziehen sich daher aus der Öffentlichkeit derjenigen Plattformen zurück, die nicht mehr in ihre selektive Wahrnehmung von Inhalten passen, und verbringen ihre begrenzte Zeit lieber mit ihren engsten Kreisen meist in den privaten Kanälen.

4) Polarisierende Netzwerke und fehlende Diskussionskultur

Politik, Propaganda, Polarisierung: Die eigentlich schöne Idee von Social Media hatte von Anfang an ihre negativen Seiten. So war auch die ganz frühe Social-Media-Welt weit davon entfernt, eine heile Welt zu sein. Nicht nur auf Facebook hatte sich früh eine Diskussionskultur »etabliert«, die man nicht als Kultur bezeichnen konnte und die sich über die Jahre weiter verschlechterte. Der ursprüngliche Optimismus, den wir den sozialen Netzwerken vor über 15 Jahren entgegengebracht haben, ist auch in dieser Frage längst verflogen.

Gerade die Struktur der sozialen Medien hat die Polarisierung zusätzlich gefördert. Von Anfang an waren es nicht nur die guten und positiven Nachrichten, die sich optimal verbreiteten. Über das Follower- und Multiplikatoren-Prinzip konnten sich natürlich ebenso negative Nachrichten und wirkliche Fake News schnell verbreiten. Problematische Inhalte ließen sich genauso leicht teilen und verbreiten wie positive Nachrichten. Die fast garantierte Verbreitung innerhalb der vernetzten Netzwerke trug dazu bei, dass sich gerade zweifelhafte Personen schnell ein Netz-

159 FOMO steht für »Fear of Missing Out« und bezieht sich auf das Gefühl, dass man etwas verpasst, wenn man nicht ständig online ist. Dieses Gefühl wird oft durch die Verwendung von Social Media verstärkt.

160 https://bit.ly/dr_metro_popcornbrain

werk an Personen aufbauen konnten, die für eine Verbreitung von falschen Behauptungen, von Halbwahrheiten oder gar von kruden Nachrichten sorgen würden. In Kombination mit den Mechanismen der Plattformen, Beiträgen mit stärkerer Interaktion eine höhere Sichtbarkeit zu geben und zu priorisieren, sahen sich immer mehr Menschen mit Hasskommentaren und Falschinformationen konfrontiert.

Kritik an asozialen Medien

Die heftigen Diskussionen rund um das Thema Corona und Impfungen, um die Aufnahme von Geflüchteten, um die Unterstützung von Kriegen, um die Aktionen der letzten Generation, um Verbot- und Erlaubnis-Kulturen – all dies hat zu einer Radikalisierung in den Kommentaren beigetragen. Die bewusste Verbreitung von Fake News, absichtlicher Hatespeech, die Ausgrenzung in vielen Gruppen und überhitzte Diskurse waren Symbole für eine fehlende Diskussionskultur. Schon früh kochte immer wieder der Begriff von den »asozialen Medien« hoch. Für viele Nutzer blieben diese Aspekte jedoch eher Randerscheinungen, zumindest solange sie nicht persönlich betroffen waren.

Diese Auswüchse haben viel mit unserem eigenen Verhalten in konträren Diskussionen zu tun. Selbst auf Business-Netzwerken wie LinkedIn scheinen nur diejenigen Meinungsfreiheit zu befürworten, die derselben Meinung sind. Auch dort kennen wir nur noch schwarz oder weiß, gut oder böse, dafür oder dagegen. Grautöne? Fehlanzeige.[161] Immer stärker scheinen wir ausschließlich in Kategorien zu denken: gut – schlecht, nett – böse, schwarz – weiß, Lover – Hater, Unterstützer – Gegnerin. Einfach gesagt: Bist du nicht für uns, dann bist du gegen uns. Stimmst du mir nicht zu, gehörst du zu den anderen. Bist du nicht meiner Meinung, liegst du falsch. Sprache und Wörter können die Gesellschaft massiv spalten. Davon profitiert niemand. Stattdessen entfernen wir uns immer stärker voneinander. Freunde werden zu Gegnern, Kollegen werden sprachlos, die äußeren Ränder weiter gestärkt.

Die Folgen sind schon heute sichtbar: Auf der einen Seite haben viele krude Diskussionen auf den Social-Media-Plattformen die Fragmentierung der Gemeinschaften verstärkt; auf der anderen Seite hat die fehlende oder zerrüttete Diskussionskultur viele Menschen die Plattformen und Netzwerke verlassen lassen, weil dort die Hater und die Lautesten dominierten. Dies betraf ganz besonders Facebook. Eine weitere Konsequenz: Aus Sorge um die Privatsphäre stellen vor allem jüngere Menschen ihre Social-Media-Profile zunehmend auf privat. Laut des *GWI Social Media Trends Reports* des britischen Marktforschungsunternehmen GWI überlegen in Deutschland bereits 42 Prozent der befragten Menschen, ihren Account auf privat zu stellen[162] – und damit natürlich den Einfluss der Plattformen und den Zugang von Marken deutlich einzuschränken und zu erschweren.

161 Zum Zustand unserer Diskussionskultur und zu den negativen Auswirkungen einer Schwarz-Weiß-Denke hat der Autor im Herbst 2023 in seinem Blog ein längeres Gedankenspiel geschrieben. Sein Beitrag mit dem Titel *Gesucht: 50 Shades of Grey* ist ein Plädoyer für weniger Schwarz und Weiß und stattdessen eine Liebeserklärung an die Farbe Grau und ihre notwendigen vielfältigen Nuancen in unseren Diskussionen; https://dominikruisinger.com/gesucht-50-shades-of-grey/

162 Zitiert aus: https://bit.ly/dr_businessofapps_declines.

5) (Un-)Leben in Blasen

Das Problem sowohl hinter dem Follower-Prinzip als auch noch stärker hinter dem Interest Graph: Von Anfang an bestand die Gefahr von Echokammern, von einem Gruppendenken, von geschlossenen Clustern, von wachsenden Filterblasen. Menschen erhielten auf den Social-Media-Plattformen nur Informationen, die ihre bestehenden Überzeugungen und Meinungen bestätigten. Da die Inhalte in erster Linie von Personen verbreitet wurden, die miteinander in Verbindung standen, bestand so ein »*huge potential for echo chambers of groupthink on social media*«,[163] beschrieb Michael Mignano diese Gefahr. »*Diversity of thought is, by design, at a disadvantage in social networks.*« Diversität, Vielfalt also im Nachteil in den sozialen Netzwerken? Kein Wunder, dass man früh von einem Leben in Blasen sprach.[164]

Diese fehlende Vielfalt pushten die Algorithmen und ihre Empfehlungen noch weiter. Sie spielten vor allem die Inhalte von den Accounts in die Feeds der Menschen, mit denen sie in der Vergangenheit am stärksten involviert waren und interagiert hatten. Sie empfahlen nur die Inhalte, die sich möglichst nah am bisherigen Content-Konsum des Nutzers orientierten. Für alternative Sichtweisen, unterschiedliche Perspektiven oder gar gegensätzliche, kontroverse Ansichten war in solch stark personalisierten Filter-Bubbles, in einer solch homogenen Welt, natürlich kein Platz.

Beispielsweise blenden TikTok und Meta Themen, die die Konzerne nicht gutheißen oder die auch nicht in ihr Umfeld oder zu ihrer Denke passen, ganz bewusst aus. So war es, wie erwähnt, bei Threads zeitweise nicht möglich, bei einer Suche nach dem Begriff »Covid« alternative Ergebnisse zur Seite der Bundesregierung für Gesundheit zu erhalten. Schon dieses Beispiel beweist einerseits die Macht der Plattformen und der Algorithmen; andererseits hat diese ausgeübte Macht wiederum zur Folge, dass sich heute Teile der Bevölkerung in »sozialen Blasen« ohne Berührungspunkte zu anderen Blasen bewegen.

Dieses Leben in Echokammern fiel in den letzten Jahren immer mehr Menschen negativ auf. Und immer weniger fühlten sich selbst damit und darin wohl. In der Konsequenz sahen sie sich nach Alternativen um, die sie zumeist in den privaten Kanälen oder aber offline fanden.

6) Psychischer Druck

Soziale Medien sind so konzipiert, dass sie uns möglichst lange an sich binden. Dies wird dadurch unterstützt, dass wir bei TikTok, Instagram&Co. endlos weiterscrollen und uns über etwaige Reaktionen auf unsere eigenen Beiträge sofort benachrichtigen lassen können. Dies übt vielfach wiederum einen großen psychischen Druck gerade auf jüngere Menschen aus, die sich nicht mehr von den Social-Media-Kanälen lösen können.

---

163 https://mignano.medium.com/the-end-of-social-media-a88ffed21f86

164 Ausführlich hat sich der Autor in einem Blog-Beitrag mit dem (Un-)Leben in Blasen auseinandergesetzt: https://dominikruisinger.com/linkedin-oder-das-un-leben-in-blasen/.

Kritisch ist vor allem die Funktion der sogenannten »Empfehlungen« zu sehen – gerade bei Themen wie Magersucht, Essstörungen, Depressionen oder psychischer Gesundheit. Wenn ich mir beispielsweise bei TikTok mehrere Beiträge zu meiner Suche »Was mache ich bei Depressionen« angesehen habe, werden mir weitere dazu passende Beiträge eingeblendet. Auch wenn die Netzwerke bereits viele Begriffe blockiert haben beziehungsweise mit Hilfsangeboten wie »Können wir dir helfen« versehen haben, könnten sich solche Krankheiten dadurch vertiefen. Vor diesem Hintergrund haben aktuell 30 US-Staaten gegen Meta Klage einreicht, um einen besseren Jugendschutz zu erreichen. Ihrer Meinung nach können Apps wie Instagram&Co. die psychische Gesundheit von Kindern und Jugendlichen ruinieren und sie abhängig machen.[165]

Mediensucht hat sich verdoppelt

Apropos Sucht: Interessante Ergebnisse lieferte die Studie der DAK-Gesundheit und des Universitätsklinikums Hamburg-Eppendorf. Gemeinsam hatten sie die digitale Mediennutzung von Kindern, Jugendlichen und deren Eltern in bundesweit 1.200 Familien seit 2019 untersucht. Danach habe sich während der Pandemie die Zahl der spiel- und Social-Media-süchtigen Kindern und Jugendlichen verdoppelt. So heißt es in der Studie:

> *»Rund 2,2 Millionen Kinder und Jugendliche nutzen Gaming, Social Media oder Streaming problematisch, das heißt sie sind von einer Sucht gefährdet oder bereits betroffen. Im Bereich Social Media verdoppelte sich die Mediensucht von 3,2 auf 6,7 Prozent mit rund 350.000 Betroffenen. Laut Studie zeigen rund 1,8 Millionen Kinder und Jugendliche eine problematische Nutzung bei Computerspielen und oder sozialen Medien.«*[166]

Diese Aussagen sind ein Beispiel für immer mehr Studien, die die Auswirkungen von Social Media auf junge Menschen als besorgniserregend bezeichnen. Dazu zählt ebenso die kritische Studie »Safer Scrolling«[167] der University College London und der University of Kent. Darin äußerten die Studienmacher große Bedenken hinsichtlich des Wohlbefindens junger Menschen und die Nutzung sozialer Medien. Algorithmische Prozesse auf TikTok und anderen Social-Media-Seiten würden speziell auf die Schwachstellen der Menschen abzielen. Danach verstärken die Algorithmen bei Jugendlichen frauenfeindliche Inhalte, in dem die Algorithmen immer extremere Inhalte anzeigten. Zudem würden Schönheitsideale im Internet Jugendliche immer stärker unter Druck setzen sowie digitalen Stress, Einsamkeit und Depressionen auslösen, gerade wenn solche Inhalte besonders unterhaltsam präsentiert werden würden. So heißt es in einer der Kernaussagen:

> *»Harmful content is gamified and presented as entertainment through the algorithmic processes of social media platforms. which can amplify negative materials to young people and vulnerable groups.«*

165 Einen guten Beitrag zum Titel *Gefährliches Instagram? – Was machen Social Media Apps mit uns?* Ist beim Wissenspodcast *Quarks Daily* auf WDR nachzuhören: https://bit.ly/dr_wdr_instagram.
166 https://bit.ly/dr_dak_studie_mediensucht
167 https://bit.ly/dr_ucl_studie_saferscrolling

Jedoch muss auch gesagt werden, dass die Zusammenhänge zwischen der Nutzung sozialer Netzwerke und psychischen Krankheiten, das heißt, welche Auswirkungen die Nutzung sozialer Medien auf die Psyche der Menschen hat, bis heute wissenschaftlich widersprüchlich beurteilt werden. Bis heute ist beispielsweise nicht eindeutig nachzuweisen, dass sich digitale Medien und eine längere Bildschirmzeit negativ auf das Denken und Handeln gerade von jüngeren Menschen auswirken.[168] Trotzdem könnte dies eine weitere Erklärung dafür sein, warum sich gerade auch immer mehr jüngere Menschen in den nächsten Jahren aus den sozialen Netzwerken zurückziehen wollen, wie noch in Kapitel 4.2.2 zu lesen sein wird.

7) Bedenken in Bezug auf Datenschutz

Vertrauen in den sorgfältigen und sicheren Umgang mit den eigenen Daten zählt zu den Grundvoraussetzungen für die Nutzung sozialer Medien. So ist häufig zu lesen, dass aus Sorge um Datenschutzverletzungen und den Schutz der eigenen Online-Privatsphäre viele Menschen ihre Nutzung sozialer Medien eingeschränkt oder die Plattformen sogar verlassen hätten. Dieses Argument ist vorsichtig zu betrachten. Wenn dies wirklich wahr wäre, müsste angesichts der vielen Datenskandale gerade bei WhatsApp die Zahl der Nutzer deutlich gesunken sein. Stattdessen ist sie weiterhin auf einem Höchststand. Auch die Datenlecks bei Meta und damit WhatsApp wie zum Beispiel im Jahre 2022[169] haben nicht dazu geführt, dass viele Menschen sich von dem Messenger getrennt haben beziehungsweise auf andere sichere Messenger wie Signal oder Threema umsteigen.

Immer weiter verschärfte Kritik

Die Kritik an den sozialen Medien hat sich in den letzten Jahren weiter verschärft, die Besorgnis über mögliche negative Auswirkungen ist weiter gestiegen. Die Diskussionen um Fake News im Zusammenhang mit politischen Geschehnissen wurden immer konträrer, Facebook-Diskurse dazu immer überhitzter, Positionen immer radikaler und der Aufschrei bei Fehlverhalten immer lauter. Livestreams von Anschlägen sorgten für Entsetzen, und Verschwörungstheorien verbreiteten sich unter dem Deckmantel von »Free Speech« schnell und ungehemmt.

Während ungeduldige Vertriebler auf LinkedIn immer unverschämter spammten und Selbstdarsteller sich in ihre eigenen Postings verliebten, wurden auch die Praktiken der künstlichen Influencer-Economy deutlich kritischer gesehen. Dazu lieferte X eigenproduzierte Negativschlagzeilen, weil ein egozentrischer Milliardär eine früher wichtige Medienplattform als seine persönliche Spielwiese missverstand. Hinzu kam ein boomender KI-Markt, der die Unterscheidung deutlich erschwerte, was jetzt wirklich echt und was es nicht war.

---

168 https://de.wikipedia.org/wiki/Auswirkungen_der_Nutzung_digitaler_Medien_auf_die_psychische_Gesundheit

169 Hilfreiche Informationen zu den Auswirkungen des WhatsApp-Datenlecks 2022 finden sich in diesem Beitrag: https://www.datenschutz.org/whatsapp-datenleck/.

Wollten die sozialen Medien ursprünglich die Menschen und die Gesellschaft näher zusammenbringen, scheint aktuell durch die Ausrichtung und Nutzung der Plattformen genau das Gegenteil zu passieren. So heißt es passend bei *Wired*:

> »*If the early promise of social media was to bring society closer to a virtual ideal, the most recent shift in how platforms are used has lost the plot.*«[170]

Die fortlaufende Kritik an den sozialen Medien spiegelt sich auch in einer Kampagne von Snapchat[171] wider. Darin heißt es:

> »*The promise of social media started out great. It was a place where we could connect with people and share bits of our lives. A place where we could be a part of something bigger than ourselves – where we could feel supported and loved. But somewhere in the adolescence of social media, things began to feel off. Friends became people who felt more like strangers. Moments became more curated.*«

Natürlich kann sich auch Snapchat nicht von der vielfältigen Kritik lossagen, gerade junge Menschen in ihrer Entwicklung zu schaden, wie gerade aktuell vor Gericht in den USA diskutiert wird. Doch zeigt es auch, dass sich viele Plattformen immer stärker mit dieser Frage auseinandersetzen, sie hinterfragen und sich teilweise – wie auch TikTok – klar davon abgrenzen.

Privates Abendessen statt öffentlicher Einkauf

Toxisch, algorithmisch, KI-geprägt oder psychisch belastend: Unabhängig von der Ursache haben die Menschen den Rückwärtsgang eingeschaltet. Sie ziehen sich aus den öffentlichen Kanälen zurück, die echte soziale Beziehungen nicht mehr ermöglichen. Auch das öffentliche Teilen von Beiträgen scheint den Reiz verloren zu haben. Immer weniger interessieren sich dafür, wie weit sich ihre Inhalte verbreiten – außer sie sind ein professioneller Nutzer, ein Influencer oder ein Werbetreibender.

Stattdessen tauschen sie sich in ihren ganz privaten, geschlossenen, vor Werbung und Marken geschützten Rückzugsorten mit Freunden, Familienmitgliedern und Netzwerkpartnern aus, wie der Journalist Shubham Agarwal im *Business Insider* berichtet:

> »*These havens are free from the round-the-clock avalanche of meticulously curated content, ads, and brand campaigns.*«[172] Und weiter: »*Instead of the stilted experience of hanging out in a shopping mall, group chats feel more like an intimate dinner at a friend's house.*« Also privates Abendessen statt öffentliche Einkaufserlebnisse?

170 https://www.wired.com/story/first-gen-social-media-users-have-nowhere-to-go/
171 https://www.moresnapchat.com/
172 https://bit.ly/dr_businessinsider_splintering

Die Flucht der Nutzer

Als Reaktion suchten die Organisationen nach neuen Ansätzen, angesichts teils drastisch eingebrochener organischer Reichweiten und verlorener Sichtbarkeit bei ihren Zielgruppen. Das Rezept vieler: noch mehr Content und noch mehr Ads. Nur die Erfolge blieben aus. Denn wie lautete schon die Warnung auf dem Content Strategy Camp 2023[173] in Darmstadt? *»Wir verfolgen den Nutzer, bis er die Flucht ergreift.«* Und das passierte genau jetzt.

Und nun? Viele hätten Bedenken, dass Elon Musk Twitter zerstören würde. Nur sollten wir uns darüber keine Sorgen machen, da Social Media und Social Networking eh bereits tot seien, heißt es deshalb als Konsequenz bei *Vice*.

> *»That is, the platforms that came to define ›social media‹ as we came to know it over the last decade-and-change – Facebook, Instagram, and Twitter, to be sure, but also Tumblr and even earlier progenitors like MySpace – are largely being left in the dust and out-competed, replaced by other platforms and their own models of online interaction.«*[174]

Werden die bisherigen »alten« sozialen Medien wie Facebook, Instagram & Co. wirklich im Staub zurückgelassen und bald durch andere Plattformen und deren eigenen Modelle der Online-Interaktion ersetzt, wie es in diesem Beitrag heißt? Sind wir wirklich schon soweit? Werfen wir dazu einen Blick auf konkrete Zahlen.

4.2.2 Was Zahlen aussagen können

Wie viele Menschen in Deutschland sind im Internet und in den sozialen Medien aktiv? Lässt sich belegen, wie viele davon die Plattformen verlassen haben oder nach eigener Ansicht noch verlassen werden? Werfen wir einen Blick auf die Internet-Nutzung sowie die Social-Media-Affinität der Deutschen und wagen schließlich einen Blick über den Tellerrand, um aus anderen Ländern Schlussfolgerungen für die weiteren Entwicklungen bei uns ziehen zu können.

1) Internet-Nutzung: Gespaltenes Land

In Deutschland bleibt die digitale Gesellschaft weiterhin gespalten.[175] Zwar ist die Mehrheit der Menschen im Internet angekommen, jedoch mit deutlichen Unterschieden. Während sich über 80 Prozent zur digitalen Mitte beziehungsweise zu den digitalen Profis zählen und sich in der digitalen Welt zu Hause fühlen, bleiben rund 15 Prozent ausgeschlossen. Gerade ältere Frauen, Menschen mit geringer Bildung und geringem Einkommen sowie Arbeitslose stehen im Abseits

173 Hochschule Darmstadt, Cosca2023, Session »Viel hilft nicht viel« von Peter Diekmann, 6./7. Oktober 2023.
174 https://www.vice.com/en/article/pkgv79/social-media-is-dead
175 Regelmäßige Analysen aktueller Studien – zum Nutzerverhalten im Internet beziehungsweise im Social Web, zum Stand der Digitalisierung, zu aktuellen Trends bei der digitalen Kommunikation – finden sich im Blog des Autors: https://dominikruisinger.com/blog-gedankenspiele/.

und sind damit über digitale und soziale Medien nicht erreichbar. Auch das Interesse an der eigenen Fortbildung ist gering, um die Basiskompetenzen zu verbessern.

Dies belegt der *D21-Digital-Index* 2023/2024 der *Initiative D21*[176], eine der zentralen Studien in Deutschland rund um Digitalisierung und die Wahrnehmung digitaler Inhalte. Diese Studie zeichnet jährlich ein Lagebild davon, wie unsere Gesellschaft zu den Herausforderungen des digitalen Wandels steht beziehungsweise wie sich der Digitalisierungsgrad der deutschen Gesellschaft entwickelt.

Begrenzte Nutzung

Dieses gespaltene Bild bei Internet- sowie auch bei der Social-Media-Nutzung belegt eine weitere Studie. Laut ARD/ZDF-Onlinestudie[177] sind 80 Prozent der erwachsenen Bevölkerung ab 14 Jahren täglich im Netz unterwegs (s. Abbildung 18) und damit überhaupt erreichbar. Diese Zahl ist im Vergleich zum Vorjahr rückläufig und im internationalen Vergleich niedrig. Die deutsche Zurückhaltung spiegelt sich ebenfalls in der Verweildauer wider. Im Vergleich zu den Vorjahren ist sie sogar leicht auf täglich rund 200 Minuten zurückgegangen. Auch diese Studie zählt zu den Pflichtlektüren, die jeder Kommunikations- und Marketingexperte kennen sollte, um genaue Einblicke in das Medienverhalten der Deutschen im Netz zu erhalten.

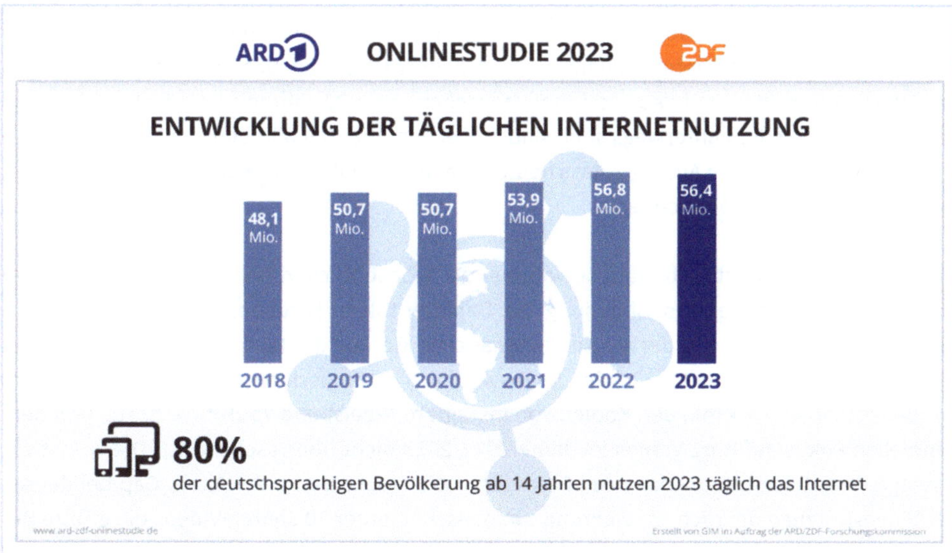

Abbildung 18: Die Internet-Nutzung in Deutschland; Quelle: ARD/ZDF-Onlinestudie 2023

Auffällig ist die große Diskrepanz zwischen den Generationen. Während Jüngere im Schnitt mehr als vier Stunden pro Tag im Web mit medialen Inhalten verbringen, sind es bei Menschen

176 https://initiatived21.de/publikationen/d21-digital-index
177 https://ard-zdf-onlinestudie.de/

ab 70 Jahren gerade mal eine gute halbe Stunde. Ein Viertel in dieser Altersstufe nutzt das Internet sogar überhaupt nicht – und ist damit für digitale Maßnahmen nicht erreichbar. Auch die Aussage der Studie – »Die Zahl der Offliner sinkt nur langsam« – verdeutlicht, warum eine Fokussierung rein auf Social-Media-Maßnahmen gerade bei älteren Zielgruppen nicht zum Erfolg führen kann, sondern eine integrierte Kommunikationsstrategie (s. Kapitel 5.1) benötigt.

Dies zeigt: Trotz positiver Entwicklungen ist es bis heute nicht gelungen, die digitale Spaltung in der Gesellschaft zu schließen und damit auch ältere Menschen an die sozialen Medien heranzuführen. Weiterhin laufen Ältere, weniger Gebildete und an Weiterbildung wenig Interessierte Gefahr, im digitalen Abseits zu verbleiben.

2) Social-Media-Nutzung: Sättigung und Rückgang

Blicken wir jetzt auf die Zahlen im Bereich Social Media: Laut ARD/ZDF-Onlinestudie nutzt gut jeder Dritte (35 Prozent) die Social-Media-Plattformen an einem gewöhnlichen Tag, gut die Hälfte (52 Prozent) der deutschen Bevölkerung in einer normalen Woche. Eine große Diskrepanz wird bei der Verweildauer deutlich: Während die unter 30-Jährigen 69 Minuten täglich in den sozialen Medien aktiv sind, beträgt die Durchschnittszeit aller Deutschen gerade einmal 31 Minuten.

Noch ein weiterer – nicht überraschender – Gap: Social Media haben für Menschen unter 30 Jahren einen deutlich höheren Stellenwert als für ältere Personen. Das zeigt sich in den Zahlen pro Altersgruppe: Während neun von zehn Menschen unter 30 Jahren zumindest wöchentlich in den sozialen Medien unterwegs sind, sind es bei den über 50-Jährigen weniger als ein Drittel. Die häufig zu lesende Aussage, dass heute jeder die Social-Media-Kanäle nutzen würde, ist demnach als falsch zu bezeichnen.

Bei den Plattformen ist Instagram sowohl bei der wöchentlichen als auch bei der täglichen Nutzung die Nummer eins (s. Abbildung 19). Dahinter folgen Facebook, die Video-Entertainment-Plattform TikTok und der Messenger Snapchat. Gerade der Konsum von Videos auf den Social-Media-Plattformen hat sich im Jahresvergleich dynamisch entwickelt, was angesichts der Beliebtheit von TikTok, den Kopien von Instagram (Reels) und YouTube (Shorts) und dem generellen Fokus auf Kurz-Videos im Jahre 2022/2023 nicht überraschend ist. Dies passt zur Aussage, dass Social Media das neue Fernsehen seien, auch wenn der Alters-Gap bei der Art der Video-Nutzung deutlich ist: Während für Menschen unter 30 Jahren Videos die größte Bedeutung haben, ist für die anderen Altersgruppen der Feed bedeutsamer.

Abbildung 19: Die Social-Media-Nutzung in Deutschland; Quelle: ARD/ZDF-Onlinestudie 2023

Eine etwas veränderte Reihenfolge – YouTube vor Facebook und Instagram – zeigt sich, wenn man bei Google Trends die bevorzugten Plattformen vergleicht. Dabei geben die Werte das Suchinteresse aus Deutschland relativ zum höchsten Punkt im Diagramm im jeweils festgelegten Zeitraum an. Der schrittweise und parallel verlaufende Rückgang bei den Suchanfragen über die vergangenen Jahre lässt sich mit der Bekanntheit der Plattformen erklären. Das fallende Suchvolumen zeigt aber gleichzeitig, dass immer weniger neue Menschen nach den Plattformen googeln und damit als neue Nutzer infrage kommen.

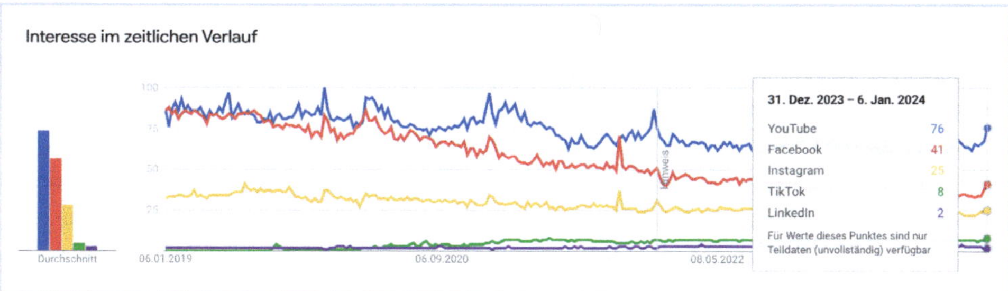

Abbildung 20: Das Interesse an fünf ausgewählten Plattformen im zeitlichen Verlauf; Quelle: Google Trends

Die Plattformen der digitalen Eliten

Nur eine Handvoll Plattformen haben es in den letzten Jahren tief ins Bewusstsein der Deutschen geschafft, sodass sie nicht nur gekannt, sondern von der Mehrheit regelmäßig genutzt werden. Dazu zählen neben Facebook, Instagram, YouTube, TikTok und YouTube auch Snapchat, Twitch und Discord bei jüngeren Menschen. WhatsApp thront als Marktführer für die One-to-one- und One-to-many-Kommunikation über allen.

Andere Instrumente wie X, Reddit, BeReal, Mastodon, Bluesky oder Threads bleiben dagegen weitgehend den digitalen Eliten und Entdeckern, den Kommunikations- und Marketing-Profis vorenthalten. In die deutsche breite Öffentlichkeit haben sie es bis heute nicht geschafft. Dies zeigt sich bei der täglichen Nutzung der Kanäle: Nur Instagram (25 Prozent), Facebook (20 Prozent), TikTok (10 Prozent) und Snapchat (9 Prozent) werden von einem Teil der Bevölkerung täglich genutzt. Die anderen spielen von den Zahlen her keine Rolle.

Rückgang bei Nutzung und Verweildauer

Während die ARD/ZDF-Onlinestudie zumindest ein ganz zartes Wachstum bei einigen Social-Media-Kanälen ausweisen kann, gehen in anderen Studien wie dem *Trend Check Handel* des *ECC Köln*[178] die Nutzung sowie die Verweildauer leicht zurück. Hier sprachen sich zudem zwei Drittel der Befragten dagegen aus, dass sich Social Media weiter zu einer Shoppingplattform entwickeln – eine Entwicklung, die bei TikTok und Instagram voll im Gang ist. Dies lässt sich so interpretieren, dass sich die Menschen eher eine Rückkehr zum ursprünglichen Social-Media-Gedanken wünschen.

Eine rückläufige Nutzung von sozialen Netzwerken und von Social-Media-Anwendungen weist ebenfalls der internationale Report *Digital 2023*[179] von *Kepios* in Kooperation mit *We Are Social* und *Meltwater* von Oktober 2023 für Deutschland aus. Danach ist die Zahl der hiesigen Social-Media-Nutzer im Jahre 2023 um zwei Prozent gesunken. Zudem weist der Report eine im internationalen Vergleich geringe durchschnittliche tägliche Nutzungsdauer sozialer Netzwerke von rund 100 Minuten sowie nur eine geringe Vielfalt bei den genutzten Plattformen aus – ein Ergebnis, das sich mit den oben erwähnten Zahlen deckt. Diese Tendenz hat auch der Report *Digital 2024* bestätigt, laut dem die Zahl der Social-Media-Nutzer in Deutschland um 4,4 Prozent zwischen Anfang 2023 und Anfang 2024 gefallen ist.[180]

Leichter Rückgang

Die Ergebnisse der Studien machen deutlich, dass Social Media in Deutschland zwar noch einen bedeutenden Platz in der digitalen Welt einnehmen. Sowohl bei Internet- als auch bei Social-Media-Nutzung lässt sich jedoch von einer Konsolidierung sprechen, wenn nicht sogar von den ersten Anzeichen eines Rückgangs. Der Höhepunkt der Nutzung ist auf jeden Fall erreicht und teilweise (Facebook, X) bereits deutlich überschritten. Allein diese Beobachtung verdeutlicht, wie wichtig es ist, über angepasste Strategien nachzudenken (s. Kapitel 5) und Social Media nicht als One-fits-all-Lösung zu verstehen.

178 https://www.ifhkoeln.de/ecc-koeln/
179 https://datareportal.com/reports/digital-2023-october-global-statshot
180 https://datareportal.com/reports/digital-2024-germany

3) Social-Media-Nutzung international: Fallende Verweildauer

Auf internationaler Ebene geht das Wachstum im Bereich Social Media zurück; dies gilt ebenso für das Engagement in verschiedenen Branchen auf den Plattformen wie Instagram, Facebook und TikTok. So heißt es im *Global Digital Report 2023* von *Meltwater*:

> *»Es gibt inzwischen 4,76 Milliarden Social Media NutzerInnen auf der Welt, was knapp 60 Prozent der gesamten Weltbevölkerung entspricht. Das Wachstum der Social Media NutzerInnen hat sich in den letzten Monaten jedoch verlangsamt. (...) Die weltweite Wachstumszahl in unseren Digital 2023 Reports ist die niedrigste, die wir je verzeichnet haben.«*[181]

Doch nicht nur das Wachstum verlangsamt sich. In vielen Ländern ist auch der Social-Media-Konsum in den letzten Jahren rückläufig. Dies betrifft sowohl die Verweildauer auf den Plattformen als auch das Engagement als zwei wichtige Leistungsindikatoren.

Wer sich beispielsweise mit dem *GWI Social Media Trends Report*[182] des britischen Marktforschungsunternehmens GWI näher befasst, stößt auf interessante Ergebnisse. Dieser hat die Gewohnheiten von mehr als 970.000 Konsumenten weltweit untersucht. Ihm zufolge hat die Zeit, die wir auf Social-Media-Plattformen verbringen, in 36 der 48 beobachteten Märkte seit 2022 abgenommen und ist sogar unter den Stand von 2019 gefallen. Ausnahme sind übrigens die USA. Große Fluktuationen verzeichnen gerade Regionen wie der Mittlere Osten und Afrika, aber ebenso Großbritannien. Dort ist der Social-Media-Konsum 2023 im Vergleich zum Vorjahr deutlich zurückgegangen – quer durch alle Generationen.

Generation Z will mehr offline aktiv sein

Diese Aussage gilt nach zehn Jahren auch erstmals für die Generation Z. So heißt es in dem GWI-Report:

> *»Gen Z in the UK's daily social media usage drops to lowest level since 2014.«*[183]

Zum Teil ist dies darauf zurückzuführen, dass sich die Social-Media-Nutzung mit Homeoffice und Homeschooling nach Ende der akuten Corona-Pandemie normalisiert hat. Gleichzeitig stellt der Report fest, dass sich gerade die Generation Z, die mit durchschnittlich fast drei Stunden täglicher Nutzungszeit deutlich über den anderen Altersstufen liegt, stufenweise aus den sozialen Medien zurückzieht. 30 Prozent der Generation Z äußerten Bedenken bezüglich ihrer eigenen Nutzung sozialer Medien und wollten ihre Online-Zeit begrenzen, wie es im Report heißt:

> *»Gen Z is starting to consider reducing their time spent online and shifting their focus to offline activities.«*[184]

181 https://www.meltwater.com/de/blog/digital-report
182 Siehe https://www.gwi.com/reports/social; zitiert aus: https://bit.ly/dr_businessofapps_declines.
183 Vgl. https://www.gwi.com/press-releases/time-spent-online.
184 https://www.gwi.com/reports/social; zitiert aus: https://bit.ly/dr_businessofapps_declines

Auch habe der Anteil derjenigen deutlich zugenommen, die Aussagen tätigen wie *»I try to limit my time on social media«* oder auch *»I'm using social media less than I used to«*, die es also bereits getan haben. Die einzige Ausnahme in Großbritannien betrifft die Nutzung von TikTok. Während die Social-Media-Nutzung ansonsten gefallen ist, blieb die Popularität des Entertainment-Portals weiter hoch:

> *»While WhatsApp has retained its position as the world's most used social media platform, TikTok is climbing the ranks at a rate of knots, with the number of consumers citing it as their preferred platform doubling in the last two years.«*[185]

Dies lässt sich mit dem generellen Trend zu Kurz-Videos in den Jahren 2022 und 2023 sowie dem allgemeinen Trend weg vom aktiven Social Networking und hin zum passiven Entertainment glaubhaft erklären.

Gartner: Weiterer Rückgang bei Nutzung erwartet

Könnte die Nutzung in den nächsten Jahren weiter zurückgehen? Einer Umfrage des US-amerikanischen Marktforschungsunternehmens Gartner unter 263 Verbrauchern zwischen Juli und August 2023 zufolge sind 53 Prozent der Verbraucher der Meinung, dass sich der aktuelle Zustand der sozialen Medien im Vergleich zu den Vorjahren deutlich verschlechtert hat.[186] Als Konsequenz wollen sich viele der Befragten aus den sozialen Medien zurückziehen.

Allein 50 Prozent gaben an, bis 2025 ihre Nutzung erheblich einzuschränken oder ganz aufzugeben, so die Forscher, da die Qualität der Social-Media-Plattformen ihrer Einschätzung nach nachgelassen hätte. Schon heute würde ein erheblicher Teil der Befragten im Vergleich zu vor einigen Jahren weniger von ihrem eigenen Leben und ihren Inhalten berichten, worauf sich Unternehmen einstellen müssten. Dies deckt sich mit den Analysen, dass gerade die Bereitschaft, öffentlich eigene Beiträge zu publizieren oder zumindest zu kommentieren, deutlich nachgelassen hat.

Bedenken gegenüber KI

Bei der Frage nach den Gründen wurde die massenhafte Verbreitung von Fehlinformationen, toxische, Angst einflößende Nutzerbasen und der dominante Aufstieg von Bots erwähnt. Zudem sind die Bedenken und die Besorgnis groß, wie sich der Einsatz generativer KI auf die sozialen Medien auswirken könnte: Mehr als sieben von zehn Verbrauchern sind der Meinung, dass eine stärkere Integration von generativer KI in die sozialen Medien das Nutzererlebnis negativ beeinträchtigen wird.

Angesichts der geringen Anzahl an Befragten ist diese Prognose zwar nicht als repräsentativ einzuschätzen. Trotzdem ist sie ein weiteres Zeichen dafür, dass sich die Menschen immer

185 https://bit.ly/dr_pmw_socialmediadecline
186 https://bit.ly/dr_gartner_pressrelease

stärker von Social-Media-Kanälen entfernen – und dies weltweit. Zudem decken sich diese Aussagen sich mit Ergebnissen aus dem *Global Media Intelligence Report 2023*, den die GWI-Marktforscher im Oktober 2023 publiziert hatten. Auch darin war ein Rückgang der Zeit, die Menschen in den sozialen Medien weltweit online verbringen, festgestellt worden.

Plateau bei Social-Media-Nutzung erreicht

Hat die Social-Media-Nutzung nun ihr Plateau erreicht? Aus heutiger Sicht ist die Antwort klar zu bejahen. Andere sprechen von einer Dämmerung der Ära der sozialen Medien, die den Aufbau von Gemeinschaften und den persönlichen Austausch neu definiert hatten. Dieser Change betrifft besonders auch die Generationen X und Y, also Menschen, die die Ursprünge von Social Media größtenteils noch persönlich kennengelernt und erlebt haben. Bei diesen verbreitet sich immer stärker das Gefühl, dass die Party vorbei sei, schreibt Jason Parham für die *Wired* unter dem Titel *First-Gen Social Media Users Have Nowhere to Go*:

> *»This is how it goes now, in what is being christened the twilight of an era of social media that redefined community building and digital correspondence. For many first-gen social media users – millennials between the ages of 27 and 42 – there is a developing sentiment that the party is over.«*[187]

Denn während sich die sozialen Netzwerke vor allem auf die jüngeren Menschen stürzen – siehe TikTok, siehe der Meta-Change-Prozess –, haben viele ältere Menschen ihre Heimat verloren. Vor allem Facebook und das damalige Twitter, teilweise aber auch StudiVZ, XING, Stayfriends, Friendster, Google+ oder Tumblr waren die Orte, an denen sie privat wie beruflich ihre Gemeinschaften fanden, sich mit anderen austauschten, ihren kreativen Drang auslebten und Neues entdeckten. Die kollektive Erosion von X und Facebook markierte für sie einen Wendepunkt und den finalen Verlust ihrer digitalen Heimat. Gerade Twitter war für sie der zentrale Ort gewesen, um progressive Ideen zu artikulieren und Bewegungen wie #metoo und #blacklivesmatter zu entfachen und das Erscheinungsbild auch durch Memes und GIFs neu mitzugestalten. Nur noch LinkedIn ist ihnen bis heute geblieben. Doch auch dort dringen Algorithmen und KI immer stärker vor.

Viele Vertreter dieser Generationen suchen in den sozialen Medien nach dem Ursprungsanliegen, mit Freunden, Bekannten und Netzwerkpartnern aktiv in Kontakt zu bleiben, und finden in den Selbstinszenierungen und im passiven Entertaining Content auf TikTok und Instagram keine Antworten. Sie fühlen sich von Kurz-Videos, Storys und ähnlichen Formaten nicht angesprochen – und von der Social-Media-Party immer stärker ausgeschlossen. Und sie scheinen immer weniger daran interessiert zu sein, überall dabei zu sein – egal ob die Neuen jetzt BeReal, Mastodon, Bluesky oder Threads heißen.

187 https://www.wired.com/story/first-gen-social-media-users-have-nowhere-to-go/

Wie muss eine Strategie künftig aussehen?

Dies hat gravierende Konsequenzen für Kommunikations- und Marketingstrategien in Unternehmen und Institutionen. Denn wenn die ältere Generation auf keiner Plattform mehr eine digitale Heimat für sich findet, ist sie für Social-Media-Maßnahmen immer weniger erreichbar. Doch können es sich die Plattformen leisten, auf solch eine kaufkräftige Zielgruppe ganz zu verzichten? Und führt ihr Fokus auf die Jugend, auf die Generation Z und bald auch Alpha und auf deren bevorzugte Kanäle nicht zu einem kommerziell negativen Trugschluss?

Hinzu kommen die vielen Menschen, die Social Media nicht mehr in der Öffentlichkeit nutzen, sondern nur noch im »Dark Social« agieren; die sich nur noch in geschlossenen Gruppen auf Facebook und LinkedIn, in WhatsApp- und Telegram-Gruppen oder in Broadcast-Channels bewegen. Wie muss in Zeiten eines allmählichen Niedergangs der traditionellen Social-Media-Kommunikation darauf reagiert werden? Dieser Frage wird sich das Kapitel 5 noch ausführlich widmen.

4.3 Maschinen: Entertainment statt Networking

»In gewisser Weise erinnert das Betrachten eines Newsfeeds an das Fernsehen. (…) Aus der Interaktivität wird eine Interpassivität, die sich oft nicht wirklich gut anfühlt, weil wir sehen können, welche bereichernden Erfahrungen andere machen, während wir zuschauen.«[188]

Klaus Eck, Kommunikationsberater

In den letzten Jahren haben sich Social Media stark verändert. Die Macht der Algorithmen und die hohe Zahl von Empfehlungen sowie der wachsende Einfluss der KI haben dazu geführt, dass immer weniger der Mensch im Mittelpunkt steht und stattdessen vermehrt der Content. Aus einer Welt, in der sich einst die Menschen digital vernetzen sollten, ist folglich das Werkzeug einer immer anonymeren Massenkommunikation erwachsen – mit den Plattformen als Massenkanälen und den Menschen nicht mehr als Akteuren, sondern als Zielpersonen, denen bezahlte Beiträge möglichst genau eingeblendet werden sollen, damit sie möglichst lange dort verweilen.

Vom Social Networking zum reinen Content-Konsum

Die Social-Media-Plattformen wollten folglich nicht mehr das sein, was sie einmal waren. In dem Bestreben, das eigene unersättliche Verlangen nach – kommerziellem – Wachstum zu befriedigen, und gedrängt vom Erfolg des Aufsteigers TikTok haben sie sich von Orten, an denen Menschen zusammenkommen, in Unterhaltungskanäle verwandelt – also zu Plattformen, auf denen Entertainment und Konsum dominieren.

188 https://bit.ly/dr_linkedIn_klauseck_interaktivitaet

Plattformen wie TikTok, Instagram oder YouTube ähneln heute Fernsehkanälen mit rasend wechselnden Inhalten und einer optional angeschlossenen Interaktionsfunktion, die – wie bei heutigen Blogs bereits – nur in seltenen Fällen genutzt wird. Einfach formuliert:

> *»Ob Reels, TikToks oder YouTube Shorts – den Feed anschauen ist quasi das neue Fernsehen.«*[189]

Die Zeiten, in denen diese Medien »social« waren, sind damit vorbei. Immer weniger sind die verschiedenen Kanäle auf soziale Interaktionen, auf den Austausch zwischen Menschen oder Organisationen ausgerichtet, sondern haben sich schrittweise in Content-Consumer-Plattformen verwandelt. Zurecht lässt sich behaupten, dass Konsumieren das neue Interagieren ist, dass Verteilzentren die neuen Netzwerke sind: Sendestationen mit einem unendlichen Pool an Inhalten, die jedem sein maßgeschneidertes Programm zusammenstellen.[190]

Von Interaktivität zu Interpassivität

Ihn erinnere das Betrachten eines Newsfeeds an das Fernsehen, schreibt der Kommunikationsberater Klaus Eck. Er beobachte immer stärker einen Wandel von der früheren Interaktivität zu einer heutigen Interpassivität:

> *»Wir schauen uns an, was uns auf LinkedIn, Instagram, TikTok, Facebook, Pinterest, YouTube und BlueSky angeboten wird. Scrollen alles durch und wundern uns hinterher über die immense Zeit, die dabei vergeht. Je mehr Zeit wir verschwenden, desto seltener werden wir selbst aktiv und reagieren auf die Content-Angebote. Aus der Interaktivität wird eine Interpassivität, die sich oft nicht wirklich gut anfühlt, weil wir sehen können, welche bereichernden Erfahrungen andere machen, während wir zuschauen.«*[191]

Dabei gehe es nicht immer um wirkliche Neuigkeiten, die wir unbedingt wissen müssten oder sollten, schreibt Klaus Eck weiter. Wirklich wichtig seien diese News, dieser Content nicht oder nur sehr selten. Trotzdem hängen wir an den Kanälen fest, um nicht den Anschluss zu verlieren. *»Wir bleiben in der Aufmerksamkeitsfalle, aus der es scheinbar kein Entrinnen gibt«*, so der Berater weiter. *»Wie Dopamin-Süchtige ergeben wir in uns in unser Schicksal als digitale Tagträumer.«*

Plattformen ohne USP

Der Suchtvergleich verdeutlicht, welchen Sog die Entertainment-Kanäle ausüben und auch bewusst ausüben wollen, um uns möglichst lange auf den Kanälen zu halten – unabhängig davon, ob sie jetzt Facebook, Instagram, TikTok oder YouTube heißen. Doch wenn die Plattformen keinen eigenen Kern mehr haben, keinen wirklichen USP, der sie von anderen unterscheidet – ob über die Funktionen, die anvisierte Zielgruppe oder die generelle Ausrichtung –, warum soll ich

189 https://blog.socialhub.io/wie-sich-die-social-media-welt-gerade-veraendert/
190 Vgl. https://bit.ly/dr_nzz_endesocialmedia.
191 https://bit.ly/dr_linkedIn_klauseck_interaktivitaet

dann auf verschiedenen Plattformen meine Zeit verbringen? Diese Frage scheinen sich scheinbar immer mehr Menschen zu stellen, wie die Zahlen im letzten Unterkapitel gezeigt haben.

Die Social-Plattformen stecken folglich in einer handfesten Identitätskrise, spitzte der Kommunikationsstratege Daniel Rehn bereits Anfang 2023 die Situation bewusst zu:

> *»Alle wollen wie TikTok sein. Egal ob Instagram, Facebook oder YouTube, sie alle setzen auf 9:16-Video und pushen das sehr unterschiedlich. TikTok möchte im Gegenzug gar nicht mehr Hochkant-Video-only sein, sondern mehr können. Liveformate, Commerce, Messaging (…), und selbst bei LinkedIn merken wir, dass es sich von einer Jobbörse zur Content-Plattform entwickelt hat, die sich allerdings nun eher wie ein zum Instagram-Laufsteg mutierter Büroflur anfühlt.«*

Kaufen, kopieren, vernichten

Dies ist darauf zurückzuführen, dass die Innovationsfreude der bestehenden Plattformen in den letzten Jahren gering war. Und neue Player? Ein Blick zurück zeigt auf, dass es seit TikTok und mit Einschränkungen Threads keiner neuen Plattform mehr gelungen ist, auf dem Markt länger Fuß zu fassen. Junge Firmen mit guten Ideen und neuen Ansätzen wurden entweder von den großen Plattformen gekauft oder die Ideen kopiert und die Start-ups damit meistens vernichtet.

Aus Sicht der großen Plattformen war daher die Strategie eindeutig: Sobald neue thematische Nischenplattformen aufkamen, die eine neue Art von Erlebnis versprachen und für einen kurzen Moment die großen Social-Media-Player aufhorchen ließen, wurde sofort alles dafür getan, die gerade noch neuen Elemente zu kopieren. Dazu drei Beispiele:

1. **Snapchat**: 2011 kam der Messaging-Dienst Snapchat auf den Markt und begeisterte vor allem junge Menschen mit der Funktion, dass Storys nach 24 Stunden wieder verschwanden. Alle versandten Inhalte waren somit flüchtig, was als Ephemeral Media beziehungsweise Ephemeral Messaging bezeichnet wird. Nachdem Mark Zuckerberg mit der Idee gescheitert war, Snapchat zu kaufen, wurde die Funktion kurzerhand kopiert. Das heute bekannte Story-Format wurde schnell bei Instagram, später auch bei Facebook und WhatsApp ausgerollt, auch bei Twitter und LinkedIn zumindest getestet. Snapchat verlor seinen USP.
2. **Clubhouse**: 2020 startete mit Clubhouse eine App für Live-Audiogespräche. Sie lud die Menschen dazu ein, sich in virtuellen Räumen zu Gesprächen mit anderen zu treffen. Das Interesse und der Hype waren groß, das Audiostreaming neben Video plötzlich in aller Munde. Im Januar 2021 war die audiobasierte App zeitweise die meist-heruntergeladene iOS-Anwendung in Deutschland.[192] Doch schon zwei Monate später war der Hype wieder vorbei. Dies lässt sich gut bei Google Trends nachvollziehen (s. Abbildung 21). Der Grund: Insbesondere LinkedIn und das damalige Twitter hatten inzwischen diese Option in ihre Plattformen

192 https://de.wikipedia.org/wiki/Soziales_Netzwerk_(Internet)

integriert. Die App verlor innerhalb weniger Wochen massiv an Beliebtheit und fiel in die Bedeutungslosigkeit, die sie bis heute nicht mehr verlassen hat.

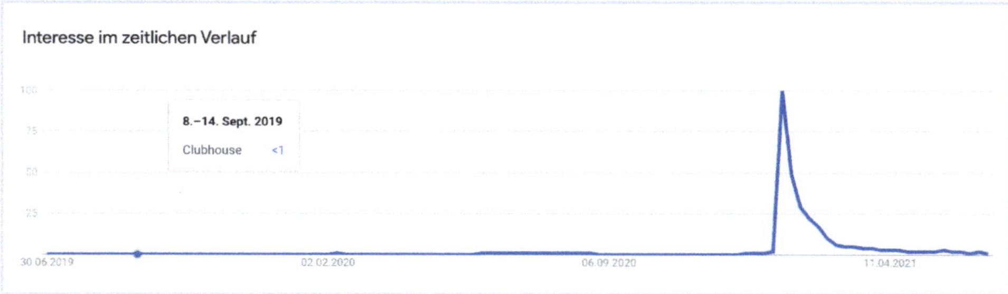

Abbildung 21: Der Auf- und Abstieg von Clubhouse via Google Trends im Zeitraum Mitte 2019 bis Mitte 2021

3. **BeReal:** Mitte 2022 verbreitete sich die französische App BeReal immer stärker auch in Deutschland. Sie versprach ein Erlebnis, bei dem die Menschen Inhalte spontan mit Freunden teilten und nicht wie viele Posts auf Instagram und TikTok geschönt wirken sollten. BeReals waren damit das klare Gegenmodell mit spontanen und unperfekten Schnappschüssen insbesondere zu den perfekt inszenierten Bildern auf Instagram. Dazu forderte die App die Nutzer zu einem überraschenden Zeitpunkt auf, jeweils ein Foto mit der Haupt- und der Selfie-Kamera zu schießen und es zu teilen. Schon im September 2022 veröffentlichte TikTok die Funktion TikTok Now, die stark an BeReal erinnerte. Die Folge: BeReal verlor an Aufmerksamkeit; aber auch, weil die Nutzer die Lust an diesen spontanen Postings verloren hatten, die ihnen auf die Dauer keinen wirklichen Mehrwert lieferten.

Austauschbare Plattformen

Wo hingegen waren die eigenen Innovationen der großen Plattformen? Bis auf Broadcast-Listen und die Rückkehr ins Private? Die fehlende Innovationsfreude hat zur Folge, dass die Plattformen durch die gegenseitigen Kopien immer stärker austauschbar geworden sind:

- Wenn auf Kanal A Kurz-Videos angesagt sind, dann gilt dieser Fokus ebenfalls bald auf den anderen Plattformen.
- Wenn die Menschen ihre Bilder oder Porträts gerne mit Filter verfremden, wird dies in wenigen Tagen auf den anderen Plattformen ebenfalls möglich sein.
- Wenn ich ein neues interaktives Element wie einen speziellen Sticker auf einer der Plattformen schätze, wird dieser schon bald bei allen anderen ebenfalls zu entdecken sein, vorausgesetzt, die Funktion ist beliebt und sorgt für Verweildauer.

Wie differenzieren sich dann die Plattformen noch voneinander, wenn sie alle die gleichen Zielgruppen ansprechen wollen, alle dieselben Formate bevorzugen und alle zu einem visuellen Storytelling aufrufen? Es hat große Konsequenzen für die Kommunikations- und Content-Strategen in Unternehmen, wenn sich kaum mehr Unterscheidungsmerkmale zwischen den Plattformen feststellen lassen.

Auf der Suche nach dem Geschäftsmodell der Zukunft

Viele Plattformen scheinen folglich noch nach der richtigen Strategie zu suchen, um ihre Nutzer teils binden, teils aktivieren, teils zurückgewinnen zu können. Schon der Rückgang beim öffentlichen Teilen im Feed und der Rückzug in private Kanäle hatten auf sie enorme Auswirkungen.

Immer stärker stellen sie dazu ihre Geschäftsmodelle um. Dies zeigt sich im Trend hin zu Abonnements wie X Blue, Meta Verified, Snapchat Plus oder auch in anderen Subscription-Modellen. Viele dieser Werbeformate sind in den traditionellen Medien bereits vor Jahren eingeführt worden, bevor sie nun von den Social-Media-Plattformen als Einnahmequelle entdeckt wurden. Dies zeigt nochmals, wie wenig innovativ sie in Wirklichkeit sind.

Ein Blick auf veränderte Plattformen

Blicken wir zum Abschluss dieses Unterkapitels nochmals kompakt auf einige der Plattformen und ihre derzeitige Positionierung und fragen dabei erneut nach dem »Social«-Gedanken:

- **Facebook**: Das ehemalige Netzwerk für Studierende ist heute eine Plattform, die sich weniger zum Austausch denn für werbliche Aktivitäten eignet. Der bereits früh eingeführte Algorithmus hat dazu geführt, dass bei großen Seiten die organische und damit nicht-bezahlte Reichweite gegen null tendiert, vor allem dann, wenn die Organisationen Facebook als Link-Schleuder und als reines Verlautbarungsmedium missverstehen. Noch existieren begrenzte Chancen, eine Sichtbarkeit mit den eigenen Inhalten zu erreichen, wenn sie eine hohe Interaktion erzielen – also Kommentare, Shares und sogenannte »Meaningful Conversations«. Jedoch wird eine erfolgreiche Facebook-Kommunikation heute massiv von Ads dominiert. Facebook verwandelt sich damit immer stärker in eine reine Werbeplattform und weniger eine Kommunikations- und Dialogplattform für Communitys. Diese haben sich nur noch in Gruppen gehalten.
- **Instagram**: Aus einer Sharing-App für Fotos und später Videos aus dem Jahre 2010 hat sich eine Marketingkanal der schönen und teils geschönten Bilder, der glänzenden Produkte, der visuellen Inspirationen, des Entertainments und der bunten Werbung entwickelt. Angesichts der hohen Nutzerzahlen und der Optionen des visuellen Storytellings – Bilder, Videos, Storys, Reels, Live etc. – hat sich eine wachsende Zahl von Organisationen auf die Plattform eingelassen. Auch wenn Instagram als Community begann, spielt heute weniger das persönliche Networking, der Austausch, der Social-Media-Gedanke, sondern der professionelle Content die zentrale Rolle. Instagram ist nicht nur die Plattform, die am meisten von anderen Plattformen kopiert hat, also beispielsweise Storys und Filter von Snapchat, Reels von TikTok; sie ist auch die Plattform, die sich mit einer immer größeren Vielfalt an Formaten auf die Werbeindustrie eingestellt hat. Ähnlich wie Facebook lässt sie sich damit immer stärker als Werbe- und vor allem auch als Shoppingplattform verorten.
- **LinkedIn**: Das Business-Netzwerk ist das Social Network, das noch am stärksten den ursprünglichen Gedanken von Social Media verkörpert. So stehen weiterhin die Vernetzung und der Austausch mit relevanten Personen aus beruflicher Sicht beziehungsweise aus Business-Gründen im Fokus. Dies unterstreicht die Entscheidung der Microsoft-Tochter, gerade fachlichen Diskussionen eine erhöhte Sichtbarkeit zu geben. Trotzdem dominie-

ren auch bei LinkedIn in den letzten Monaten immer stärker die Vertriebler, die Selbstdarsteller, die Verkäufer sowie die vielen Ads und Empfehlungen. Trotz aller individuellen Einstellungen wird es damit auch hier immer schwieriger, mit eigenen Beiträgen noch eine Sichtbarkeit zu erlangen.

- **X**: Twitter[193] war nie ein Social Network; dafür der schnellste Informationskanal und die Heimat vieler Millennials. Finanziell ging es Twitter nie rosig. Werbeformate floppten, die Plattform verbrannte Millionen von US-Dollar und lebte allein vom Kapital seiner Geldgeber. Ein wirkliches Geschäftsmodell haben die Gründer nie gefunden. In der Blase der Informations- und Kommunikationsleute, der Journalisten und der Politiker wurde Twitter geschätzt, ein Massenmedium war es mit täglich rund zwei Prozent Nutzern hierzulande nie. Und schon immer gab es Fake News, Hetze, rechtes wie krudes Gedankengut auf der Plattform. Doch seit dem Kauf durch Elon Musk ist Twitter – jetzt als X – noch polarisierender geworden. Allein die Verbreitung von Falschinformationen soll seit der Übernahme um 44 Prozent angestiegen sein.[194] Kein Wunder, dass viele Nutzer wie Werbetreibende die Plattform verlassen und nach Alternativen gesucht haben.
- **TikTok**: TikTok ist ebenfalls kein soziales Netzwerk. TikTok startete als eine App für Kurz-Videos, deren Länge sich über die Jahre verändert hat. Heute ist TikTok eine beliebte Entertainment-Plattform, bei der die Wahrnehmung von Inhalten, das passive Konsumieren, das endlose Video-Scrollen im Fokus steht. Zugleich entwickelt sich TikTok immer weiter zu einer virtuellen Einkaufsstraße, Social Shopping genannt, das auch Instagram für sich beansprucht. Social? Nein, diesen Faktor hatte TikTok noch nie in den Fokus gestellt und beansprucht. Verständlicherweise, wenn man heute zurückblickt.

Suche nach der Identität

Diese kurze Charakteristik von fünf Plattformen verdeutlicht nochmals, wie stark der Faktor »social« innerhalb des Social-Media-Begriffes an Relevanz verloren hat und warum der Gedanke des persönlichen, individuellen Austausches bei vielen Playern nur noch ganz am Rande eine Rolle spielt. Dabei stellte eigentlich genau diese Vernetzung mit anderen Menschen den Kern von Social Media dar, wie der Digitalexperte Felix Beilharz in seinem Instagram-Posting schreibt:

> *»Es geht nicht darum, das eine virale Video zu kreieren. Vernetze dich mit Menschen auf der ganzen Welt. Stelle eine wahre Verbindung zu den Menschen aus deiner Zielgruppe her. Biete interessierten Leuten einen echten Mehrwert ohne Gegenleistung. Höre deiner Zielgruppe aufmerksam zu.«*[195]

193 Ein kritischer Rückblick des Autors auf Twitter und über die mögliche, aber wackelige Zukunft als X nach der Übernahme ist in diesem Beitrag zu finden: https://dominikruisinger.com/bitte-redet-die-twitter-zeit-nicht-so-rosig/.
194 https://bit.ly/dr_npr_endofweb20
195 https://www.instagram.com/p/C1FjPS6LmjX/

4.4 Zukunft: Enklaven oder Neuanfang

»To me, it has the vibe of a great cocktail party after an academic conference: fascinating people, stimulating if polite discussions, and a sense – one you know is dumb and juvenile but still can't shake – that you're missing a rager somewhere else.«[196]
Brian Merchant, Los Angeles Times über Mastodon

Konsumieren statt Vernetzen, Fernsehen statt Austauschen, Beobachten statt Agieren, synthetische Inhalte statt authentischer Dialoge, private Kommunikation statt öffentlicher Darstellung – einfach formuliert: Eine Ära der klassischen Social-Media-Kommunikation geht zu Ende und wir können praktisch in Echtzeit dabei zusehen, wie es geschieht. Twitter befindet sich seit Jahren auf einem steilen und scheinbar unaufhaltsamen Abstieg, vor allem aber, seit Elon Musk das Unternehmen in X umgewandelt hat. Instagram hat sich in eine Unterhaltungs- und Shoppingplattform verwandelt, die TikTok schon immer war. Und immer weniger Menschen agieren auf Facebook. Allein LinkedIn hat sich als wirkliches Netzwerk gehalten, das den Namen Business Network (noch) verdient. Schließlich liegt hier weiterhin der Fokus nicht auf dem Entertainment, sondern auf der Vernetzung mit anderen Menschen im Business-Kontext.

Seit Jahren bestehen unsere Social-Media-Feeds schon nicht mehr aus den Beiträgen unserer Freunde und Bekannten, sondern aus Content- und Video-Pieces:

> *»Passives Scrollen, Swipe, Swipe, Push, Push, läuft. Aber die Idee, sich öffentlich auszutauschen, ist gestorben. Bei Facebook und Instagram aus kommerziellen, bei Twitter aus politischen Motiven. Bei TikTok vermutlich aus beidem.«*[197]

Wir hängen auf den Plattformen auch nicht mehr zusammen ab, um uns mit anderen austauschen. Dies ist immer weiter weg. Denn die Nutzer haben scheinbar keinen gemeinsamen Ort mehr, in den es sich einzubringen lohnt.

Zusammen mit dem allmählichen Rückzug der Menschen sind dies Risse in einem leicht bröckelnden Fundament, das die großen zentralen Plattformen immer stärker infrage stellt. Auch wenn dies erst die ersten Anzeichen sind: Globale digitale Marktplätze, einst das erstrebenswerte Ziel, das die Social-Media-Plattformen uns allen bieten wollten, scheinen bald der Vergangenheit anzugehören, ihre Architektur wird von der verworrenen Vegetation eines wilden Informationsdschungels erstickt, schreibt Charlie Warzel für *The Atlantic*.

> *»This may be for the best in the long run, although the immediate effect for those of us still glued to these ailing platforms is one of complete chaos«.*[198]

196 https://bit.ly/dr_latimes_theendofsocialmedia
197 https://socialmediawatchblog.de/2023/11/09/das-ende-von-social-media-der-ersten-stunde/
198 Vgl. https://de.everand.com/article/677128427/This-War-Shows-Just-How-Broken-Social-Media-Has-Become.

Ein völliges Chaos bei denjenigen von uns, die an den kränkelnden Plattformen kleben? Auf jeden Fall zeigt es, dass viele Menschen der großen Plattformen überdrüssig sind, die echte soziale Beziehungen nicht mehr in den Vordergrund stellen und teils auch untergraben. Sie ziehen sich daraus Schritt für Schritt zurück, indem sie die Plattformen verlassen, sich in enge, private Kreise zurückziehen oder sich auf Plattformen umsehen, auf denen der Social-Media-Gedanke zumindest zum Teil noch weiterlebt.

Rückzug in Gruppen

Der eine Fluchtweg ist der bereits in Kapitel 3.5 beschriebene Schritt hin zu »Private Media«: in geschlossene Messenger, in halböffentliche Audio-Konferenzen, in Streaming-Plattformen wie Twitch oder die Spieleplattform Roblox, in thematische Communitys auf Discord oder Slack, aber auch in klein gegliederte, teilweise halböffentliche Gruppen auf Facebook und LinkedIn. Folglich boomen genau diese Plattformen und Apps, die dieses private Agieren ermöglichen.

Im Trend hin zu privaten und halbprivaten Online-Räumen spiegelt sich der Wunsch vieler nach »authentischer, nicht kuratierter Kommunikation« wider, heißt es im *SocialHub Blog*.[199] In diesen geschlossenen Räumen diskutieren sie in kleinen oder größeren Gruppen, tauschen sich mit Gleichgesinnten über ihre Interessen aus und pflegen einen stärker privaten, auf jeden Fall authentischen und mit Sicherheit nicht kuratierten Austausch. Gemeinsam erleben sie dort »Shared Experiences«, ob beim Spielen, beim Streamen oder bei einem Online-Event.

Auf der Suche nach Alternativen

Doch es gibt einen zweiten Fluchtweg. Durch die beschriebenen Risse im Fundament gerade der großen Plattformen begann eine Suche nach Alternativen, nach Auswegen, nach neuen Heimaten. Gerade das Ende von Twitter und die zweifelhafte Neuauferstehung als X hat eine wirkliche Wanderung suchender Nutzer ausgelöst. Über die Jahre war Twitter für sie schließlich der Kanal für eine digitale Medienarbeit, für die politische Kommunikation und für den Austausch mit Entscheidungsträgern aus Politik, Wirtschaft, Medien und sonstigen Institutionen, für ein berufliches Monitoring wie natürlich ebenfalls für die private Unterhaltung gewesen.

Doch mit der Übernahme durch Elon Musk und seinen zweifelhaften Entscheidungen sank das Vertrauen in Twitter beziehungsweise X auf den Nullpunkt. Gerade enttäuschte Twitter-Fans suchten nach Alternativen, seitdem das umgebaute Netzwerk viel Chaos, Verwirrung und Verunsicherung stiftete. Und da boten sich mehrere Alternativen an.

Der erste Exodus von Twitter führte Richtung Fediverse (s. Wissen 12) zu den zahlreichen Mastodon-Instanzen. Wer zum ersten Mal Mastodon nutzt, fühlt sich in die Ur-Zeit von Twitter zurückversetzt. Vor allem ist zu spüren, wie stark sich Social Media grundsätzlich verändert haben. Dort werden im Hauptfeed noch die Beiträge der Personen, denen man folgt, angezeigt, und zwar in chronologischer Reihenfolge; dort sorgen weniger Algorithmen für die Inhalte in den

199 https://blog.socialhub.io/wie-sich-die-social-media-welt-gerade-veraendert/

Feeds; dort wird ein Beitrag nicht sichtbarer, wenn er viele »Favs« erhält. Stattdessen wird er dadurch findbar und sichtbar, weil er viele Menschen dazu verleitet hat, den Inhalt aus eigenem Antrieb weiterzuverbreiten, also zu reposten oder das Thema selbst neu aufzugreifen.

WISSEN 12: WAS IST DAS FEDIVERSE?

Fediverse steht für »Federated Universe«, also »föderiertes Universum«.[200] Der Grundgedanke ist eine klare Abkehr von allen bisherigen Plattformen: So soll kein einziges Unternehmen ein Netzwerk kontrollieren können. Kein Mensch soll nach dem Businessmodell eines einzigen Unternehmens agieren müssen. Stattdessen behalten die Nutzer stets die Hoheit über ihre Daten.

Im Fediverse stellen verschiedene Firmen, Initiativen und Einzelpersonen das Funktionieren des Netzwerkes sicher. Dabei kann jeder ein eigenes Netzwerk oder eine Instanz von Mastodon hosten und seine Regeln bezüglich Hatespeech, Pornografie und Ähnlichem für diese Instanz festlegen. So entsteht ein Netz aus eigenständigen Diensten und Instanzen, die aber miteinander vernetzt sind. Jeder Nutzer kann dann für sich selbst entscheiden, welcher Instanz er beitreten will. Dies kann jedoch auch wiederum zu Filterblasen führen, da andersdenkende Menschen schnell ausgeschlossen werden könnten.

Offene Protokolle wie das ActivityPub sorgen dafür, dass alle Server und alle Plattformen, die dieses implementieren, untereinander kommunizieren können. Unabhängige Netzwerke lassen sich so verbinden, sodass Interaktionen plattformübergreifend möglich sind. So wird künftig ein Nutzer von seinem Account auf einer der Plattformen wie beispielsweise Mastodon mit Nutzern einer anderen wie Threads direkt kommunizieren können; oder lassen sich die auf Threads geposteten Inhalte auch über Mastodon abrufen. Im Fediverse lebt also der ursprüngliche Vernetzungsgedanke von Social Media teilweise weiter. Doch noch ist es weder Realität noch bei vielen Menschen in der Breite der Masse wirklich angekommen.

Mastodon und das Fediverse

Mastodon war ein erstes Sinnbild des Zeitalters dezentraler Netzwerke, des Fediverse – und damit das genaue Gegenbild von herkömmlichen geschlossenen Social-Media-Plattformen. Während Facebook, LinkedIn & Co. einen zentralen Server als Basis haben, laufen die Netzwerke im Fediverse über viele kleine Server von Einzelpersonen oder Organisationen. Durch den dezentralen Ansatz können die Daten nicht von einem Unternehmen allein kontrolliert werden. Im Gegenteil: »*Done right, these tools can be the right mix of ›everybody's here‹ and ›you're still in control‹*«,[201] definiert *The Verge* treffend.

200 Eine noch ausführlichere Erklärung samt verständlicher Definition des Fediverse ist in diesem Beitrag nachzulesen: https://akduell.org/threads-x-und-das-fediverse-das-ende-von-social-media-wie-wir-es-kennen/.

201 https://bit.ly/dr_theverge_mastodon

Mastodon besteht daher aus einer Vielzahl an Servern, die eigenverantwortlich betrieben werden und miteinander interagieren. In dieser dezentralen Struktur können die 14 Millionen Nutzer (Stand Ende 2023) »Toots«, also Kurznachrichten in der Länge von maximal 500 Zeichen, veröffentlichen, die sich wiederum von anderen kommentieren, teilen und favorisieren lassen. Für eine kurze Zeit herrschte unter den Mastodon-Nutzern der Optimismus der frühen Twitter-Jahre. Man konnte fast von einer Nostalgiebewegung sprechen. Doch lange hielt dies nicht an. Zum erhofften großen Exodus aus Twitter ins Fediverse kam es nicht. Stattdessen blieb es ruhig. Warum?

Cocktailparty für die digitale Elite

Für viele war schon der Einstieg verwirrend, die Anmeldung über die passende Instanz und eine funktionierende App zu komplex und zu wenig intuitiv. Für andere blieb es gerade zu Anfang schwierig, die Leute, die Community, die Peergroups zu finden, denen sie folgen wollten, weil sie diese beispielsweise bereits von anderen Plattformen her kannten.

Daher kochte das Thema Mastodon auch nur kurz auf, um dann wieder in die Nische zurückzufallen. Mastodon bleibt bis heutzutage eine Plattform der digitalen Vorreiter, der Technik-Freaks, der Nerds und Geeks, eine edle Cocktailparty gut erzogener Menschen, wie Brian Merchant in der *Los Angeles Times* sein eigenes Gefühl schildert:

> *»To me, it has the vibe of a great cocktail party after an academic conference: fascinating people, stimulating if polite discussions, and a sense – one you know is dumb and juvenile but still can't shake – that you're missing a rager somewhere else.«*[202]

Bildete also Mastodon die Atmosphäre einer Cocktailparty nach einer akademischen Konferenz ab, hatten die meisten doch eher das Gefühl, wo anders eine Party zu verpassen. Viele blieben daher auf X, trotz des sonderbaren Geschäftsgebarens eines Elon Musk.

Ein blauer Himmel als Lösung?

Aufgrund seiner begrenzten Reichweite war Mastodon nie wirklich relevant für die breite Masse und damit kein wirklicher Ersatz für Ex-Twitterer. Bei dem nächsten Herdentrieb sah dies zu Anfang ganz anders aus. Nach Ende der Mastodon-Welle im Herbst 2022 wurde Bluesky[203] zum neuen Favoriten unter den Ersatz-Plattformen. Viele Twitter- beziehungsweise X-Geflüchtete suchten im »Blauen Himmel« ihre neue Heimat. Die Gründe für dieses plötzliche Interesse waren vielfältig:

- hinter Bluesky steht mit Jack Dorsey immerhin der einstige Twitter-Chef;
- die Benutzeroberfläche wirkt wie Twitter und war damit vielen sehr vertraut;
- die Suche nach Freunden, Bekannten und sonstigen neuen Accounts ist einfach;

202 https://bit.ly/dr_latimes_theendofsocialmedia
203 Ein längerer aufschlussreicher Artikel über die bisherige Entwicklung von Bluesky lässt sich auf heise.de nachlesen: https://www.heise.de/hintergrund/Bluesky-Blauer-Himmel-mit-einigen-dunklen-Wolken-9333020.html.

- der Feed beinhaltet einen chronologischen Feed (»Following«) und einen algorithmischen Feed mit Empfehlungen (»Discover«), bei dem ein Algorithmus darüber mitentscheidet, welche Inhalte mir angezeigt werden und welche nicht.

Unfertig und mit fehlenden Features

Gleichzeitig gab es auch Parallelen zu Mastodon: Bluesky ist ebenfalls eine textfokussierte, dezentral angelegte Plattform; und auch Bluesky arbeitet mit einem Protokoll, im Unterschied zu Mastodon aber mit dem ATProtocol. Über dieses Standardformat sollen die Nutzer auch mit den Nutzern anderer Netzwerke interagieren beziehungsweise dorthin umziehen können, wenn sie das Protokoll unterstützen. Das Problem: Das erklärte Ziel, eine föderierte Lösung zu bauen, hat Bluesky noch nicht erreicht.

Trotzdem suchten die ersten Marken und Organisationen, die zuvor auf X aktiv waren, ihre neue Heimat auf Bluesky und begannen zu agieren – zumindest am Anfang. Denn Bluesky wuchs nur sehr langsam, da das System lange Zeit nur auf Einladung funktionierte. So dauerte es lange, bis Bluesky eine kritische Masse erreicht hatte und die Nutzer viele ihrer Bekannten aus X wiederentdecken konnten.

Gleichzeitig fehlten ihnen zu Anfang viele Features: Wo waren die Direktnachrichten? Was war mit Video? Warum konnte man nicht sofort auf Inhalte und Accounts zugreifen, bevor man selbst seinen Account eröffnet hatte? Dies waren erste Hürden, die Bluesky davon abhielten, schnell im Mainstream zu landen. Und bis die Entwickler die gewünschten Funktionen implementiert hatten, war in der Zwischenzeit der nächste X-Nachfolgekandidat um die Ecke gekommen – und die Herde zog schon wieder weiter. Plötzlich war Threads in Europa und auch in Deutschland nutzbar und positionierte sich irgendwo zwischen Instagram, X und LinkedIn.

Die Herde zieht weiter

Und die Menschen? Die Menschen blieben nicht lange bei Bluesky aktiv; sie verabschiedeten sich von einem kleinen und unabhängigen Netzwerk und wechselten zu Threads, dem neuen ehrgeizigen Projekt von Meta, mit dem Mark Zuckerberg nicht nur einen Twitter-Ersatz anbieten, sondern sich vor allem auch auf textbasierte Interaktionen fokussieren wollte – aber ohne den X-Fokus auf Echtzeit-Kommunikation und ohne Politik und harte Nachrichten. Im Unterschied zu Bluesky und Mastodon verfügte Threads über beste Startvoraussetzungen. Durch die enge Kopplung an Instagram konnte jeder Neuling mit seiner Anmeldung schnell die ersten Follower zu Threads übertragen – bei weit über 20 Millionen Instagram-Accounts in Deutschland nicht überraschend. Viele Nutzer probierten Threads daher direkt aus. Bluesky hatte dagegen erst einmal verloren.

Viele Unternehmen schienen nur auf den Start von Threads gewartet zu haben. Dies zeigte sich in den früh und schnell wachsenden Nutzerzahlen. Viel Engagement führte auch zu hohen Interaktionszahlen, zumindest in der Anfangszeit von Threads. Gerade pure Texte, die zu einer Interaktion führten, erhielten vom Algorithmus die größte Reichweite. Beiträge mit Links wurden hingegen abgestraft, ähnlich wie auf anderen Plattformen. Wer sich also als Informationssender oder Link-Schleuder verstand, konnte mit Threads nur sehr begrenzt Erfolge feiern; denn auch bei Threads waren Dialoge gefragt.

Teil des Fediverse

Das Interessante an Threads: Als erster kommerzieller Player will Threads bis Ende 2024 Teil des Fediverse sein.[204] So soll die Plattform mittels ActivityPub in das Fediverse eingegliedert werden. Damit soll es möglich sein, über Threads auf Posts innerhalb des Fediverse zuzugreifen, wie es Mark Zuckerberg selbst voraussieht:

> *»Starting a test where posts from Threads accounts will be available on Mastodon and other services that use the ActivityPub protocol. Making Threads interoperable will give people more choice over how they interact and it will help content reach more people. I'm pretty optimistic about this.«*[205]

Auch Adam Mosseri, Chef von Instagram, sprach davon, dass Threads bald *»interoperable with other apps/servers like Mastodon over time«* sein würde. Dazu soll es auch für Personen ohne Threads- oder Instagram-Account möglich sein, fremde Threads zu sehen.[206]

Schnelles Ende eines Hypes

Doch nach der Anfangseuphorie hielt auch der Hype um Threads nicht lange an. Bei seinem weltweiten Start im Juli 2023 war Threads bereits innerhalb weniger Tage auf mehr als 100 Millionen Accounts angestiegen, dann aber innerhalb eines Monats um 80 Prozent in sich zusammengefallen. Dieser graue Alltag ließ auch in Deutschland nicht lange auf sich warten. Die Nutzerzahlen gingen zurück, die Interaktionsraten wurden geringer, die Kritiker schienen zu obsiegen, die Threads schon immer nur eine kurzfristige Zukunft vorausgesagt hatten.

Wer hat gewonnen?

Ein bekannter Spruch lautet: »The winner takes all.« Doch wer war jetzt der Gewinner unter den X-Nachfolgern? Schließlich haben die Menschen nur 24 Stunden Zeit pro Tag und können und wollen nicht alle Plattformen gleichzeitig bespielen. Gegenwärtig muss festgestellt werden, dass sich keiner der Konkurrenten wirklich durchgesetzt hat. Zumindest nicht bei der großen Masse der Menschen. Wenn man sich den Verlauf der drei Plattformen Mastodon, Bluesky und Threads vor Augen führt (s. Abbildung 22), dann haben sie alle einen ähnlichen Zyklus durchlaufen: anfängliche Euphorie, abfallendes Interesse, Stillstand und Ende des Hypes.

---

204 https://bit.ly/dr_techcrunch_threads
205 https://www.threads.net/@zuck/post/C0zXcQmxO77
206 Vgl. https://www.threads.net/@mosseri/post/C046L7jvHBf.

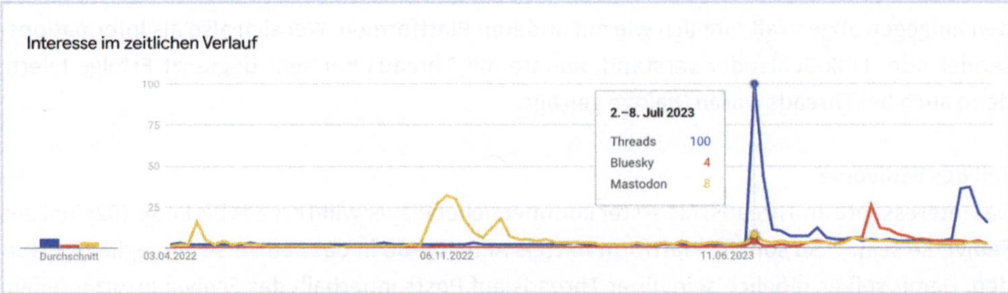

Abbildung 22: Das Interesse an Mastodon, Bluesky, Threads im zeitlichen Verlauf 2022 und 2023; Quelle: Google Trends

Die bisherigen Verläufe erinnern stark an den klassischen »Hype Cycle«[207], der die Phasen öffentlicher Aufmerksamkeit, die eine neue Technologie durchläuft, beschreibt: Nach der Einführung und dem ersten Aufwind erleben sie einen Hype, der bis zum Gipfel überzogener Erwartungen reicht. Von diesem Hochpunkt fallen sie jedoch alle tief ins Tal der Tränen und Enttäuschungen, bevor sie sich dann als Tool etablieren können oder aber im digitalen Nirvana verschwinden.

Skepsis auch bei den Nutzern

Der fehlende Gewinner spiegelt sich auch in den Zahlen wider: War Twitter selbst zu Hochzeiten ein Kanal, der nur von zwei bis drei Prozent der Deutschen wirklich regelmäßig und damit täglich genutzt wurde, sind die Zahlen wirklich aktiver Nutzer bei Mastodon, erst recht bei Bluesky und selbst auch bei Threads niedrig. Plattformen wie Mastodon oder Bluesky bieten damit zwar interessante Optionen, um sich in der Nische zu vernetzen und auszutauschen, sind aber nicht bei der breiten Öffentlichkeit angekommen. Bei Threads konnte sogar die Starthilfe von Meta und Instagram nicht nachhaltig beziehungsweise langfristig wirken. Die Relevanz der textbasierten Meta-Plattform bei Unternehmen, Medien und Nutzern ist (derzeit) nach wie vor begrenzt.

Diese Skepsis könnte aber auch als Zeichen gewertet werden, dass das Interesse an einem textbasierten Informationsaustausch nicht hoch genug ist. Ähnliches vermutete der Autor Volker Weber auf *heise.de* Mitte Oktober 2023. Damals schrieb er:

> *»Wird Bluesky Twitter beerben? Meiner Einschätzung nach nicht. X wird weiter im rechten Sumpf untergehen, aber es wird keinen echten Nachfolger geben. Einige Nutzer werden zu Mastodon abwandern, andere zu Bluesky, und irgendwann wird dann noch das Instagram-Derivat Threads nach Europa kommen. Auch LinkedIn findet aktuell mehr Zuspruch. Ein großer Teil der Twitter-Nutzer wird das Thema Social Media aufgeben.«*[208]

207 Vgl. https://de.wikipedia.org/wiki/Hype-Zyklus.
208 https://www.heise.de/hintergrund/Bluesky-Blauer-Himmel-mit-einigen-dunklen-Wolken-9333020.html

Gewonnen hat also keiner der X-Klone. Einige der Geflüchteten teilten sich auf die drei Plattformen auf; die anderen blieben bei X, da es den neuen an der beliebten Echtzeitkommunikation fehlte; und die Dritten verließen Social Media und/oder zogen sich in die privaten Kanäle und geschlossenen Plattformen zurück.

Zeit für ein neues Denken

Wenn die großen Plattformen ihre Attraktivität für den persönlichen Austausch verlieren und sich stattdessen immer stärker dem puren passiven Entertainment verschreiben; wenn es den Nachfolgern auch mit der schönen Idee eines Fediverse nicht gelingt, genügend Menschen an sich zu binden, um das ursprüngliche Social-Media-Gefühl vielleicht wieder zu entdecken, bedeutet dies dann das natürliche Ende des Social-Media-Grundgedankens, so wie wir ihn gekannt haben, einfach weil wir ihn nicht mehr wollen? Das wäre die eine Erklärung.

Wir können die Frage aber auch anders stellen: Wäre es nicht an der Zeit, sich wieder auf den sozialen und nicht auf den medialen Aspekt von Social Media zurückzubesinnen? Wäre dann nicht vielleicht auch eine bessere digitale Welt möglich?

Schon hinter dem Fediverse verbirgt sich ein idyllischer Grundgedanke: Gemeinsam eine dezentrale, gemeinwohlorientierte, nicht-kommerzielle Kommunikationsinfrastruktur zu schaffen. Das heißt einerseits, die intransparenten Mechanismen und Algorithmen von Großunternehmen, die »Walled Gardens« der großen Plattformen, zu überwinden, und andererseits den Menschen die Kontrolle über ihre Social-Media-Erfahrungen und ihre Daten wieder zurückgeben. Diese könnten sich künftig die Gemeinschaften, Feeds, die Personen auswählen, mit denen sie sich persönlich am wohlsten fühlen und die für sie inhaltlich am relevantesten sind. Wie so eine utopische Digital-Stadt aussehen würde, lässt sich im *Business Insider* nachlesen. Dort heißt es:

> *»Think of it like a town. Maybe your home (account) is in the Threads or Mastodon neighborhood. You spend a lot of time in the privacy of your home talking to close friends in group chats and private lists, but you also stroll about to see what's happening in your neighborhood – a limited group of people you enjoy spending time around online. Sometimes, you venture out to the global town square to hear what people in different communities around the world are talking about. Sometimes you even contribute to the conversation or hang up posters to promote your work.«*[209]

Eine bessere Welt

Eine bessere digitale Welt ist also durchaus möglich, die wir gemeinsam so gestalten, wie wir sie für uns gutheißen. Solch ein Zusammenschluss dezentraler Plattformen zu einem größeren System könnte vielleicht auch die großen Plattformen zwingen, so die Hoffnung im *Business Insider*, ihren Kurs zu ändern. Auch wenn diese neue dezentrale Infrastruktur erst sehr begrenzt vorhanden ist, strahlt sie schon heute einen leichten Hoffnungsschimmer aus.

209 https://bit.ly/dr_businessinsider_splintering

Dieser Schimmer ist auch aus den Zeilen der *New York Times* herauszulesen, die ebenfalls prognostiziert, dass anstelle von einheitlichen One-fits-all-Plattformen in den kommenden Jahren eher kleinere Nischenplattformen eine große Anzahl von Nutzern anlocken werden,[210] dies vor allem über dezentrale Plattformen, die den Nutzern mehr Kontrolle überlassen und damit mehr Vertrauen der Menschen in sich bündeln.

All diese Entwicklungen weisen auf jeden Fall klar darauf hin, dass die Party der großen Plattformen, auf denen allein sie die Regeln für die Menschen festlegen, allmählich zu Ende geht. Könnte diese »Great Social Media Splintering«[211], also diese neue in viele Plattformen zersplitterte Welt nicht auch der Beginn einer besseren Ära sein? Findet eine Art Neustart mit einem stärker sozial orientierten Ökosystem statt, das aus vielen kleineren Online-Plattformen besteht und private Gemeinschaften und Nischendienste beheimatet? Wird also die Zukunft der sozialen Medien eher einem Netzwerk von Plattformen gleichen, die den Menschen jeweils ein individuelles Erlebnis bieten?

Es liegt an uns!

Schlussendlich hängt es an uns, wie wir mit den bestehenden und mit neuen Netzwerken umgehen, wo wie und mit wem wir uns dort eine Heimat schaffen und wie wir uns vor allem auch dort verhalten, wie es *t3n*-Chefredakteur Marcel Romahn treffend beschreibt:

> *»Jedes soziale Netzwerk kann nur so gut sein wie die User, die es zu einem Netzwerk machen. Wie sagt man so schön: Der Saal wurde gemietet, das Orchester wurde bestellt, tanzen müssen wir selbst.«*[212]

210 Vgl. https://www.nytimes.com/2023/04/19/technology/personaltech/tiktok-twitter-facebook-social.html.
211 https://bit.ly/dr_businessinsider_splintering
212 https://t3n.de/news/hype-um-threads-das-kann-doch-nicht-alles-sein-1598865/

5 Das Revival der integrierten Kommunikation

Facebook präsentiert sich als weiterhin große, aber verlassene Plattform vor allem für Werber; X erlebt einen schrittweisen Exodus; Instagram frustriert durch immer mehr Ads; LinkedIn wird zum Laufsteg der Erfolgsmenschen; TikTok entwickelt sich zur Shoppingmall in einer Durchschnittsstadt; neue Nachrücker ziehen zwar begrenztes Publikum an, aber nur unter der digitalen Elite; und auf den Austausch der Menschen ist keine Plattform mehr wirklich scharf.

Diese kurze Bestandsaufnahme zeigt, wie stark sich Social Media gewandelt haben und wie stark der menschliche, interaktive Faktor ins Hintertreffen geraten ist. Damit liegt das goldene Zeitalter der ursprünglichen sozialen Medien hinter uns, zumindest so, wie sie erdacht worden sind und wir sie kennengelernt haben.

Einfach gesagt: Seit dem Aufstieg von TikTok hat sich einiges geändert. Und dies wird sich nicht mehr zurückdrehen lassen, unabhängig davon, ob das chinesische Unternehmen im politischen Konflikt der großen Mächte auf die Dauer überleben wird, denn die beschriebenen Veränderungen würden heutzutage auch ohne TikTok weiter stattfinden.

WISSEN 13: TIKTOK UND DIE POLITIK

TikToks Mutterkonzern, das chinesische Unternehmen Bytedance, steht unter Verdacht, der chinesischen Führung Zugriff auf die Nutzerdaten zu erlauben. Auch wenn dies von TikTok-Seite bestritten wird, schwebt es wie ein Damokles-Schwert über der Plattform.

In diesem Kontext wird die App von vielen als Sicherheitsrisiko eingestuft und ihre Nutzung eingeschränkt. So gibt es mehrere Länder, die die App auf Diensthandys von Regierungsangestellten untersagt haben. Dazu zählen die meisten US-Bundesstaaten, ebenso wie Kanada, Österreich, Frankreich und weitere Länder. Zudem haben beispielsweise in den USA die ersten Bundesstaaten den Download der App generell verboten.[213]

Strategisch bedeutet dies: Auch wenn die App nach wie vor sehr beliebt ist, bleibt die Zukunft von TikTok ungewiss, gerade auch angesichts der politischen Spannungen zwischen China und dem Westen. Daher sollte jede Organisation eine parallele Exit-Strategie planen, für den Fall, dass die App nicht mehr zur Verfügung steht oder sich immer mehr Unternehmen inklusive ihrer Marketinggelder aus der App zurückziehen. Denn davon – und speziell von einem Verbot – würden wiederum vor allem Instagram (Meta) und YouTube (Alphabet) massiv profitieren.

213 Eine Auflistung der Länder, die TikTok verboten haben, sowie der Gründe dafür, liefert dieser Beitrag der Deutschen Welle: https://bit.ly/dr_dw_tiktok.

Bedeutet dies, dass wir die sozialen Medien künftig beiseiteschieben und nicht mehr berücksichtigen sollten? Keineswegs. Nur: Wir müssen Social Media und die digitalen Netzwerke neu denken, wie es auch im Untertitel dieses Buches heißt. Angesichts ihrer Wandlungsfähigkeit werden die Social-Media-Plattformen auch keineswegs sofort verschwinden. Zumindest nicht in den nächsten Jahren.

Drei Phasen der Veränderung

Wenn wir nochmals auf die bisherigen Entwicklungen der vergangenen rund 20 Jahre zurückblicken, dann hat sich das Social-Media-Erlebnis im Verlauf von drei entscheidenden Phasen stark verändert:

1. Der Austausch verschob sich von der Information zum Engagement (s. Kapitel 3.1).
2. Der Content wandelte sich vom persönlichen Networking zum KI-unterstützten Entertainment-Business (s. Kapitel 3.2 und 3.4).
3. Die Haltung verlagerte sich von der öffentlichen Darstellung zum verstärkt privaten Austausch (s. Kapitel 3.5).

Dieser schrittweise Wandel stellt gerade Kommunikationsstrategen in Unternehmen, Institutionen und Agenturen vor Herausforderungen, wenn es um die Einordnung des Themas Social Media geht. Dies gilt ganz besonders für diejenigen, die Social Media bisher ins Zentrum ihrer Kommunikations- und Marketingaktivitäten gestellt hatten und die in Social Media oft die große einzige Lösung ihrer vielen Probleme sahen.

PESO als Spiegel des Wandels

Die jetzt notwendigen Schritte lassen sich anhand des sogenannten PESO-Modells (s. Abbildung 23) hervorragend identifizieren. Dieses zeigt auf, welche Vielfalt an Inhalten auf das Unternehmen oder die Institution einzahlen kann. Dazu unterscheidet es vier Arten von Inhalten und Kanälen:

- **Paid Media**: Alle Formen der bezahlten Werbung im digitalen Bereich. Hierzu zählen Werbeanzeigen, gesponserte Beiträge in sozialen Medien, Influencer Marketing, bezahlte Suchanzeigen und weitere Formen, für die Finanzmittel eingesetzt werden.
- **Earned Media**: Verdiente Inhalte über Medienberichte, Blogbeiträge. Unternehmen verdienen sich diese Aufmerksamkeit, indem sie qualitativ hochwertige Produkte, Dienstleistungen oder interessante Geschichten bieten.
- **Shared Media**: User-Generated Content, der also von Nutzern erstellt und auf Social-Media-Plattformen geteilt wird. Dies können auch Kommentare, Shares, Likes, Bewertungen und andere Formen der Nutzerbeteiligung sein.
- **Owned Media**: Inhalte von Medienkanälen, die eine Organisation oder eine Person selbst betreibt und kontrolliert. Dazu gehören die Corporate Webseite, Blogs und Podcasts, E-Mail-Newsletter, Social-Media-Profile und ähnliche Plattformen.

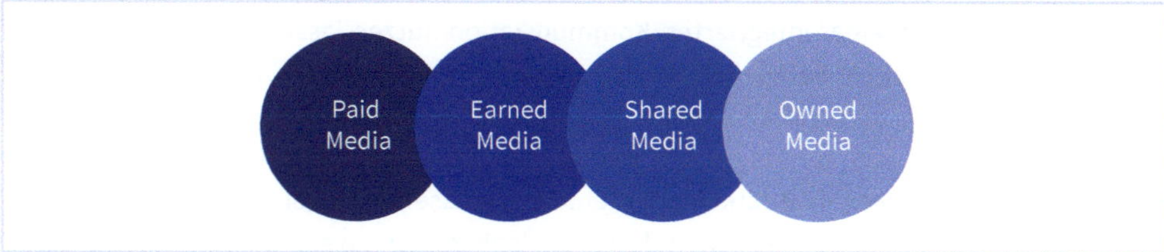

Abbildung 23: Das PESO-Modell: Paid, Earned, Shared, Owned

Das PESO-Modell betont die Integration von Paid, Earned, Shared und Owned Media in einer umfassenden Kommunikations- und Marketingstrategie. Genau anhand dieser Begriffe lassen sich die vergangenen Verschiebungen sowie die jetzt notwendigen Schritte gut beschreiben. In den letzten zehn Jahren lag ein starker Fokus auf Shared Media, der Schritt für Schritt Owned und Earned Media erst ergänzte und dann dominierte. Genau dies muss heute neu angepasst werden. Denn mit der immer geringeren Bereitschaft der Menschen, selbst Content zu erzeugen, sich vor allem aber auch in den Kanälen zu äußern und Beiträge aktiv zu teilen, wird Shared Media immer wirkungsloser.

Dies zeigt sich daran, dass Unternehmen immer weniger Besucher über ihre Social-Media-Kanäle (Shared Media) erhalten, trotz großer zeitlicher und finanzieller Anstrengungen. Sie haben sich zu lange einer Illusion hingegeben, die sich heute als wirkungsarm und ressourcenfressend herausstellt. Stattdessen müssen sie ihre eigenen Kanäle stärken (Owned Media) (Kapitel 5.1.3) und gleichzeitig Social Media noch stärker als Paid-Media-Kanal (Kapitel 5.1.2) begreifen.

Positiver Wake-up-Call

Diese zu Ende gehende Social-Media-Euphorie sollten Unternehmen und ihre Kommunikationsverantwortlichen durchaus als eine positive Nachricht sehen, als eine Art Wake-up-Call. Sie können nun damit aufhören, ihre Zeit zu stark in eine Disziplin namens »Organische Social-Media-Kommunikation« zu investieren. Stattdessen sollten sie die frei gewordenen Ressourcen effektiv dafür einsetzen, das endlich umzusetzen, was sie längst hätten tun sollen, es aber immer wieder verschoben haben: Ihren Fokus deutlich stärker auf eine strategische Denke und auf die Stärkung ihrer eigenen Kanäle zu verlagern.

Dieses bedeutet ein Rückbesinnen wie ein Neudenken. Darum ist dies, was in diesem Kapitel beschrieben wird, auch kein alter Wein in neuen Schläuchen. Einerseits haben die meisten diesen Wein gar nicht die Schläuche herunterlaufen lassen, weil sie sich teilweise von Social Media blenden lassen und vieles dem untergeordnet haben; andererseits müssen wir diesem Wein ein kräftiges Update verpassen, ihm eine ganz deutlich veränderte kommunikative Farbe geben, um dann als ein Wein 3.0 in den heutigen digitalen Zeiten funktionieren zu können.

Starkes Umdenken nötig

Dafür benötigen wir Lösungsansätze, die auch das Gute von gestern mitberücksichtigen und integrieren. Einerseits müssen wir uns folglich damit beschäftigen, wie sich die gewandelten

Plattformen innerhalb einer integrierten Kommunikation nutzen lassen, welche Rolle Social Media gerade als Social-Media-Marketing, also als werblich unterstützende Distributionskanäle von Inhalten künftig einnehmen können. Andererseits müssen wir die veränderte Rolle der Mitarbeitenden bedenken, gerade wenn Unternehmen und Institutionen mit ihren Postings im Social Web immer weniger Sichtbarkeit erhalten. Auch müssen wir die sich verändernden Algorithmen und die Reaktion der Menschen darauf bedenken. Denn wenn die Menschen sich immer stärker ins Private oder in eine passive Haltung zurückziehen, kommt es dann nicht noch viel stärker darauf an, die Menschen auch über eigene Communitys jeglicher Art zu binden?

All diese Schritte benötigen ein starkes Umdenken. Und genau diesen Fragen widmet sich das letzte Kapitel des Buches. Für diesen Leitfaden habe ich dazu die zentralen Hausforderungen nochmals herausgegriffen und Lösungsansätze als Empfehlungen skizziert, aufgeteilt in die drei Faktoren Strategien, Menschen, Content.

5.1 Strategie: Integriert denken und handeln

»The chaos at social networks is a reminder that any platform with that kind of power should never be your only — or even your primary - way of communicating with your audiences.«[214]

Allison Carter, PR Daily

5.1.1 Social Media verstehen

In den Anfangszeiten von Social Media hatten Menschen, Unternehmen wie Institutionen eine Art Garantie, dass sich ihre Inhalte über das Follower-Prinzip verbreiteten. Doch mit Interest und Recommendation Media, mit Algorithmen und KI-Content war die garantierte Verbreitung gestrichen. Nicht nur, dass ihre Inhalte plötzlich weder Sichtbarkeit noch Verbreitung erhielten; der eigene Content stand in den Feeds ihrer Netzwerke in direkter Konkurrenz mit den Inhalten von ihnen unbekannten Absendern und mit KI-gesteuertem Content. Sie bemerkten dies in der Hinsicht, dass ihre Inhalte immer weniger wahrgenommen, immer weniger verbreitet wurden, solange sie diese nicht mit einer wachsenden Vielzahl an Werbemöglichkeiten pushten. Eine Zeit lang erhielten Formate wie Kurz-Videos oder Storys die relative Sichtbarkeit noch hoch. Doch auch diese sackte immer stärker ab.

Wenn also immer weniger Austausch stattfindet und die Inhalte in den Feeds, in den Storys, in den Kanälen der Zielgruppen immer weniger bestimmbar sind, wie sollen dann Organisationen agieren, um mit ihren Social-Media-Aktivitäten bei ihren Zielgruppen noch sichtbar zu sein? Abgesehen von Werbung? Wenn angesagte Video-Trends zwar Sichtbarkeit, aber nicht die

214 https://www.prdaily.com/instagram-and-facebook-are-in-chaos-heres-what-pr-pros-should-do/

eigene Zielgruppe erreichen helfen, weil sie beispielsweise älter ist? Anders gefragt: Sieht die Zukunft wirklich so aus, dass jüngere Menschen vor allem über Video-Content und angesagte Kanäle, Themen, Sounds, Filter und die Älteren rein über Ads erreicht werden sollen, zumindest dann, wenn es um Social Media geht?

Folgen des demografischen Wandels

Wenn wir heute ein Bild zeichnen, so könnte dies wie folgt aussehen: Social-Media-Plattformen werden bei Zielgruppen, die nicht Generation Alpha, Z und begrenzt Y heißen – und das ist in Deutschland die Mehrheit –, eine vornehmlich werblich geprägte Nebenrolle spielen. Stattdessen erleben traditionelle Kanäle wie Webseiten, Content-Hubs, E-Mail-Newsletter, Apps, Podcasts, aber auch SEO und SEA ein Revival, ergänzt um die erwähnten Broadcast-Channels als Newsletter im Social-Media-Gewand, weil die Organisationen ansonsten ihre Zielgruppen in einer von Algorithmen bestimmten und auf deren Empfehlungen fokussierten Welt gar nicht mehr erreichen.

Gehen wir sogar noch einen Schritt weiter: Trotz des demografischen Wandels stürzen sich die Kommunikation und die Werbung auf die jungen Zielgruppen. Was passiert beispielsweise dann mit der Zielgruppe der Best Ager, der Generation 50+, also im Alter von 50 bis 70 Jahren, die aufgrund ihrer Kaufkraft für viele Marken besonders interessant sein müssten, die aber laut der erwähnten Studien nur teilweise »social« sind und denken? Immerhin stellen sie mit mehr als 30 Millionen Menschen nicht nur die größte Altersgruppe in Deutschland dar – sie tätigen auch 55 Prozent der Konsumausgaben.

»Ist der Jugendwahn noch zeitgemäß?«, fragt deshalb die Autorin in ihrem Beitrag *Die unterschätzte Generation 50+*[215] in der *absatzwirtschaft*:

> *»TikTok, Insta, YouTube – Werbungtreibende verwenden viel Energie, um junge Zielgruppen zu erreichen. Dabei gibt es in Deutschland bald ebenso viele Menschen über 50 Jahren wie darunter.«*

Bei der Suche nach einer Antwort müssen wir uns nur die Alterspyramide ins Gedächtnis rufen, deren Wölbung sich unaufhaltsam ins höhere Alter verschiebt. Zudem kaufen diese Älteren nicht nur für sich selbst ein, sondern treten auch als Konsument stellvertretend für die eigenen Kinder und Enkelkinder auf dem Markt auf. Wie ist mit diesen also umzugehen?

> *»Es wird nicht einfacher, sich über Social Media ein Publikum aufzubauen. Gerade, wenn man sich anschaut, was sich in den vergangenen Monaten auf den unterschiedlichen Netzwerken getan hat.«*[216]

215 https://www.absatzwirtschaft.de/die-unterschaetzte-generation-50-254173/
216 https://bit.ly/dr_linkedin_bluhm_socialmedia

Diese Sätze stammen von der Beraterin Franziska Bluhm. Sie hat natürlich recht angesichts der vielen Veränderungen, die die Branche umgekrempelt haben. Doch dies impliziert nicht, dass die bisherigen Social-Media-Kanäle völlig an Bedeutung verloren haben und wir sie aus dem Kommunikations- und Marketingumfeld verbannen sollten. Sie können innerhalb einer Kommunikationsstrategie durchaus eine – auch tragende – Rolle spielen.

(Social) Media neu verstehen

Nur dafür müssen wir verstärkt umdenken und die Rolle von Social Media im Rahmen einer integrierten Kommunikation neu definieren. Dazu müssen wir die Folgen dieses massiven Veränderungsprozesses immer wieder neu verinnerlichen – und dies in doppelter Hinsicht:

1. Soziale Medien legen heute kaum Wert auf Freunde und soziale Verbindungen. Auch werden sie immer weniger durch tatsächliche soziale Verbindungen angetrieben, sondern durch den »*Anschein einer sozialen Verbindung*«, wie Marlon Twyman II, ein quantitativer Sozialwissenschaftler an der USC Annenberg und Spezialist für die Analyse sozialer Netzwerke, schreibt.[217] Soziale Medien haben also den »Social«-Effekt eingebüßt, der einst der tragende Faktor war.
2. Social Media sind Entertainment-Plattformen, die KI-dirigierte Empfehlungen und werblich gepushte Postings zeigen, um die Menschen passiv zu unterhalten und möglichst lange an sie zu binden. Sie sind daher weniger Social-Media-Plattformen denn Digital-Media-Plattformen, bei denen nur noch ab und zu die Interaktionsmöglichkeiten aufflackern, die von immer weniger Menschen aktiv genutzt werden.

Die gemeinsame Folge: Wir verbringen keine Zeit mehr auf den Social-Media-Plattformen, um uns mit Freunden und Bekannten zu vernetzen; wir halten uns vorwiegend auf diesen Plattformen auf, um dort den zu uns passenden, meist unterhaltsamen Content zu konsumieren, organisch wie werblich, und die dazu passenden Produkte. Doch was bedeutet dieses Umdenken konkret aus Unternehmenssicht? Wie müssen wir diese sich von Social Media in Digital Media verwandelnde Medien neu begreifen?

a. Wir benötigen Verständnis für die Plattformen.

Das Ende der bisherigen sozialen Medien heißt nicht, dass wir uns nicht mehr mit den Kanälen, mit den Plattformen, mit Algorithmen beschäftigen müssen. Denn natürlich können wir mit einem kurzen, viel diskutierten Video auf Facebook, mit spannenden Karussell-Postings auf Instagram, mit einer positiv aufgeladenen Employer-Branding-Strategie auf LinkedIn noch gute Ergebnisse erzielen und damit Sichtbarkeit bei der gewünschten eigenen Zielgruppe erreichen.

Dazu benötigen wir verstärkt ein gutes Verständnis für die Architektur der Plattformen und der Algorithmen, für die Hintergründe der Netzwerke, für deren wirkliche Absichten, um die eigene Content-Strategie darauf ausrichten zu können. Dazu müssen wir die Bedürfnisse des eigenen Netzwerkes genau analysieren, um Schlussfolgerungen für den passenden Content ziehen zu

217 https://www.wired.com/story/first-gen-social-media-users-have-nowhere-to-go/

können. Schritt eins heißt also: Algorithmen verstehen, Veränderungen verfolgen und darauf mit der eigenen Content-Strategie adäquat reagieren.

b. Wir dürfen uns nicht abhängig machen.

Kein Unternehmen, keine Organisation darf sich von einer Plattform abhängig machen. Diese Gefahr sollte sich jeder und jede beständig vor Augen halten. Stattdessen müssen wir unsere eigenen Plattformen weiter stärken, worauf ich in Kapitel 5.1.3 eingehen werde. Die Abhängigkeit von einem einzigen Netzwerk darf niemals so groß werden, dass die eigene kommunikative Existenz, der eigene auch kommerzielle Erfolg von dieser Plattform, diesem Instrument, diesem Tool abhängt. Aus diesem Grund sind Aussagen wie früher »Facebook-Seiten sind die neuen Webseiten« oder heute »TikTok sind die neuen Webseiten« als gefährlich und fehlführend zu sehen. Denn eine Reichweite, die die Algorithmen heute noch vergeben, kann morgen schon wieder genommen werden.

Stattdessen sollten wir die sozialen Netzwerke dafür nutzen, unsere eigenen Kanäle zu stärken, zu promoten, zu verbreiten – sei es einen Newsletter, einen Podcast oder den eigenen Content-Hub. Denn nur diese Kanäle befinden sich in unserer Kontrolle. Sie können das eigene Content-Marketing auch dann noch begleiten, wenn es andere, fremde Kanäle schon gar nicht mehr gibt.

c. Wir müssen Social Media als Media begreifen.

Dass sie preiswert seien, wird fälschlicherweise als großer Vorteil von Social-Media-Maßnahmen genannt. Diese Behauptung war schon immer falsch, da sie den enormen personellen Aufwand verschwieg, der mit der Erstellung, der Abstimmung, dem Verbreiten der Beträge sowie dem Community-Management und der Auswertung verbunden war. Heute ist der Traum von rein organischen Aktivitäten in den sozialen Medien, also von kostenlosen Beiträgen, die nicht werblich gepusht werden müssen, endgültig ausgeträumt, mit ganz wenigen Ausnahmen. Dies spiegelt sich in den Aussagen vieler Organisationen wider, die von einer organischen Reichweite sprechen, die sich dem Nullpunkt nähert beziehungsweise ihn schon erreicht hat.

Wer folglich innerhalb seiner Strategie künftig seinen Content nicht mit Ads jeglicher Art pusht, kann seine Aktivitäten auf den Social-Media-Plattformen auch einstellen. Ohne kräftige und wachsende Werbeetats sind Zielgruppen nicht mehr zu erreichen. Dazu stellen die Plattformen bereits heute ein immer größeres Portfolio an Formaten jeglicher Art zur Verfügung. Auch auf den wachsenden Private-Media-Trend (s. Kapitel 3.5) werden die Plattformen mit werblichen Angeboten reagieren, in Gruppen, in Channels, bei Statusmeldungen bei WhatsApp & Co.[218]

Wer etwas weiter in der Social-Media-Geschichte zurückblättert, wird entdecken, dass gerade zu Anfang dieser Bewegung der Begriff Social-Media-Marketing bei vielen verpönt war und

218 Beispielsweise soll es künftig sogar Channels geben, auf die man nur mit einem kostenpflichtigen Abo zugreifen kann; vgl. https://bit.ly/dr_chip_whatsappwerbung.

als Missbrauch der schönen Social-Welt durch Marketingleute gesehen wurde. Heute spiegelt er eine zentrale Zukunft von Social Media wider – nur ohne »Social«. Ein sogenanntes Social-Media-Marketing ähnelt vielmehr anderen klassischen Media-Angeboten, weshalb der Begriff Digital-Media-Marketing statt Social-Media-Marketing den Kern des Angebots trifft.

WISSEN 14: 5 ELEMENTE EINER AD-STRATEGIE

Wer als Organisation die eigenen Zielgruppen auf den vielen Plattformen erreichen will, wird dies ohne wachsendes Werbebudget kaum schaffen. Mithilfe von Ads eröffnet sich dafür die Chance, selbst mit kleinen, dafür umso genaueren zielgruppenorientierten Werbehäppchen die jeweiligen Zielgruppen möglichst ohne größere Streuverluste zu erreichen – ob über Bilder, Videos, Karussell-Postings, Messenger, Lead oder sogar über Thought Leadership Ads bei LinkedIn. Bei ihrer Ad-Strategie sollten sie sich an fünf einfachen Elementen orientieren:

1. **Zielstrategie**: Was will ich mit meiner Werbung konkret erreichen: Conversions wie Verkäufe, Bestellungen, Abonnements, Traffic für meine Webseite oder meinen Content-Hub oder pure Reichweite?
2. **Gestaltung**: Ist die gewählte Text-Bild- oder Text-Video-Kombination auf das Ziel und die Zielgruppe genau ausgerichtet?
3. **Visuelles Motiv**: Enthält das Werbemedium ein aufmerksamkeitsstarkes Motiv als sofortigen, schnell verständlichen Eyecatcher?
4. **Call-to-Action**: Werden die Menschen über die Werbung direkt zu einer unmittelbaren Handlung verleitet?
5. **Weiterleitung**: Hat die Landingpage einen klaren Bezug zur Werbung?

Anhand der Kennzahlen lässt sich später herauslesen, ob die Anzeige genügend Reichweite erhalten hat, ob die Anzeige für die Zielgruppe relevant war, was sich am Engagement (Likes, Shares, Comments, Verweildauer, Klicks etc.) mit der Anzeige zeigt und ob die Unternehmensziele, also die Conversions (Verkäufe, Bewerbungen, Event-Anmeldungen, Newsletter-Registrierungen, Downloads etc.), erreicht wurden.

Integriert statt One-fits-all

Wenn Unternehmen und Institutionen keine Kontrolle mehr darüber haben, ob ihre Inhalte an ihre Zielgruppen überhaupt ausgespielt beziehungsweise von diesen wahrgenommen werden, verliert die bisherige organische Social-Media-Kommunikation ihre Relevanz. Daher müssen wir uns von der von vielen geliebten »One-fits-all-Lösung« verabschieden, mit dem Einsatz sozialer Medien alles erreichen zu können: Neue Mitarbeitende zu finden, die interne Kommunikation zu verbessern, Produkte zu vermarkten, das Image zu verjüngen etc. Diese Zeiten sind definitiv und endgültig vorbei.

Vielmehr müssen wir unser bisheriges Instrumentarium neu und realistisch einschätzen: als Bestandteil von etwas Größerem. Oder einfach gesagt: Social Media müssen als ein kommunikativer Kanal verstanden werden, als ein Werkzeug innerhalb eines viel größeren und reicheren

Instrumentenkoffers, der immer wieder komplett neu gedacht, konzipiert und umgesetzt werden muss, um wirksam zu bleiben. Wie solch ein Instrumentenkoffer strategisch aufzustellen ist, wird im kommenden Unterkapitel thematisiert.

5.1.2 Disziplinen vernetzen

In einer sich ständig verändernden Kommunikationslandschaft stehen Unternehmen und Institutionen vor enormen Herausforderungen. Die Zahl der Medien und der Instrumente ist hoch und wächst stetig weiter. Auch das Verhalten der Nutzer in ihrer Rolle als Rezipient, Produzent und Prosumer hat sich gewandelt. Immer stärker ist das Vordringen der digitalen Live-Erlebnisse, der Video-Kommunikation, der Social-Collaboration-Plattformen, der motivierten Markenbotschafter, der KI-automatisierten Dialoge zu beobachten – ohne die Klassiker wie Webseite, Microsite, Content-Hub, Online-Magazin, Podcast, E-Mail-Newsletter oder Mailings völlig außer Acht zu lassen. Und jeder weiß: Die Entwicklung wird weiter voranschreiten, mit neuen Plattformen, intelligenten Techniken, verändertem Nutzerverhalten und damit wechselnden Herausforderungen.

Lesetipp 4: Die digitale Kommunikationsstrategie

Für die Entwicklung einer Strategie in digitalen Zeiten hat der Autor unter dem Titel »Die digitale Kommunikationsstrategie« einen Praxis-Leitfaden geschrieben. Auch dieses Unterkapitel speist sich inhaltlich zum Teil aus dem Buch. Schritt für Schritt zeigt er darin auf, welche Vorüberlegungen getroffen werden sollten und wie solch eine Strategie entwickelt werden muss – von der Analyse über die Definition von Zielen und Zielgruppen, die Positionierung und den Content bis zum Monitoring und zur Kalkulation.

Ruisinger, Dominik (2020): *Die digitale Kommunikationsstrategie. Praxis-Leitfaden für Unternehmen, Institutionen und Agenturen*, 2. Auflage. Weitere Infos auch unter https://dominikruisinger.com/die-digitale-kommunikationsstrategie/

Gefahr des Information Overload

Gleichzeitig muss sich jede Organisation der Grenzen ihrer Content-Offerten bewusst sein. Die Verfügbarkeit von jeglichen Arten von Informationen und Informationsformaten, von neuen Instrumenten und Tools, von organischen, KI-generierten und werblichen Inhalten, von manuellen wie automatisierten Messenger-Angeboten, von Influencern und Markenbotschaftern: Sie alle sorgen für individuelle Diskurse oder kollektive Dialoge in kleineren oder größeren, privaten wie halb-öffentlichen Gruppen – mit der Folge, dass der Umfang an Informationen kontinuierlich steigt.

Bei diesem völligen Information Overload ist es also kein Wunder, dass sich die Menschen immer häufiger fragen, wie sie die ständig wachsende Anzahl an Inhalten noch wahrnehmen sollen. Da bringt es auch aus Organisationssicht nichts, immer mehr Content über möglichst viele Kanäle über die Menschen zu kippen, denn mit einer völligen Reizüberflutung werden die Nutzer erst recht die Flucht ergreifen, wie bereits in Kapitel 4.2.1 thematisiert.

Revival der integrierten Denke

Solch ein Umbruch, den wir derzeit erleben, bietet die perfekte Gelegenheit, einmal konzentriert innezuhalten, die bisherige Strategie zu hinterfragen und dann das leider oft in die hintere Schublade verbannte Konzept einer integrierten Kommunikation hervorzuholen. Wir müssen uns von der Idee verabschieden, dass ein Instrument oder ein Kanal ein Problem lösen kann. Und wir müssen klar definieren, welche neu zu bewertende Rolle die Social-Media-Plattformen innerhalb dieses Revivals integrierter Kommunikation spielen können. Genau dazu benötigen wir noch stärker als bisher eine integrierte Denke.

Bei der Suche nach einer gelungenen Symbiose ist die Strategie entscheidend. Sie ist die Blaupause und die Roadmap, an der die weiteren Aktivitäten andocken. Sie gibt vor, wie die Kommunikation im digitalen Wandel zu gestalten ist, wie Unternehmen und Institutionen konkret vorgehen müssen, welche Voraussetzungen sie zu erfüllen und welche Haltungen sie zu verinnerlichen haben, damit sie erfolgreich sein kann.

Der Weg zur Strategie

Eine Social-Media-Kommunikation kann nur dann ein mächtiges Instrument sein, wenn sie als integrativer und integrierender Bestandteil verstanden wird, stets orientiert an den anvisierten Zielen und den anzusprechenden Zielgruppen sowie an der Unternehmensstrategie. Sie darf auch kein isoliertes Projekt sein oder einen eigenständigen Zweck verfolgen. Vielmehr sind von Beginn an alle verfügbaren Instrumente in die Planung mit einzubeziehen, um Synergien aus der engen Verzahnung konvergenter Maßnahmen zu ziehen. Jedes Instrument, auch die Social-Media-Kanäle, muss innerhalb des Konstrukts seine klaren Aufgaben haben, auf Ziele und Zielgruppen ausgerichtet sein und dies analog zu einer klar definierten Strategie. Doch definieren wir die drei strategischen Schritte ganz konkret:

Schritt 1: Ziele definieren

Wer sich heutzutage an eine Kommunikationsstrategie wagt, muss immer seine Unternehmensziele in den Fokus stellen, auf die alle Aktivitäten später einzahlen müssen. Jede Form der Kommunikation muss sich folglich als Element der unternehmerischen Wertschöpfung verstehen und an den strategischen Zielen der Organisation orientiert sein – und nicht beispielsweise an reinen Kommunikations- oder gar Social-Media-Zielen. Sie unterstützt schließlich die Verwirklichung der Unternehmensziele. Dazu sollte sie so explizit formuliert sein, dass sie jederzeit, regelmäßig, klar von jedem überprüft werden kann.

Vielfach setzen Organisationen bei ihren Zielvorgaben jedoch nicht an der Unternehmensstrategie an, sondern beschäftigen sich sofort mit den jeweiligen digitalen Instrumenten. In einer immer stärker digitalisierten Welt haben sie in den letzten zehn Jahren Webseiten auf- und ausgebaut, thematische Microsites, Content-Hubs und Apps entwickelt und Adressen für E-Mail-Newsletter gesammelt. Gerade die Social-Media-Applikationen haben einen weiteren kräftigen Schub geleistet und bei den Organisationen die Lust auf neue Tools angefacht. Schnell wurden Facebook-Seiten, Instagram- und TikTok-Accounts, YouTube-, Twitch- und Snapchat-Kanäle lanciert und auf Millionen Nutzer als Kunden und Multiplikatoren gehofft. Sofort musste eine neue App her, wurde ein LinkedIn-Unternehmensseite aufgesetzt, eine WhatsApp-Nummer für den Kundendienst eingerichtet oder eine aktuell angesagte Community besetzt. Darin hat sich bis heute wenig geändert.

Der Strategy Funnel als Hilfsinstrument

Solch ein Instrumente-Denken ist eines der Kernprobleme. Denn wie sind diese Aktivitäten in die Gesamtkommunikation integriert? In die Unternehmensstrategie, in Geschäftsprozesse und in die vordefinierten Zielsetzungen? Gerade in klein- und mittelständischen Unternehmen mit begrenzten finanziellen wie personellen Ressourcen ist das vom Handlungsdruck getriebene und eher kurzfristige Denken weit verbreitet. Oftmals wirkt es wie Aktionismus und nicht wie strategische Weitsicht, verkümmern später die Social-Media-Präsenzen in der praktischen Umsetzung als isolierte Insellösungen.

Der Grund dafür: In ihrem Aktionselan haben sie die notwendigen Voraussetzungen übersprungen, die aber später den Erfolg der Strategie entscheidend mitbestimmen. Ein hilfreiches Werkzeug, das den Ablauf einer Strategie in den Kontext einbettet, ist der Digital Strategy Funnel (s. Abbildung 24).[219] Dieses Modell zeigt exemplarisch die richtige Vorgehensweise und die notwendigen Voraussetzungen auf, die den Erfolg ausmachen: Jede klar dargelegte Strategie basiert auf Business-Zielen, von der die Kommunikationsziele abgeleitet werden, auf denen die Ziele einer digitalen Kommunikation beziehungsweise im Bereich von Social Media, E-Mail-Marketing, SEO etc. beruhen; deren Inhalte und Maßnahmen lassen sich jederzeit evaluieren, korrigieren oder optimieren.

Abbildung 24: Digital Strategy Funnel mit Zielgewichtung

219 Ausführlich beschrieben in Ruisinger, D. (2020), S. 156 ff.

Die richtigen Ziele definieren

Nochmals zurück zu den Zielen: Wie wichtig die Ableitung jeder Kommunikations- und Social-Media-Maßnahme von den Unternehmenszielen ist, spiegelt sich schon in der Formulierung wider. So werden Kommunikationsstrategien in der Social-Media-Welt oftmals automatisch mit Maßnahmen gleichgestellt. Dann sind Zielformulierungen zu vernehmen wie:

- »Wir wollen auf TikTok wie alle anderen aktiv sein.«
- »Wir wollen die jungen Menschen in den sozialen Medien erreichen.«
- »Wir wollen unsere Produkte überall bekannt machen.«

Dies sind garantiert nicht die Fragen, die zu stellen sind. Was hat eine Organisation davon, wenn sie auf TikTok aktiv ist oder wenn junge Menschen ihre Postings oder ihre Produkte sehen? Rechnet sich auf diese Weise ihr Engagement auf den jeweiligen Kanälen? Und gewinnt sie durch die Maßnahmen neue Kunden oder Partner? Aus Unternehmenssicht müssten daher die richtigen, konkreten Zielaussagen beispielsweise wie folgt lauten:

- »Wir wollen uns zu unseren Kernthemen positionieren, sodass wir dazu auch als die Expertinnen wahrgenommen und ernst genommen werden.«
- »Wir wollen qualitative Bewerbungen erhalten von Menschen, die sich auch mit unserer Marke identifizieren und unbedingt zu uns kommen wollen.«
- »Wir wollen neue Partner und Kunden finden, die ähnliche Werte wie wir vertreten und transportieren, um eine langfristige Bindung eingehen zu können.«

Angesichts der vielfältigen Plattformen und Instrumente sowie beständig neuer Trends und Tools besteht ansonsten die Gefahr, dass sich Unternehmen und Institutionen sofort auf diese Kanäle fokussieren, sich dort ausprobieren, sich aber dort wiederum schnell verlieren – und zwar beim Blick für das Ganze, die eigene Ausrichtung, die eigene Mission. Dabei ist die Klarheit über die eigene Identität und die gemeinsamen Ziele für den späteren Erfolg entscheidend. So sollte immer gelten: Erst müssen die Ziele festgelegt sein, danach können die Instrumente ausgewählt werden. Schließlich muss sich die Strategieentwicklung langfristig unabhängig von den Möglichkeiten und Grenzen einzelner Technologien, Anwendungen oder Plattformen vollziehen lassen.

Schritt 2: Zielgruppen klären

Zur integrierten Denke zählt ebenfalls, dass sich Unternehmen und Institutionen viel intensiver mit ihren Zielgruppen, deren Bedürfnissen und deren jeweiliger Medienaffinität beschäftigen. Sie müssen schließlich dort sein, wo sich ihre Zielgruppen wirklich aufhalten. Oft unter- oder überschätzen Kommunikations- und Marketingprofis die jeweilige Mediennutzung ihrer Zielgruppen, wie eine Goldbach-Studie[220] aus der Schweiz aus dem Jahre 2022 aufzeigte.

Über den eigenen Tellerrand blicken

Dazu wurden 657 Schweizer Marketing- und Mediaprofis (= Ad People) online nach ihrem Medienverhalten befragt (s. Abbildung 25). Dies betraf die klassischen Medien, die Social-Media-

220 Vgl. https://bit.ly/dr_goldbach_studie_mediabias.

Instrumente und die Streaming-Angebote. Dabei sollten sie einerseits ihre eigene Nutzung beschreiben (»Ad People«), andererseits einschätzen, wie sie die Mediennutzung der Schweizer Bevölkerung (»Schätzung Ad People für Bevölkerung«) im Gesamten sehen. Dieses Ergebnis wurde dann mit den tatsächlichen Mediennutzungszahlen der Bevölkerung gespiegelt.

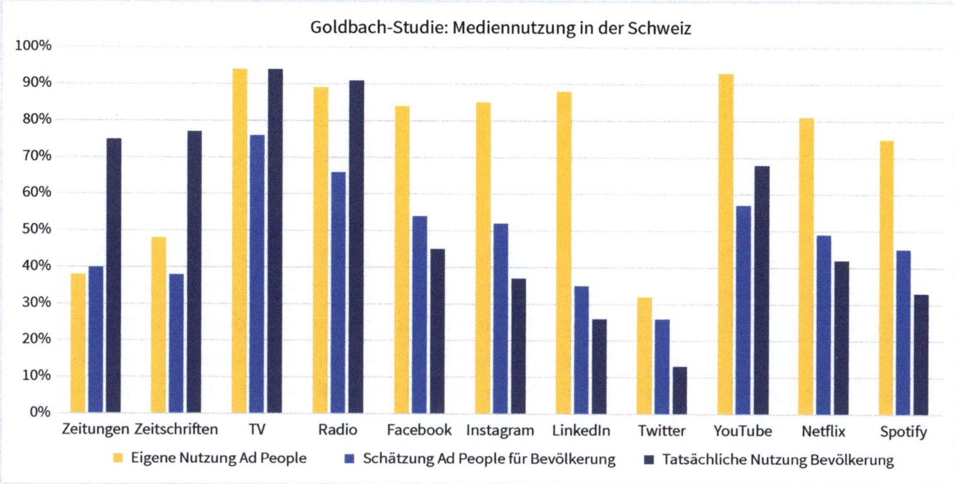

Abbildung 25: Goldbach-Studie Schweiz 2022: Wahrnehmung von Medieninhalten im Vergleich

Die Ergebnisse der Studie verdeutlichen, wie stark sich Kommunikations- und Marketingfachleute in ihrem Medienverhalten nicht nur von der durchschnittlichen Gesamtbevölkerung unterscheiden und in einer eigenen Blase leben; sie zeigen ebenso auf, wie stark wir häufig unser eigenes Verhalten auf das anderer Personen übertragen. In diesem Fall unterschätzten die »Ad People« klar das Offline-Verhalten der Gesamtbevölkerung und überschätzten deren Social-Media-Affinität. Dies verdeutlicht, dass wir unseren digital geprägten Blick häufig zu stark vor der Tatsache verschließen, dass Printprodukte und klassische lineare AV-Medien eine deutlich höhere Wahrnehmung, Wirkung und Reichweite genießen, als wir annehmen.

Auf jeden Fall zeigte diese Studie erneut, wie intensiv wir uns gerade bei der Erstellung einer Strategie mit unseren Zielgruppen auseinandersetzen und dabei unsere eigene digitale Blase definitiv und neugierig nach allen Richtungen blickend verlassen müssen.

Tipp 4: Erst fragen, dann handeln

Bevor sich ein Unternehmen, eine Institution, eine Organisation mit künftigen Kanälen und Instrumenten auseinandersetzt, lohnt es sich, einen Schritt zurückzutreten und zwei ganz einfache Befragungen durchzuführen. Diese helfen enorm, um abseits der eigenen Bubble die richtigen Kanäle und Plattformen zu definieren.

1. Im ersten Schritt sollten sie die eigenen Mitarbeitenden nach ihrem Medienkonsum befragen.
2. Im zweiten Schritt sollten sie dies auf ihre Businesspartner sowie auf ausgewählte Kunden ausdehnen.

Dazu genügt ein kurzer, kompakter Fragebogen, der in wenigen Minuten auszufüllen ist. Dabei sind – und das ist ganz entscheidend für die künftige Aussage – die beiden Zielgruppen nicht danach zu fragen, welche Kanäle sie kennen; vielmehr ist zu fragen, welche Kanäle, Plattformen sie in welcher Intensität selbst nutzen. Das Ergebnis wird helfen, später die auf die Zielgruppen abgepassten Instrumente im Rahmen einer integrierten Kommunikationsstrategie zu wählen.

Schritt 3: Kanäle und Instrumente stärker vernetzen

Bei einer Kommunikationsstrategie geht es nicht primär um Medien, soziale Medien, einzelne Netzwerke oder um LinkedIn, Facebook, Instagram und TikTok. Für eine strategisch gesteuerte Kommunikation im digitalen Zeitenwandel müssen die verschiedenen Aktivitäten miteinander vernetzt werden.

Dabei hat das Social-Media-Zeitalter keineswegs dazu geführt, dass herkömmliche Medien völlig verschwunden sind. Nicht nur dass in vielen Branchen die klassische Pressearbeit mit Printmedien noch weiter eine Rolle spielt. Auch schon traditionelle digitale und seit Jahren etablierte Instrumente haben keineswegs an Relevanz verloren. Vielmehr zählen Webseite, Newsletter & Co. selbst für kleine Unternehmen zu den Basics ihrer Aktivitäten. Für viele bildet die eigene Corporate Website weiterhin das strategische Zentrum, das alle Informations- und Kommunikationskanäle zusammenführt und das den Ausgangspunkt zu unternehmenseigenen Social-Media-Plattformen und deren Inhalten bildet. An dieser Stelle führt es nicht zum Ziel, die digitale und die nicht-digitale Welt gegeneinander auszuspielen oder gar einen Gegensatz zwischen alter und neuer Kommunikation, zwischen »klassischer« analoger und »moderner« digitaler Kommunikation herzustellen.

Abbildung 26: Auswahl an Digital-Media-Kanälen

Kaum ein neues Instrument ersetzt ein bestehendes

Auch der erwähnte E-Mail-Newsletter wurde in der Vergangenheit häufig als »tot« bezeichnet. Trotzdem feiern E-Mailings jeglicher Art eine Renaissance – zur Pflege von Beziehungen zu Kunden, Partnern und Interessenten sowie auch als eigenes Medium innerhalb von »Newsletter-first«-Strategien, die sich beispielsweise in den Morning Briefings vieler Medienhäuser widerspiegeln. Dies verdeutlicht wiederum, dass heutzutage kaum ein neues Informationsmedium eines der bereits etablierten vollständig ersetzt.

Künftig geht es also nicht um Social-Media-Strategien, sondern um eine wirklich integrierte Kommunikation in Zeiten des digitalen Wandels. Innerhalb eines strategischen Konstrukts und orientiert an der Strategie haben die einzelnen Kommunikationskanäle ihre Funktionen und Aufgaben. Darin ist die Social-Media-Kommunikation ein Kernbestandteil unterschiedlicher Gewichtung und mit eigenen Aufgaben, wie alle anderen digitalen Instrumente auch, ob sie jetzt Online-Magazin, Microsite, E-Mail-Newsletter oder E-Mailing heißen.

Deutlich mehr als Social Media

Für Unternehmen und Institutionen bedeutet dies also: Klar definierte Ziele und Zielgruppen, eine regelmäßig überprüfte und optimierte Kanal-Strategie und stark individualisierter, personalisierter Content sind zentrale Erfolgsfaktoren einer erfolgreichen Kommunikation im digitalen Zeitalter. Sie verlangt einen Spagat zwischen unterschiedlichen Medien und Plattformen. Nur so lassen sich sämtliche Zielgruppen über die für sie relevanten Kanäle bedienen. Dies unterstreicht, wie wenig Social Media heute als Einzellösung betrachtet werden dürfen, sondern nur als Utensil innerhalb eines sich ständig weiter entwickelnden Werkzeugkastens.

Diese integrierte Denke scheint in den letzten Jahren etwas überdeckt geworden zu sein. Die pulsierende Social-Media-Begeisterung und der wirkliche Social-Media-Hype hatten viele anderen Gedanken und Überlegungen zurückgedrängt, die Kommunikatoren geblendet und die Organisationen vernebelt. Erst mit den Veränderungen in den letzten Jahren und den chaotischen Zuständen auf vielen Plattformen scheinen wir alle ganz langsam aus dieser einstigen verblendeten Begeisterung aufzuwachen, wie Allison Carter auf *PR Daily* schreibt:

> *»The chaos at social networks is a reminder that any platform with that kind of power should never be your only — or even your primary – way of communicating with your audiences.«*[221]

Denn wussten wir nicht eigentlich schon immer, dass wir uns nicht auf fremde Plattformen allein fokussieren und damit abhängig machen sollten? Jetzt ist es auf jeden Fall endgültig Zeit, blinde Begeisterung in machbare Realität umzuwandeln.

221 https://www.prdaily.com/instagram-and-facebook-are-in-chaos-heres-what-pr-pros-should-do/

5.1.3 Eigene Plattformen stärken

In den letzten Jahren hat die Sichtbarkeit von organischen Beiträgen auf den Social-Media-Plattformen extrem gelitten. Es ist schwer geworden, ob als Person oder insbesondere als Unternehmen oder Institution, die eigene Community noch zu erreichen. Dies geschah zu Anfang auf Facebook, wo Unternehmen heute fast nur noch mit werblich gepushten Beiträgen ihre Zielgruppe erreichen; doch auch bei den Präsenzen auf LinkedIn, Instagram und anderen Plattformen ist dies nicht viel anders. Die Chance, dass sich an der geringen organischen Reichweite etwas ändert, ist nicht vorhanden. Schließlich verdienen die Plattformen damit Geld, wenn für mehr Sichtbarkeit Werbung geschaltet wird.

Wandel als Wake-up-Call

Dieses eigentlich negative Ergebnis lässt sich auch positiv interpretieren. Denn dieser Wandel erinnerte viele daran, wie stark sie sich von externen Plattformen abhängig gemacht hatten. Ihnen wurde bewusst, was passiert, wenn sie sich rein auf fremde Plattformen verlassen – wie an dieser Stelle auf Social-Media-Plattformen. Sie erlebten, dass Algorithmen verändert, Werbung angepasst oder Plattformen gestrichen und geschlossen wurden, wie dies unter anderen bei Friendster, Vine, Orkut, Google+, StudiVZ, Lokalisten, Posterous geschehen war. Sie sahen, dass sie in ihrer Social-Media-Begeisterung ihre eigenen Plattformen vernachlässigt hatten, auf denen sie zu Hause waren, auf denen sie selbst die Regeln festlegen konnten, über die sie selbst die Kontrolle hatten. Dazu zählten beispielsweise die Corporate Website, ein digitales Unternehmensmagazin, ein Podcast oder der altehrwürdige E-Mail-Newsletter.

Das Sinken der Reichweite war daher eine Art Wake-up-Call, der daran erinnerte, dass die Social-Media-Plattformen nur ein einziges Werkzeug sind. Sie dürfen keineswegs die Basis bilden. Niemand kann sich allein auf fremde Plattformen verlassen, sein Angebot allein an deren Algorithmen ausrichten, seine Kommunikation allein auf eine Plattform fokussieren, die er nicht kontrollieren kann und auf der er als Gast vollkommen von deren Handeln und deren Reputation abhängig ist. Kein Unternehmen, keine Institution kann sich dies heutzutage erlauben – allein schon aus drei Gründen:

1. **Begrenzte Lebenszeit**: Jede Plattform hat eine begrenzte Lebenszeit. Dies galt in der Vergangenheit für Netzwerke wie die VZ-Netzwerke, für Orkut und Google+, für viele andere. Diese zeitliche Begrenzung gilt ebenfalls für die aktuellen wie die künftigen Plattformen. Wie stark sich manche zu einer fast reinen Werbeplattform entwickeln, ist am Beispiel Facebook zu sehen. Wie schnell eine Plattform aus dem Blickfeld der Entscheider, vieler Medien und dann Unternehmen verschwinden kann, machen die Entwicklungen bei X unter Elon Musk deutlich. Wie gefährdet eine Plattform durch die weltpolitische Entwicklung sein kann, zeigt aktuell das Beispiel TikTok. Und dass solch eine zu große Abhängigkeit zu einem wirklichen Niedergang führen kann, dies haben in Kapitel 3.1 die Beispiele einiger Medienmarken deutlich gemacht.
2. **Starker Wandel**: Die Entwicklungen in den letzten Jahren haben klar vor Augen geführt, wie stark und schnell sich Medien verändern können. Wurde die Kommunikation und damit die

Sichtbarkeit einst bestimmt durch den Austausch zwischen den Menschen, sind es heute Algorithmen, die die Feeds der Menschen dominieren, neben der Werbung. Das Entscheidende: Solche Änderungen sind nicht vorhersehbar, da die geheimnisvollen Algorithmen von Außenstehenden nicht einsehbar sind. Jede kleine Änderung kann jedoch die Sichtbarkeit sofort beeinflussen – mit enormen Konsequenzen für Menschen, aber vor allem für Organisationen.

3. **Veränderte Ziele**: Hinter jeder größeren Plattform steht ein Unternehmen, das vor allem nach Gewinn strebt. Das kommerzielle Ziel steht über allen anderen Aspekten. Plattformen können daher jederzeit neu ausgerichtet werden, wenn sie so stärker, besser und effektiver den finanziellen Zielen des Unternehmens dienen. Dies zeigt der Schwenk von Facebook und Instagram als Reaktion auf TikTok (s. Kapitel 3.3). Derartige Veränderungen können die über die Plattform verfolgten Ziele der Organisationen stark beeinflussen und ebenso gefährden – und dies ohne Chance auf Einflussnahme. So haben beispielsweise die negativen Veränderungen bei X große Auswirkungen auf die Markenpflege, die Medienarbeit und die politische Kommunikation vieler Organisationen gehabt, bis hin zum Schließen der Accounts, obwohl sie in diese jahrelang viel Zeit, Geld und Manpower investiert hatten.

Plädoyer für eigene Plattformen

Organisationen müssen ihre Anstrengungen daher viel stärker auf Owned Media fokussieren, auf ihre eigenen Kanäle, auf denen sie sich nicht von fremden Plattformunternehmen abhängig machen, wo sie sich nicht den Spielregeln externer Unternehmen unterwerfen müssen, wo sie die Kontrolle über alles selbst in der Hand haben. Es ist eine Art Schritt zurück, um künftig den Weg nach vorne besser mitbestimmen zu können. Dabei ist die Vielfalt eigener Plattformen groß, die als kommunikatives Werkzeug in einem Instrumentenkoffer helfen können:

1) Der eigene Content-Hub als Kommunikationszentrale

Im Zentrum der eigenen Content-Aktivitäten muss sich stets die eigene Corporate Website – oder eine thematische Microsite – befinden. Sie bildet den Content-Hub für die eigenen Inhalte, für eine höhere Sichtbarkeit durch effektives Content-Marketing sowie für eine größere Unabhängigkeit von Social-Media-Plattformen. Auch künftig wird die Corporate Website diese hohe Bedeutung behalten. So sollten Unternehmen viele Ressourcen vor allem in ihre Optimierung und die passende Content-Strategie investieren, in Kombination mit hochwertigen Online-Texten, aufwendigen visuellen Content-Elementen, aktiver Suchmaschinenoptimierung (SEO) und immer teurerer Suchmaschinenwerbung (SEA).

Demzufolge bedeutet das Vordringen von zusätzlichen Kommunikationsangeboten nicht das Ende von Corporate Websites. Vielmehr haben sie weiterhin ihre zentrale Rolle innerhalb jeder Kommunikationsstrategie. Sie symbolisieren die Freiheit, von fremden Kommunikationskanälen als Drittplattform unabhängig zu sein. Und sie eröffnen die Chance, alle Informationen an einem Ort zu bündeln und damit ebenfalls Nutzer zu erreichen, die nicht über externe Plattformen, sondern über traditionelle Suchmaschinen nach Marken, Produkten, Services, Personen recherchieren. In der Rolle als Zentrale aller kommunikativen Aktivitäten (s. Abbildung 27) ordnen sich um die Corporate Website die sonstigen digitalen Kommunikationsinstrumente wie Planeten.

Abbildung 27: Die Webseite als Zentrum und Content-Hub für die weiteren Kommunikationskanäle

In den Content-Hub werden wiederum Instrumente wie ein Online-Magazin oder ein Blog als Dialogangebote oder ein Podcast als Informationsangebot integriert. Gerade sie helfen, die Menschen nicht nur regelmäßig zu informieren und an das eigene Unternehmen, die eigene Marke, die eigene Institution zu binden; sie dienen ebenso als hauseigene Dialogkanäle, die unter der eigenen Kontrolle bleiben.

Gerade im Vergleich zu den Unsicherheiten in Bezug auf die Social-Media-Plattformen und der oben geschilderten Gefahr der Abhängigkeit von Algorithmen und sonstigen Veränderungen, *»wird klar, dass ein eigenes Content Hub nachhaltiger und sicherer ist. Es ist unter meiner Kontrolle und wirkt langfristig. Will ich ein stabiles Business, sollte ich nicht nur auf schnelle Maßnahmen setzen, die auf Sand gebaut sind.«*[222]

222 https://www.annetteschwindt.de/2023/11/19/zukunft-von-social-media-bloggespraech-sascha-theobald/

2) Der E-Mail-Newsletter als langfristiges Bindungsinstrument

Die hohe Relevanz von Newslettern – ob klassisch per E-Mail, als Messenger-Newsletter, als LinkedIn-Newsletter oder als Broadcast-Channel – sind ein Symbol für den ständigen Drang, Menschen möglichst eng an die eigene Marke zu binden. Diese Relevanz steigt, auch und gerade weil dies über Social-Media-Kanäle wegen der Macht der Algorithmen immer weniger möglich ist.

Das Revival, das der E-Mail-Newsletter in den letzten Jahren erlebt hat, ist ein klarer Indikator dieser Entwicklung. Zwar wird der Kommunikationsweg über E-Mail regelmäßig und schon seit Jahren als angestaubt und in die Jahre gekommen bezeichnet. Trotzdem bildet er für Unternehmen und Institutionen weiterhin den vielleicht wichtigsten digitalen Push-Kanal. Nirgendwo sonst ist es einfacher, eigene Informationen direkt an die Zielgruppe zu vermitteln: zum Dialog mit Kunden, zum Austausch unter Wissenschaftlern, zur Bewerbung von Angeboten oder auch einfach, um sich über ein Thema wie beispielsweise KI[223] auf dem Laufenden zu halten.

Auch wenn er schon seit 30 Jahren existiert, erlebt er in den letzten Jahren einen wirklichen Boom und genießt durchaus hohe Beliebtheit unter den Empfängern. Laut ARD/ZDF-Onlinestudie liest rund ein Drittel der deutschen Bevölkerung mindestens einmal pro Woche einen Newsletter.[224] Das Besondere: Dieses Interesse reicht quer durch alle Generationen – mit dem Fokus auf die 16- bis 69-Jährigen. Noch deutlich höhere Nutzerzahlen ergab eine Online-Befragung unter Web.de- und GMX-Nutzern in Deutschland im Jahre 2022. Laut »Deep Dive« empfangen sogar zwei Drittel der Befragten regelmäßig Newsletter, 57 Prozent von diesen lesen diese mindestens wöchentlich.[225] Doch woher kommt diese Beliebtheit?

Personalisierung, Segmentierung, Analyse

Zur Klärung dieser Frage beginnen wir mit einer einfachen Definition: Bei einem E-Mail-Newsletter handelt es sich um eine zumeist kostenlose Publikation, die Abonnenten aktuelle Themen, Informationen und Angebote in regelmäßigen Abständen direkt in ihr E-Mail-Postfach liefert.[226] Dazu erfolgt die Kommunikation über ein Medium, das der Nutzer bewusst bestellt hat. Resonanz und Leseverhalten lassen sich in Echtzeit anhand von Öffnungs-, Klickraten sowie weiteren Faktoren auswerten. In dieser Definition verbergen sich bereits einige der großen Vorteile des E-Mail-Newsletters:

- **Adressmanagement**: Jeder Interessent muss den Newsletter bewusst abonnieren, um ihn später zu erhalten. Da er dabei seine E-Mail-Adresse hinterlässt, ist dieser Abonnent deutlich wertvoller als beispielsweise ein Follower in einem sozialen Medium. Auch wenn bei der Anmeldung aus Datensparsamkeitsgründen nur die E-Mail-Adresse verlangt werden darf,

223 Dieser Beitrag gibt einen Überblick über acht relevante Newsletter zu den News und Trends in der KI, zu hilfreichen Tools und Tutorials: https://blog.hubspot.de/marketing/ki-newsletter.

224 Vgl. https://www.ard-zdf-onlinestudie.de/files/2023/ARD_ZDF_Onlinestudie_2023_Publikationscharts.pdf.

225 Vgl. https://medienrot.de/studie-relevanz-von-newslettern-in-deutschland-steigt/.

226 Wer den E-Mail-Newsletter »Gedankenspiele« des Autors abonnieren möchte, kann dies gerne tun auf https://dominikruisinger.com/newsletter/.

kann der Nutzer zudem noch dazu eingeladen werden, freiwillig weitere Informationen von sich zu geben, ob Name, Wohnort, Geschlecht oder inhaltliche Vorlieben. Dies ist beispielsweise bei Mode- und Reiseanbietern vielfach zu beobachten.

- **Personalisierung**: E-Mail-Marketing heißt Beziehungsmarketing. Dazu zählt die individuelle Ansprache. Ähnlich wie die Segmentierung baut die Personalisierung auf den Vorlieben des Abonnenten auf, die entweder bei der Anmeldung abgefragt oder im Zug der Newsletter Relations schrittweise erfragt oder analysiert werden. Auf diese Weise kann der Newsletter noch stärker personalisiert zugeschnitten werden. Dazu zählen die persönliche Anrede, die personalisierte Betreffzeile, ein individuelles Design sowie personalisierte Inhalte und Call-to-Actions.
- **Segmentierung**: Über die angegebenen Daten bei der Anmeldung sowie über die Auswertung des Klickverhaltens, des Engagements bei Gewinnspielen und weiteren Aktionen können Newsletter genau anhand der inhaltlichen Bedürfnisse der Abonnenten thematisch segmentiert werden. So erhält eine Empfängergruppe nur die Informationen, die sie sich wünscht und die für sie relevant sind. Dazu lassen sich die Angaben über Interessen, Vorlieben, Alter, Wohnort nutzen. Damit sollte klar sein: Die frühere Vorgehensweise, dass jeder Abonnent auch jeden Inhalt erhält, hat wenig mit modernem E-Mail-Marketing zu tun.
- **Analyse**: Das Verhalten der E-Mail-Abonnenten lässt sich unteren anderen am Klickverhalten nachvollziehen. Sofort erfährt der Versender, ob der Newsletter im Gesamten oder speziell welcher Part, welcher Beitrag, welcher Link besonders gut bei den Abonnenten angekommen ist und welche inhaltlich durchgefallen ist. Die nächste Ausgabe lässt sich so noch stärker auf die Bedürfnisse der Abonnenten zuschneiden.

Personalisierung, Segmentierung, Analyse und ein sauberes Adressmanagement: Diese Faktoren bilden folglich die Voraussetzungen für den erfolgreichen E-Mail-Newsletter. Einfach formuliert: Relevante Nachrichten zur richtigen Zeit, in der richtigen Häufigkeit und auf die Abonnenten abgestimmt führen dazu, die Empfänger mittel- wie langfristig zu binden und mit ihnen wirklich professionelle Beziehungen aufzubauen.

Gerade die erwähnte Möglichkeit der Segmentierung bei Newslettern eröffnet die Chance, ein Nischenpublikum mit spezialisierten Inhalten zu beliefern, die immer beliebter werden, so der Journalistik-Professor und digitale Vordenker Jeff Jarvis:

> »*For example, specialized newsletters and podcasts for niche audiences are rising in popularity*«, sagt Jeff Jarvis. »*There are also more paid subscriptions, instead of ad-dependent news sites, as well as communities around nerdy topics on platforms like Reddit and Discord.*«[227]

Ein Finanzdienstleister, der sich dem Thema Nachhaltigkeit verschrieben hat, könnte regelmäßig Informationen rund um nachhaltige ETFs und Fonds sammeln, zusammenstellen und als

227 https://bit.ly/dr_npr_endofweb20

monatlichen Fach-Newsletter verbreiten. Statt nur auf eigene Angebote fixiert, könnte dieser Details zu neuen Fonds, kritische Medienberichte zum Greenwashing in der Finanzbranche bis hin zum Porträt von einzelnen Unternehmen in den Fonds beinhalten, die das Thema Nachhaltigkeit aktiv leben. Mit diesem Ansatz auf Metaebene würde er auf jeden Fall seine Reputation deutlich verbessern und sich als nachhaltiges Finanzinstitut positionieren.

WISSEN 15: DREI GRUNDREGELN FÜR EINEN NEWSLETTER

1. **Aufbau**: Jeder Newsletter ist klassisch in einer Dreiteilung aufgebaut: Kopf (der Absender), Bauch (der Inhalt) und Fuß (Kontakt+Rechtliches).
2. **Struktur**: Eine verständliche Struktur ist Voraussetzung für den Erfolg. Wiederkehrende Rubriken, aussagekräftige Überschriften, kompakte Texte, Verlinkung von Bildern und Links und leicht erkennbare CTA zu weiterführenden Informationen erleichtern die Wahrnehmung der Inhalte aus Abonnentensicht. Schließlich sollen sie das Wesentliche auf einen Blick erfassen können.
3. **Inhalte**: Newsletter werden zumeist überflogen, maximal quergelesen. Sind die Inhalte nicht prägnant formuliert, erkennt der Nutzer nicht sofort die mögliche Relevanz. Daher gehört das Wichtigste an den Anfang, die Texte sind klar, leicht verständlich und onlinegerecht geschrieben, die wichtigen Begriffe fett oder farbig hervorgehoben und mit Landingpages auf der Webseite verknüpft.

3) Broadcast-Channel als zusätzliches Push-Element

Wie lassen sich die vielen Menschen erreichen und insbesondere auch binden, die Social Media nicht mehr in der Öffentlichkeit nutzen wollen, sondern nur noch »Dark Social« agieren? Die sich also nur noch in geschlossenen Gruppen auf Facebook und LinkedIn, in WhatsApp-Gruppen und anderen Messengern oder in Broadcast-Kanälen bei Facebook, Instagram oder WhatsApp bewegen?

Gerade mit den Broadcast-Channels bei WhatsApp, Instagram und Facebook hat Meta eine Art »E-Mail-Newsletter im Social-Media-Gewand« geschaffen. Diese wirken als der etwas verzweifelte Versuch, den Trend zum E-Mail-Newsletter aufzugreifen. Ohne größeren Aufwand lassen sich schnell und einfach kurze, kompakte Nachrichten direkt an die Abonnenten versenden, spielerisch Wettbewerbe und Gewinnspiele veranstalten und auf eine Interaktion mit den Rezipienten warten, die auf Likes und einige Emoticons begrenzt ist und damit kaum Aufwand verursacht. Dazu benötigen Organisationen vor allem Content, der zur Partizipation, zur Interaktion einlädt und die Sprache wie die Bedürfnisse der Zielgruppe trifft. So kann es durchaus gelingen, eine eigene Channel-Community aufzubauen und zu pflegen und sie Schritt für Schritt an den hauseigenen E-Mail-Newsletter zu überführen.

Dabei ist zu berücksichtigen, dass es sich bei den Channels um keinen Kanal unter eigener Kontrolle handelt. Denn wie lange werden die Plattformen diese Funktion anbieten? Wir müssen nur an den früheren WhatsApp-Newsletter zurückdenken, der erst ermöglicht, dann geduldet und später untersagt wurde. Daher gilt auch für jedes Channel-Marketing: Kein Unternehmen, keine Institution, keine sonstige Gruppierung sollte seine Kommunikation zu stark und zu intensiv auf sie fokussieren. Auch diese Kanäle können von den Plattformen jederzeit geschlossen werden. Darum ist es wichtig, immer einen Ausweg im Auge zu haben; und dies kann nur ein Kanal unter eigener Kontrolle sein – gerade wie der E-Mail-Newsletter.

Schwachpunkte im Vergleich zum Newsletter

Hinzu kommt ein weiterer Schwachpunkt der Channel: Während Unternehmen beim E-Mail-Newsletter zumindest die E-Mail-Adresse des Nutzers auswerten und daraus Schlussfolgerungen ziehen können, so ist dies bei den Channels nicht der Fall. Zudem entfallen die Stärken, die ein E-Mail-Marketing ausmachen – also Segmentierung, Individualisierung, Personalisierung.

Trotzdem können sich Channels durchaus als ein gutes Instrument bewähren, um die Community mit regelmäßigen Informationen zu bespielen, mit ihr in einen begrenzten Dialog zu gehen und noch stärker an die eigene Marke zu binden. So haben Organisationen mit den Channels ein weiteres Push-Instrument für ihren Werkzeugkasten der digitalen Bindungs-Tools (s. Abbildung 28) erhalten – und dies zu einem vergleichsweise geringen Aufwand.

Abbildung 28: Überblick über digitale Bindungs-Tools

4) Aufbau von Communitys

Im Jahre 2009 publizierte der britische Presseversandservice *RealWire* ein Video. Sein Titel: *Online-PR is all about community.*[228] Schon damals und unter ganz anderen Voraussetzungen wurden die Erfolgsfaktoren erfolgreicher Kommunikation definiert und passend mit dem Ver-

228 https://bit.ly/pr_realwire_community

halten auf einer Party verglichen: Erst zuhören, Interessen abgleichen, dann eigene Ideen einbringen, einen Freundeskreis aufbauen und diesen zur eigenen Party einladen. Transparenz, Glaubwürdigkeit, Nachhaltigkeit, Offenheit heißen damit die relevanten Werte.

Aufgrund dieser Werte werden Communitys, also Dialogplattformen, in einer künftigen Kommunikationswelt zu zentralen Erfolgsfaktoren. Denn wenn ich kein Vertrauen in den Absender habe, wenn seine Informationen nicht glaubwürdig sind, wenn er nicht offen mit Fragen und Problemen umgeht, dann werde ich kein Verlangen entwickeln, mit diesem Absender zusammenzuarbeiten, Produkte zu erwerben oder Dienstleistungen zu buchen oder gar bei ihm zu arbeiten.

Große Community-Vielfalt

Auf Basis auch dieser Werte sind in den letzten Jahren viele größere Communitys jeglicher Art entstanden: *Bepuppy* für Haustiere, *miDoggy* für Hundeliebhaber, *Letterboxd* für Filmliebhaber, *Ribblr* für Kunsthandwerker-Fans, *Goodreads* für den Austausch unter Lese- und Buchliebhabern, *ASmallWorld* als Reise-Community oder *Echte Mamas* als heute größte Community für Mütter im deutschsprachigen Raum – mit über 1.000.000 Mitgliedern.

Diese wenigen Beispiele verdeutlichen, wie groß die Community-Vielfalt heute ist. Dabei sind alles Orte, in denen sich Menschen unabhängig von den großen Netzwerken treffen, um sich mit anderen auszutauschen, Erfahrungen und Tipps zu teilen, gemeinsame Dinge zu erleben oder zu kreieren, sich inspirieren zu lassen und ebenso Neues zu entdecken.

Shared Experiences als Kernaufgabe

Wenn sich immer mehr Menschen zu Shared Experiences, also zu einem gemeinsamen Erlebnis in einer Gruppe Gleichgesinnter, treffen, dann ist dies ein klares Anzeichen dafür, wie wichtig es für Unternehmen und Institutionen künftig sein wird, selbst Communitys zu ihren Kernthemen aufzubauen und regelmäßig zu bedienen. Darüber lassen sich nicht nur News, Daten und Fakten vermitteln. Die Kernaufgabe besteht darin, der Community etwas dafür zurückzugeben, dass sie ihre Zeit hier verbringt. Dies könnten beispielsweise regelmäßige Webinare als digitales Angebot sein, die den Mitgliedern einen Wissensvorsprung gegenüber Nicht-Membern ermöglichen.

Viele denken an dieser Stelle an den Austausch über Discord[229] und Reddit, über die Gruppen-Chat-App Geneva oder an Facebook- oder LinkedIn-Gruppen. Der Vorteil: Dort können sie selbst darüber bestimmen, wer der Community beitreten kann, welche Inhalte gespielt werden, wer sich wie verhalten muss, auch wenn das Gebilde, innerhalb der die Community lebt, nicht von ihr selbst stammt. Dies ist auch der Nachteil dieser Lösung: Weiterhin sind sie von einer Plattform abhängig, die jederzeit wieder verändert oder gar geschlossen werden kann. So sollte innerhalb der langfristigen Strategie für die eigene Community besser eine Lösung gefunden werden, bei denen die Organisation selbst die Gastgeberin und damit die Entscheiderin ist.

229 Apropos Communitys bei Discord: Ein gutes Einsteigervideo für Discord sowie wie eine Community aufgebaut werden könnte, zeigt dieses Tutorial: https://bit.ly/dr_youtube_discord.

Zielgruppengenaue Communitys

Allein, um im heutigen Informationsdschungel die eigene Stimme sicht- und hörbar zu halten, müssen sich Organisationen intensiv damit beschäftigen, eigene Communitys rund um ihr Kernthema aufzubauen, betont auch der Digitalexperte Hans Neubert:

> *»Die Influencer-Ära ist längst vorbei und die Community-Ära ist gekommen, um zu bleiben. Man muss es als Marke selbst schaffen, eine ganz eigene Community mit eigenen Inhalten und Formaten aufzubauen.«*[230]

Genau dies haben in den letzten Jahren einige realisiert (s. Tipp 5). Ob auf den Service und Support ausgerichtet oder als Austauschplattform für Produkte oder Marken: Sie müssen lernen, sich selbst deutlich zurückzunehmen und nicht die eigene Marke oder die eigenen Dienstleistungen, sondern das Thema selbst in den Fokus zu stellen. Sie dürfen nicht wie Werbetreibende denken, sondern über den gemeinsamen Community-Gedanken die Fans stärker an die eigene Marke binden.

Tipp 5: Beispiele für deutschsprachige Communitys

Service- und Support-Communitys

- DATEV: https://www.datev-community.de
- Deutsche Telekom: https://telekomhilft.telekom.de
- Dell: https://de.community.dell.com
- o2: https://hilfe.o2online.de/
- Swisscom: https://community.swisscom.ch
- Vodafone: https://forum.vodafone.de

Produkt- und Marken-Communitys

- Bosch Smart Home: https://community.bosch-smarthome.com/
- eBay: https://community.ebay.de
- Joyn: https://community.joyn.de/
- Migros Migipedia: https://migipedia.migros.ch/de
- Nestlé: https://www.nestle-produkttests.de/
- Parfumo: https://www.parfumo.de/Community
- Sparkasse: https://move.sparkassen-hub.com/de/community
- Tchibo: https://community.tchibo.de
- WWF Jugend: https://www.wwf-jugend.de

230 https://www.absatzwirtschaft.de/muessen-sich-marken-von-influencerinnen-emanzipieren-252817/

Drei Communitys: Gin, Klavier, Holz

Solch ein Aufbau muss keineswegs nur den großen Marken überlassen werden. Warum soll sich nicht eine junge Gin-Marke eine Community aufbauen, in der sich dann Freunde der Marke mit sonstigen Gin-Anhängern regelmäßig über die Sorten und die Geheimnisse des alkoholischen Getränks und die Besonderheiten des Wacholders austauschen? Die Community könnte einerseits über exklusiven Content bespielt werden. Sie ließe sich andererseits auch über einen Fach-Newsletter, regelmäßige Gin-Stammtische virtuell wie in einzelnen Städten, Einladungen zu Gin-Tastings, exklusive Probierpakete binden. Und das Ganze natürlich ergänzt um einen exklusiven WhatsApp-Fragen-Service. Jeder Gin-Liebhaber wüsste irgendwann: Wenn ich weitere Gin-Expertinnen und -Experten kennenlernen möchte, dann geht dies nur über diese Community. Als Vorbild ist hier Whisky.de zu sehen, der sogenannte »Treffpunkt feiner Geister« seit 30 Jahren.

Warum sollte ich als größeres Piano-Haus nicht eine Klavier-Community aufbauen, in der die Menschen sich über alte und neue Klaviere, schwer zu findende Klaviernoten, ihre Lieblingspianisten unterhalten können? Ich könnte sie regelmäßig über exklusive virtuelle Klavierabende, ausgewählte Klaviermatineen sowie ab und an über Community-Sonderangebote und ein schnelles, persönliches Frage-Antwort-Tool binden. Jede Klavierspielerin würde sich natürlich für diese Gruppe interessieren, um sich hier mit anderen über ihr privates Hobby oder ihren Beruf als Pianistin auszutauschen.

Dies ist nicht nur für den B2C-Bereich denkbar. So könnte ein Holzlieferant, der sich auf nachhaltiges Holz spezialisiert hat, selbst eine Holz-Community aufbauen. In dieser könnten die Holzexperten ihre Expertisen über moderne Forstwirtschaft, nachhaltig bewirtschaftete Bestände, die unterschiedlichste Verwendung als Bau- und Produktmaterial, die damit verbundenen finanziellen Herausforderungen teilen oder einholen. Der Holzlieferant könnte als Spezialist auf Fragen eingehen, Ratschläge geben und sich als Servicepartner etablieren. Regelmäßige Webinare und Videos könnten zusätzlich dazu beitragen, die wichtigsten Veränderungen zu erklären, damit die jeweiligen Mitarbeitenden der holzverarbeitenden Handwerksbetriebe stets auf dem neuesten Stand sind. Jeder Holzexperte wüsste irgendwann, dass diese Community für ihn wichtig ist, wenn es rund um Nachhaltigkeit in der Holzwirtschaft geht.

The Place to be

Hinter all diesen Ideen steckt stets der Gedanke, eine Art IKEA-Club auf digitaler Ebene aufzubauen, um die Menschen noch stärker zu binden, zu wirklichen Fans der Marke zu machen oder sich zumindest als fachlicher »Place to be« zu etablieren. Gerade die langfristige Community-Bindung trägt dazu bei, deren Bedürfnisse detaillierter kennenzulernen und damit beispielsweise auch Produkte und Services auf deren Bedürfnisse hin zu entwickeln. Dazu treten die Community-Mitglieder in einen kontinuierlichen Austausch, in einen dauerhaften Denk- und Lernprozess, aber stets in einem selbst bestimmten geschlossenen Raum. Unternehmen sollten sich dabei wie ein Dart-Spieler verhalten, fordern die Autoren John Demsey und Dom Tunon im Branchenmagazin *Adweek*:

> *»The idea is to stop throwing darts at an unfathomable board. Aim instead for the bullseye: your niche communities, the nooks and crannies of your brand's fandom where you'd be welcomed as a guest, not an intruder. And when you find them, gin up the courage to speak directly and authentically to them with something meaningful and interesting to say. Show them you understand and are working hard to make it better, whatever it is.«*[231]

Rückkehr zum Social-Media-Gedanken

Keine Darts mehr auf ein unergründliches Brett werfen? Sondern in den Nischen-Communitys mit Fans direkt kommunizieren? Diesen zuhören? Sie einbinden? Von ihnen lernen und gemeinsam agieren? Der Community-Gedanke ist auf der einen Seite das Gegenstück wie auch die Ergänzung zu Push-Services wie E-Mail-Newsletter oder Broadcast-Channels.

Auf der anderen Seite sind sie Orte, in denen der Social-Media-Begriff noch gelebt wird. Schließlich ging es in den sozialen Medien immer darum, Menschen mit gemeinsamen Interessen miteinander zu verbinden. Mit den Communitys findet eine Verlagerung hin zu noch stärker nischen- und themenorientierten Plattformen hin, in denen dazu noch inhaltliche Verbindungen über algorithmische Empfehlungen dominieren.

Ende der großen Plattformen

Ist solch eine Verschiebung ein weiteres Zeichen für das Ende der großen Social-Media-Plattformen? Wenn es nach Jeff Jarvis, dem Medienkritiker und Journalismus-Professor an der City University of New York, geht, dann werden Meta & Co. durch die sich immer weiter verstärkende Verschiebung von großen Social-Media-Plattformen zu immer kleineren Gemeinschaften an Macht einbüßen:

> *»This shift from large social media platforms to smaller and smaller communities is going to continue, and with it, the big Web 2.0 companies will cede power.«*[232]

Es geht künftig verstärkt also darum, den Menschen das Gefühl zu vermitteln, Teil einer Gruppe, eines Clusters, einer Community zu sein und hier auch heimisch und sicher zu sein. Aufseiten der Unternehmen und Institutionen ist dies vor allem eine große Frage der Ressourcen. Denn dafür benötigen sie viele engagierte Mitarbeitende, um bei dem engen Austausch mit den Zielgruppen wirklich als authentisch und glaubwürdig wahrgenommen zu werden. Und genau um diese wird sich das folgende Kapitel kümmern.

Doch wenn Organisationen ihre organischen Social-Media-Aktivitäten auf fremden Plattformen zurückfahren, weil viele Aktivitäten einfach nicht mehr lohnenswert sind, dann ließen sich die freigewordenen Zeitbudgets doch in solche Communitys unter eigener Kontrolle investieren. Wäre dies nicht auch eine Investition in die Zukunft?

---

231 https://www.adweek.com/social-marketing/social-media-is-dead/
232 https://bit.ly/dr_npr_endofweb20

5.2 People: Menschen sprechen lassen

»People influence people, nothing influences people more than a recommendation from a trusted friend. A trusted referral influences people more than the best broadcast message. A trusted referral is the Holy Grail of advertising.«[233]
Mark Zuckerberg

Wenn die Social-Media-Plattformen die Beiträge von Menschen gegenüber denen von Unternehmen oder Institutionen bevorzugen, dann zeigt dies die Relevanz »menschlicher« Beiträge. Oder anders gesagt: Je digitaler die Welt wird, umso stärker kann der Mensch den Unterschied machen: mit seinen Meinungen, seinen Ansichten, seinen Einschätzungen, seiner Bewertung, seiner Persönlichkeit.

Diese eine Seite ist eng mit der künftigen Rolle von Mitarbeitenden als Markenbotschafter verknüpft zu sehen (Kapitel 5.2.2); auf der anderen Seite benötigen Organisationen gut vernetzte Digital-Communication-Manager (Kapitel 5.2.1), die Social Media mit weiteren Kommunikationskanälen innerhalb einer Strategie zusammenführen können. Ihnen zur Seite muss ein Management stehen, das diesen digitalen Wandel aktiv vorlebt und vorantreibt. Also Führungskräfte, die als Moderatoren, als Motivatoren, als Vorbilder für solch eine Art Changeprozess stehen. Schließlich muss jeder Veränderungsprozess auf oberer Ebene beginnen, um die Veränderungen in die Tiefe der Organisation treiben zu können.

5.2.1 Köpfe: Digital-Communication-Manager

Jeder Wandel geht vom Kopf aus. So ist auch jede strategische Kommunikation mit Social Media als integrativem Part zentral im Management aufzuhängen. Fördert der Vorstand nicht den Prozess beziehungsweise ist nicht selbst Kopf des Prozesses, wird dieser kaum gelingen. Dazu ist es notwendig, sämtliche Kompetenzen auf den digitalen Kanälen in der Position eines Digital-Communication-Managers zu bündeln, um die integrative Denke voranzutreiben. Also eine im Vergleich zu heute erwachsen gewordene Beraterfunktion, die mit mehr Verantwortung, erweiterter Erwartungshaltung und umfassenderem Aufgabenfeld ausgestattet ist.

Dieser Digital-Communication-Manager darf sich daher nicht nur mit den Instrumenten einer Social-Media-Kommunikation auskennen; er muss vor allem Kanäle ganzheitlich zusammenführen und den Blick auf das große Ganze einhalten. Denn die Zahl der Instrumente ist hoch, wie schon gezeigt wurde. Dies verdeutlicht, warum sie wirkliche Experten für eine moderne digitale Kommunikation sein müssen, die das Zusammenspiel von eigenen Medien (Owned Media), bezahlter Werbung (Paid Media), verdienten Empfehlungen (Earned Media) und geteilten Beiträgen (Shared Media) im erwähnten PESO-Modell leben und steuern, um strategisch vordefinierte Zielgruppen zu erreichen.

233 https://bit.ly/dr_marketingboerse_influencer

Das Ende der Social-Media-Abteilung

Ihr Einsatzgebiet lässt sich keineswegs auf den Bereich der Kommunikation oder des Marketings begrenzen. Automatisch gehen heute nicht nur die Kommunikations- und Marketing-Mitarbeitende in ihren Jobs mit den digitalen Medien und speziell den Social-Media-Plattformen um; ebenso die Kollegen aus den HR-Abteilungen, aus Vertrieb, Produktentwicklung, Kundenservice oder Marktforschung integrieren verstärkt Social Media in ihre Kommunikationsabläufe.

Doch wenn der Einsatz von Social Media elementar zu jeder modernen Kommunikation gehört und sich die Social-Media-Kommunikation neben dem persönlichen Kontakt, Telefon und E-Mail als weiteres Dialogmedium etabliert hat, werden Social Media dann noch als eigene Disziplin benötigt? Kaum. Unternehmen müssen vielmehr Social Media als eine Kompetenz begreifen, die sich durch das gesamte Unternehmen zieht, wie der Berater Guido Augustin bereits im Jahre 2016 in seinem Beitrag *Social Media ist tot!* schrieb: »*Social Media ist keine Disziplin, Social Media ist eine Kompetenz. So wie Orthografie, Rhetorik und Menschenverstand.*«[234] Schließlich gehe es um Kommunikation und um die richtigen Inhalte, die zum richtigen Zeitpunkt die richtigen Zielgruppen erreichen sollten. In diesem Kontext sei Social Media »*ein Kanal unter anderen Kanälen, radikal betrachtet nicht einmal das, sondern – wie gesagt – eine Kompetenz*«.

Solch eine integrierte digitale Kommunikation mit einem Digital-Communication-Manager als Kopf bedeutet damit de facto das Ende von Social Media als eigenständiger Disziplin. Was übrigens nicht heißen soll, dass künftig keine Social-Media-Manager oder Social-Media-Agenturen mehr benötigt werden; ihre Funktion wird sich vielmehr noch weiter ändern, wie es zum Teil bereits im Gange ist: weg vom Aktivisten und Content Publisher, hin zur Funktion als Coach, zur Rolle des beratenden Experten und des konzeptionellen Partners.

Starkes Umdenken notwendig

Zurück zum Gedanken des Digital-Communication-Managers: Für diese Schritte muss ihm viel Verantwortung innerhalb der Organisation eingeräumt werden. Auch ist er in sämtliche Kommunikationsprozesse von Anfang an einzubinden. Für solch eine Schnittstellenfunktion muss in der jeweiligen Organisation die Bereitschaft bestehen. Dies verdeutlicht, dass der Weg zu einem Digital-Communication-Manager gerade intern mit hohen Hürden versehen ist und auf dem Weg dorthin häufig viele Steine umgedreht werden müssen.[235]

Wie verantwortungsvoll seine Aufgabe ist, verdeutlichen schon die Rahmenbedingungen, die er mitschaffen muss. Einige der Voraussetzungen zeigt die folgende Abbildung (s. Abbildung 29). Nur dann kann eine integrierte digitale Kommunikation im gesamten Unternehmen ankommen, also von allen Mitarbeitenden wahrgenommen, verinnerlicht und gelebt werden. Warum diese Voraussetzungen so relevant sind, vereinfachen folgende Denkspiele: Wie soll ich unter Mitarbeitenden Multiplikatoren finden, wenn die Nutzung von Instagram, TikTok, Linked-

---

234 https://www.basicthinking.de/blog/2016/01/26/social-media-tot/

235 Dieses Thema wird noch ausführlicher behandelt in Ruisinger D. (2020), S. 69 ff.

In&Co. während der Arbeitszeit untersagt ist? Wie soll ich eine professionelle Bild-Kommunikation vorantreiben, wenn die technischen Voraussetzungen dazu nicht erfüllt sind? Wie sollen sich Kollegen noch stärker öffentlich bei LinkedIn&Co. als Fachexperten positionieren, wenn die Unternehmen vor Angst erstarren, dass etwas Falsches geschrieben und gesagt werden könnte? Und die daher solch eine Form des Kontrollverlustes nicht akzeptieren können?

Abbildung 29: Anforderungen an einen notwendigen Kulturwandel

Allein diese wenigen Beispiele zeigen, warum ein Digital-Communication-Manager möglichst eng mit der Geschäftsführung, aber auch der HR-Abteilung zusammenarbeiten muss, um die Voraussetzungen für ein kommunikativ modern aufgestelltes Unternehmen in unserem digitalen Zeitalter zu schaffen. Dazu müssen teilweise bestehende Hierarchien und Strukturen aufgebrochen und neu geordnet werden.

Herausforderung für hierarchische Führungsmodelle

Wenn die Führungsebene dagegen nicht an die neuen Kommunikationsformen glaubt und Implementierung im eigenen Unternehmen aktiv unterstützt, kann dies nicht funktionieren. Jede Kulturveränderung muss schließlich von oben initiiert, zumindest aber abgesegnet sein. Schließlich muss diese ebenfalls die notwendigen Ressourcen bereitstellen, an geeignetem Personal, ausreichendem Zeitbudget sowie Finanzmitteln. Und dies stets auf langfristige Sicht – betreffen sie doch ein Projekt mit Perspektive in Planung wie in Umsetzung.

Solche internen Prozesse stellen für viele Unternehmen und Institutionen eine der größten Herausforderungen dar. Schließlich wird durch Social Media ein direkter Austausch erleichtert. Dies zerrt wiederum an bestehenden Führungsstrukturen und Machtverhältnissen, wie der 2015 verstorbene Psychologe und Professor Peter Kruse bereits früh als größte Herausforderung prognostiziert hatte. Denn gerade die Vernetzung über Bereiche und sogar über Firmengrenzen hinweg destabilisiert eingespielte hierarchische Führungsmodelle.

Immer mehr Führungskräfte auf LinkedIn aktiv

Wer im digitalen Zeitalter mit seiner Kommunikationsstrategie wirklichen Erfolg haben will, ist folglich darauf angewiesen, dass die Verantwortlichen zumindest ein Verständnis dafür entwickeln, die Bedeutung erkennen, Kennzahlen lesen und hinter dem entwickelten Konzept und der eingeschlagenen Strategie stehen. Sie benötigen das Wissen um die Relevanz digitaler Kommunikationsprozesse und die Rolle von Social Media, um den Wandel glaubwürdig vorzuleben, Führungskollegen und Mitarbeitende zu motivieren und auf die nicht immer einfache digitale Reise langfristig mitzunehmen. Sie müssen selbst vorangehen, ob als eher passiver Treiber des Prozesses oder als in den digitalen Kanälen aktives Vorbild. Dazu sollten sich Führungskräfte mit den veränderten Kommunikationsinstrumenten auseinandersetzen, um glaubwürdig nach innen wie nach außen auftreten zu können.

Dazu zählt, dass sie sich selbst in den digitalen Medien verstärkt zeigen. An dieser Stelle ist in den letzten Jahren eine Veränderung wahrnehmbar. So ist die Zahl der Führungskräfte deutlich gewachsen, die mit ihrem Profil und ihrem Namen insbesondere auf LinkedIn aktiv sind, selbst wenn häufig der Account von einem internen Team im Hintergrund betreut wird. Wie ein Tim Höttges (Deutsche Telekom) oder eine Tina Müller (Weleda), die bei klassischen Medien genauso auftauchen wie auch bei LinkedIn oder auf Digital-Konferenzen wie der Dmexco oder dem OMR Festival. Immer mehr sind davon überzeugt, dass ihre eigene Online-Präsenz als sichtbarer Dialogkanal wichtig für das Image der Organisation ist, gerade im Austausch mit relevanten Stakeholdern nach außen wie auch nach innen.

Prägende Köpfe

Mit ihrem Verhalten prägen sie in einer immer stärker vernetzten Welt ihre Marke, ihre Unternehmenskultur und damit die Kommunikationsstrategie. Sie sind das Gesicht ihrer Firma und können mit authentischer Kommunikation dazu beitragen, Transparenz zu vermitteln und Glaubwürdigkeit zu verbessern. Als engagierte Personenmarke positionieren sie sich nicht nur bei aktuellen Themen oder unterstützen das Agenda Setting ihrer Organisationen. Sie sind Vorbild für ihre Mitarbeitenden, deren Präsenz immer stärker notwendig ist, um gerade in den sozialen Medien Sichtbarkeit zu erhalten und Fachwissen glaubwürdig zu vermitteln. Genau dies ist das Thema des jetzt folgenden Unterkapitels.

5.2.2 Mitarbeitende: Die neuen Markenbotschafter

Wie können wir mehr Sichtbarkeit als Unternehmen bekommen? Wie können wir unsere Wahrnehmung, unsere Reputation stärken? Wie können wir neue Mitarbeitende entdecken und für uns überzeugen? Wie können wir die Vielfalt unserer Organisation, unsere vielen bunten und spannenden Themen nach außen transportieren?

Diese Fragen stellen sich viele Organisationen. Gerade in Zeiten des Fachkräftemangels geht es immer stärker darum, das Bild eines offenen, relevanten und sympathischen Unternehmens nach außen zu transportieren, das zukunftssichere Jobs und eine moderne Arbeitsatmosphäre zu bieten hat. Doch wie sollen Unternehmen und Institutionen konkret vorgehen, wenn gerade im Social Web die Algorithmen der Social-Media-Plattformen den eigenen Beiträgen immer weniger Sichtbarkeit geben? Wenn abgesehen von Werbung fast nur noch die Beiträge von Menschen für eine Sichtbarkeit eines Themas sorgen können? Für viele heißt die Antwort: Corporate Influencer.[236] Doch gehen wir dazu nochmals einen kleinen Schritt zurück.

Eingeschränkte Sichtbarkeit

Spätestens mit dem Social Web, der Verbreitung von Dialog- und Interaktions-Plattformen hatten Unternehmen die Kontrolle nicht nur darüber verloren, was ihre Kunden und Partner über die Organisation in ihren Kanälen verbreiten; auch ihre Mitarbeitenden hatten in den Zeiten von Social Media neue Kanäle erhalten, in denen sie Informationen auch über das eigene Unternehmen publizierten und Dialoge mit Kollegen oder mit Unternehmensfremden über Produkte, Projekte, Dienstleistungen oder die Organisation selbst öffentlich führten – positiv, neutral wie negativ. Damit hatte sich ihre Rolle deutlich verändert.

Mit einem Moment wurde potenziell jeder Mitarbeitende zu einer Schnittstelle zur Öffentlichkeit und damit wiederum indirekt zu einem Botschafter des Unternehmens. Mit der Bedeutung sowohl des Kontrollverlusts als auch der Machtverschiebung mussten sich Mitarbeitende wie Unternehmen beschäftigen, selbst wenn sie auf mündige Mitarbeitende setzten, die mit ihrer neuen »digitalen Freiheit« verantwortungsvoll umgingen.

Mitarbeitende glaubwürdiger als der Chef

Die Relevanz des Begriffs »Kontrollverlust« ist insbesondere vor dem Hintergrund zu sehen, dass den Aussagen »normaler« Mitarbeitender heutzutage hohe Glaubwürdigkeit und starkes Vertrauen geschenkt wird. Beispiel Employer Branding: Wer heute nach einem neuen Job sucht, recherchiert verstärkt nach Erfahrungen, Meinungen und Einschätzungen im Netz und auf den Social-Media-Plattformen. Doch welche Aussagen und Informationen strahlen mehr Glaubwürdigkeit aus? Die Materialien auf dem Unternehmensblog? Die über den LinkedIn-Account der Organisation verbreitete Jobanzeige? Die wohlklingenden Aussagen des Geschäftsführers? Oder die Aussagen eines einfachen Mitarbeitenden? Vor allem sind es Letztere. Dafür muss dieser jedoch befähigt sein, im Sinne der Organisation aktiv zu werden.

Diesen Vertrauensvorschuss für normale Mitarbeitende verdeutlichen immer wieder Studien wie das jährliche *Trust Barometer* der Agentur Edelman: Laut Ausgabe 2023 (s. Abbildung 30) ver-

236 Je nach Ausrichtung werden diese Ambassadors auch Corporate Influencer, Markenbotschafter, Jobbotschafter, Themenbotschafter, Corporate Evangelists oder schlicht Voices genannt. Auf die teils feinen Begriffsunterschiede wird an dieser Stelle nicht weiter eingegangen; stattdessen werden die Begriffe synonym benutzt, wobei der Autor selbst den Begriff Markenbotschafter bevorzugt.

trauen danach Menschen mehr ihren Kollegen, ihren Nachbarn, den Menschen in ihrer Community als ihrem eigenen Geschäftsführer oder dem Führungspersonal anderer Unternehmen.[237]

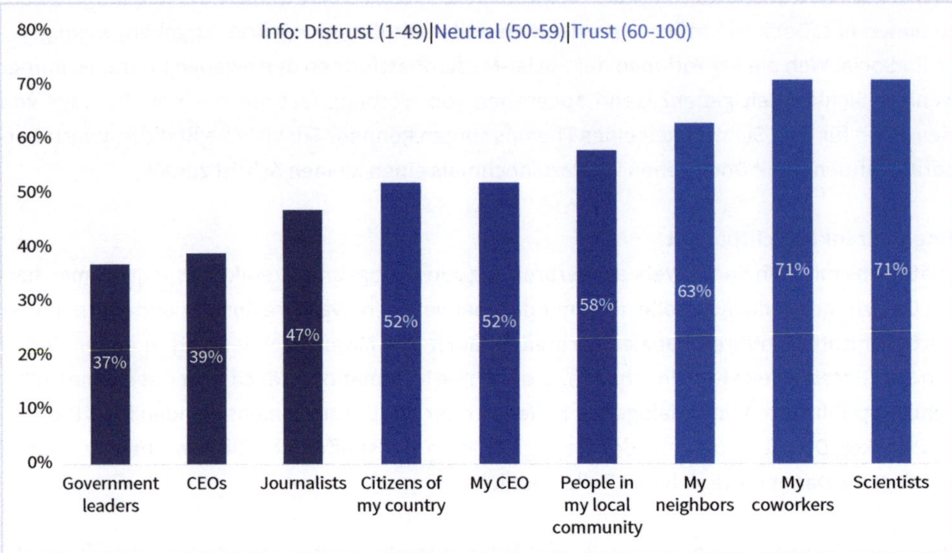

Abbildung 30: Ergebnis aus dem *Edelman Trust Barometer* 2023

Die Aussage eines Mitarbeitenden ist also glaubwürdiger als die eines Geschäftsführers? Ähnlich hatte sich bereits vor Jahren Mark Zuckerberg geäußert, als er die wichtige Rolle des Faktors Vertrauen hervorhob:

> *»People influence people, nothing influences people more than a recommendation from a trusted friend. A trusted referral influences people more than the best broadcast message. A trusted referral is the Holy Grail of advertising.«*[238]

Viele Markenbotschafter-Projekte

Mit diesem Wissen haben in den letzten fünf bis acht Jahren immer mehr hiesige Unternehmen das Thema Markenbotschafter angepackt. Damit sind Mitarbeitende eines Unternehmens gemeint, die ihre eigenen Social-Media-Reichweiten und ihre persönlichen Kanäle für die Publikation von Themen der Organisation öffnen. Sie posten nicht nur private Themen, sondern berichten auch über ihre beruflichen Aufgaben innerhalb der Organisation – aber in ihrer eigenen Sprache, mit ihrer persönlichen Wortwahl und in ihrer individuellen Einschätzung.

Bereits in dieser Definition verbirgt sich nicht nur das Wesen, die Aufgabe und der Verantwortungsbereich eines Corporate Influencers; sie zeigt ebenfalls auf, wie Unternehmen den Aufbau

237 Vgl. https://www.edelman.de/de/research/2023-edelman-trust-barometer.
238 https://bit.ly/dr_marketingboerse_influencer

von Markenbotschaftern kommunikativ begleiten sollten, wie Angelica Bergmann von der BKK ProVita schilderte. In einem Gastbeitrag für das Buch *Die digitale Kommunikationsstrategie* betonte sie die Wirkung eines solches Projektes:

> *»In meinem erweiterten Verständnis von Corporate Influencern wirken diese allerdings nicht nur nach außen, sondern ebenfalls ins Unternehmen hinein: indem sie anderen Kollegen Mut machen und die Sichtbarkeit des Unternehmens auch bei den eigenen Mitarbeitenden sowie in deren Umfeld erhöhen.«*[239]

Lesetipp 5: Der Corporate Influencer Club

Wer sich mit dem Thema Corporate Influencer tiefer beschäftigen will, dem ist der Corporate Influencer Club auf LinkedIn zu empfehlen. In dieser wachsenden Gruppe von rund 10.000 Mitgliedern werden regelmäßig aktuelle Themen diskutiert, neue Programme präsentiert und Corporate Influencer vorgestellt. Zudem finden regelmäßig Austauschformate wie das Corporate Influencer Breakfast sowie LinkedIn-Audio-Events statt.

Zur Gruppe: https://www.linkedin.com/groups/12274970/

Menschen vertrauen Menschen

Neben den veränderten Machtstrukturen gibt es weitere Gründe, warum Unternehmen verstärkt auf Corporate Influencer, also auf Markenbotschafter aus den Reihen der eigenen Mitarbeitenden, setzen. Die Ergebnisse des Edelman *Trust Barometers* haben gezeigt, dass gerade das Vertrauen in offizielle Verlautbarungen oder auch in das Führungspersonal häufig eher gering ist. Stattdessen vertrauen Menschen eher anderen Menschen und Empfehlungen ihrer Peergroup als abstrakten Marken.

Gerade zu Zeiten, in denen die Netzwerke zudem mit Content-Häppchen immer stärker überflutet werden, erreichen Markenbotschafter mit ihren persönlichen Geschichten, ihrer nahbaren Expertise, ihrem Spezialwissen auch in Nischen und ihrer individuellen Glaubwürdigkeit viel eher die Zielgruppen. Damit unterstützen sie die digitale Kommunikation des Arbeitgebers – und pflegen zugleich ihr eigenes Netzwerk.

Vielfältige Vorteile für beide Seiten

Denn Corporate Influencer sind nicht nur für die Organisation selbst von Vorteil: Wer regelmäßig zu einzelnen Themenfeldern Content veröffentlicht und fachlich relevante Diskussionen initiiert, kann selbst sein Personal Branding auf- und ausbauen. Auf diese Weise lässt sich viel besser ein enges fachliches Netzwerk mit weiteren Kollegen aus der Branche schnüren. Zudem – und dies ist im Bereich Employer Branding zu berücksichtigen – wirken sie entscheidend daran mit, wer künftig mit ihnen oder neben ihnen im Unternehmen arbeitet.

239 Ruisinger, D. (2020), S. 108 ff.

Ein weiterer Aspekt sind die bereits erwähnten gesunkenen organischen Reichweiten gerade von Unternehmensbeiträgen im Vergleich zu persönlichen Beiträgen. Erst wenn Inhalte auf den Corporate-Kanälen von den Mitarbeitenden aufgegriffen werden, nimmt deren Wahrnehmung folglich zu. Menschen ziehen es nun einmal vor, sich direkt mit Menschen auszutauschen. Dies unterlegte Steve Kearns von LinkedIn Anfang des Jahres 2023 mit ein paar Zahlen:

> *»People follow brands on LinkedIn, but they engage with the people behind those brands. Encourage employees to become advocates and ambassadors for your LinkedIn presence – when an admin posts on their Page, 30 % of the engagement comes from their employees, who are 14x more likely to share that content vs. other content types. Celebrate your people and their accomplishments. Tag them in posts and feature them in your images and videos. It will make your brand more authentic, relatable, and interactive.«*[240]

Sichtbarer, authentischer, sympathischer, gesprächsbereiter: Auch dieses Zitat hebt die Relevanz hervor, warum heute Corporate-Influencer-Programme gerade auf einem Business-Kanal wie LinkedIn notwendig sind. Hinzu kommt der wachsende Private-Media-Trend: Gerade dort haben die Organisationen nur wenig Chancen, mit ihren Themen sichtbar zu werden und benötigen ihre Mitarbeitenden in ihrer Funktion als Multiplikatoren.

Kultur des Vertrauens als Voraussetzung

Heute lässt sich das Prinzip des Markenbotschafters auf fast alle Unternehmensbereiche übertragen. Sie setzen ihre eigenen und vielfältigen Fachthemen auf LinkedIn, schreiben für unternehmenseigene Blogs, halten Vorträge auf Fachveranstaltungen und vernetzen sich auf Events und Barcamps. Diese Wirkung können sie jedoch nur dann ausstrahlen, wenn in ihnen keine PR- und Marketingmaschinen für das Unternehmen gesehen werden. Sie sind auch keine verlängerte Werkbank der Unternehmenskommunikation, des Vertriebes, der HR-Abteilung und gar des Vorstandes. Und sie sprechen in keiner Weise für die Organisation.

Vielmehr handeln sie aus rein intrinsischer Motivation, sind allein von ihrer eigenen Bereitschaft getrieben, sich in dieser Form für ihren Arbeitgeber einzusetzen, indem sie über sich und ihre Arbeit sprechen. Dazu fixieren sie sich auf die Themen, die aus ihrer Sicht wiederum von Relevanz für die eigenen Follower, die eigene Community, das eigene Netzwerk sind und die natürlich auch auf das Unternehmen positiv einzahlen. Dazu erzählen sie in ihren Beiträgen (s. Abbildung 31) authentische Storys vom Arbeitsplatz, von ihren Erfahrungen, von ihren Einschätzungen, von ihren Begegnungen.

240 https://bit.ly/dr_kearns_linkedin_engagement

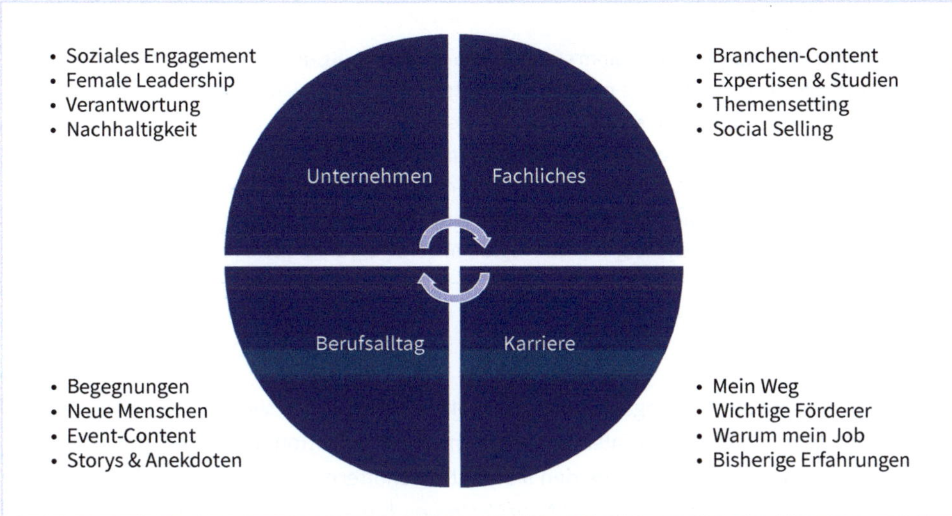

Abbildung 31: Mögliche Themen für Markenbotschafter

Dazu brauchen sie einerseits Zeit und Freiräume für ihre Form der Kommunikation; andererseits benötigen sie aber auch ausreichend Wissen, um ihrer Funktion überhaupt nachgehen zu können.

Aufbau von Corporate Influencer

Diese Chance haben viele Unternehmen erkannt. Organisationen wie Allianz, Axa, Bayer, Bechtle, Berliner Sparkasse, Continental, DATEV, Deutsche Telekom, DHL, EON, Kreissparkasse Köln, LV 1871, Microsoft, Nestlé, Otto, der RSGV, Siemens, die Stadt München und viele Hunderte mehr haben eigene Ambassador-Programme aufgesetzt und Mitarbeitende geschult. Dieses Vorgehen betrifft auch immer stärker traditionelle, oft noch hierarchisch geprägte Unternehmen. Genau diese haben häufig spannende Geschichten zu erzählen, die sich hinter den B2B-Unternehmen verbergen, deren Produkte und Dienstleistungen nicht so stark in der Öffentlichkeit diskutiert werden und deren Marke auch weniger wahrgenommen wird.

Zumeist haben sie in einem ersten Schritt eine Pilotgruppe gegründet, die sich aus Personen unterschiedlicher Bereiche sowie unterschiedlicher Hierarchien – vom Vorstand über die Abteilungsleiterin, vom Vertriebler bis hin zum Azubi im zweiten Lehrjahr – zusammensetzen. Nur so können sie ein möglich vielfältiges Bild der Organisation nach außen transportieren. Dabei sind die meisten Initiativen HR-getrieben, Stichwort Fachkräftemangel, Azubi-Recruiting, und haben sich deshalb auf das Business-Netzwerk LinkedIn fokussiert. Doch teilweise auch auf Instagram, TikTok und Facebook sind heute Markenbotschafter aktiv, um ihre persönlichen Meinungen einzubringen, Einblicke in ihren Arbeitsalltag zu geben und fachliches Wissen zu teilen.

Tipp 6: Die Rolle der Pilotgruppe

Wer ein Corporate-Influencer-Programm startet, unterschätzt häufig den Aufwand, der damit verbunden ist. Schließlich erwarten die neuen Markenbotschafter, dass ihnen bei Fragen schnell geholfen wird, dass sie ihre Inhalte mit anderen Personen spiegeln können, dass sie regelmäßig Tipps erhalten, um ihre Postings noch besser zu entwickeln. Vor diesem Hintergrund ist es sinnvoll, mit einer kleinen Gruppe von 6 bis maximal 12 Corporate Influencern je nach Größe des Unternehmens und vorhandener Betreuungszeit zu beginnen. Mit den durch die Pilotgruppe gewonnenen Erfahrungen lassen sich wichtige Schlussfolgerungen ziehen, um das Programm bei Erfolg auf weitere interessierte Mitarbeitende auszuweiten.

Führungskräfte als Vorbilder

An der Stelle spielen die Führungskräfte eine tragende Rolle, prägen sie die Kultur entscheidend mit: Als Vorbilder, die in den sozialen Netzwerken Kommunikation und Vernetzung vorleben, aber vor allem auch als Förderer, die den Markenbotschaftern volles Vertrauen für ihre Arbeit vermitteln, denn: »*Wenn die Kultur nicht auf Vertrauen basiert, ist es schwierig, ein Programm umzusetzen*«,[241] warnt Klaus Eck, Kommunikationsberater und Corporate-Influencer-Experte. Und diese Kultur beginnt ganz oben, führt er weiter aus:

> *»Ich muss natürlich von ganz oben, der Geschäftsführung, unterstützt werden. Man muss auch den Mitarbeitern, die nicht am Programm teilnehmen, erklären, was dort geschieht, damit alle so ein Vorgehen nachvollziehen können und sogar unterstützen. Das setzt eine sehr offene Kultur voraus.«*

Pluralität statt One-Voice-Policy

Solch eine sich öffnende Kultur erfordert oft immense Umdenkprozesse innerhalb der Organisationen. Noch immer haben viele ihre Kommunikation auf eine One-Voice-Policy ausgerichtet, also dass jeder mit der »gleichen Stimme«, mit den gleichen Inhalten nach außen spricht. Sie haben den Traum, über alles die Kontrolle zu behalten – und damit auch über Inhalte, wie sie erstellt, wie sie verbreitet, wie sie wahrgenommen werden. Dies führte dazu, dass zu Anfang des Social Web gerade konservative, tradierte Organisationen damit fremdelten, dass sie plötzlich die Kontrolle über die Inhalte verloren hatten, die sie zuvor immer über die Unternehmenskommunikation steuern konnten. Plötzlich waren es Menschen – ihre Mitarbeitenden, Kunden, Zulieferer, Interessierte, Gegner –, die sich mit den Inhalten öffentlich auseinandersetzten und sie so verbreiteten, wie sie es für passend empfanden. Kommunikation in Netzwerken bedeutete schließlich Pluralität bei den sich äußernden Gesichtern und damit ebenso bei deren Meinungen.

Der Aufbau von Markenbotschaftern bedeutete den nächsten Schritt in Richtung dieses scheinbaren Vertrauensverlusts, der gleichzeitig zu mehr Pluralität führen sollte. Wenn sie künftig mehr Sichtbarkeit mit ihren Inhalten bekommen wollten, mussten sie folglich zuerst lernen, die bisherige Kontrolle zu lockern und den Mitarbeitenden mehr Eigenverantwortung zu über-

241 https://www.kom.de/medien/corporate-influencer-sind-eine-riesenchance/

tragen, ihnen also zu vertrauen. Sie mussten akzeptieren, dass Diskussionen mit viel mehr Stimmen als bisher geführt wurden. Deren Aussagen sollten aber weder den zentralen Werten der Organisation noch den in der Strategie definierten Zielen widersprechen. Genau auf diese zwei Seiten einer einerseits gelockerten, offenen und persönlichen sowie andererseits verantwortungsbewussten Kommunikation legen daher heutige Corporate-Influencer-Programme besonderen Wert.

Fazit: Sieben Tipps beim Aufbau von Markenbotschaftern

Der Aufbau eines solchen Programms ist ein Prozess, der in mehreren Stufen abläuft (s. Abbildung 32). Nur so können die Markenbotschafter für eine Organisation später auch effektiv nach außen wie nach innen wirken:[242]

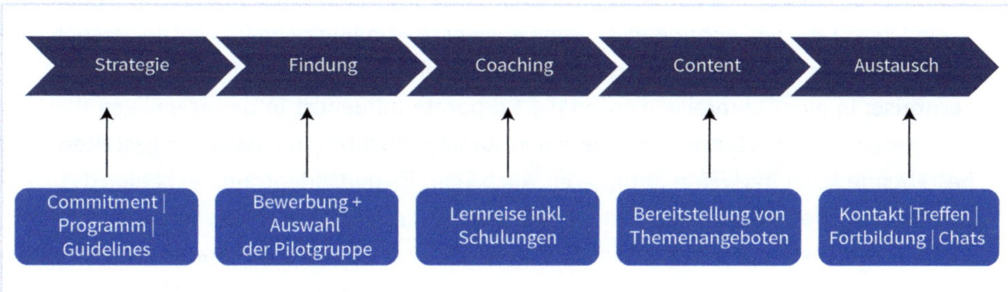

Abbildung 32: Der stufenweise Prozess eines Markenbotschafter-Programms

1. **Commitment:** Im ersten Schritt ist zu klären, ob die Organisation für ein Corporate-Influencer-Programm überhaupt bereit ist. Die Verlagerung der Kommunikation auf eine Gruppe von Corporate Influencern verlangt schließlich ein gewisses Maß an Offenheit quer durch die Hierarchieebenen. Daher ist die Zustimmung auf Führungsebene eine grundlegende Voraussetzung für den Erfolg des Programms.
2. **Strategie**: Die Basis bildet ein Employee-Advocacy-Programm. Darin sind Ziele, Anforderungen, Verantwortlichkeiten, Erwartungen fixiert. Auch ist festgelegt und mit der Personalabteilung abgestimmt, welche zeitlichen Freiräume die Markenbotschafter für ihre Tätigkeit haben und welche sonstigen Spielregeln beachtet werden sollen. Wer schon im Programm die Schnittstellen mit Kommunikation, Marketing, Vertrieb und Human Resources klärt, vermeidet später Missverständnisse und erhöhten Koordinationsaufwand. Zudem ist die Plattform zu definieren, über die später der interne Austausch unter den Markenbotschaftern erfolgen kann und auf der die Inhalte, Termine, Checklisten, Tutorials, Guidelines zur Verfügung gestellt werden. Neben Tools wie Sharepoint, Staffbase, Yammer kann dazu das bestehende Intranet dienen.
3. **Corporate Influencer Guidelines**: Markenbotschafter benötigen für ihre Tätigkeit Sicherheit. Dies betrifft rechtliche Aspekte wie Bild- und Impressumsrecht, den Umgang mit öf-

242 Siehe dazu auch den Gastbeitrag von Klaus Eck *Erfolgreich eine Corporate-Influencer-Strategie aufsetzen* in: Ruisinger/Jorzik (2021), S. 326 ff.

fentlicher Kritik und vertraulichen Themen sowie Regelungen zur Arbeitszeit. Dies sollte in einem Regelkatalog festgelegt sein (s. Wissen 16). Dazu können entweder bereits vorhandene Social-Media-Guidelines an die Corporate Influencer angepasst oder aber neue entwickelt werden.

4. **Programmstart**: Zum Start sollte eine Pilotgruppe aus motivierten Personen ausgewählt werden, die sich mit der Organisation identifizieren. Sie bilden die Vorhut und können mit der Zeit erweitert werden. Sie sollten einerseits Themen kompetent fachlich wie persönlich vermitteln können; andererseits sollten sie den Mut und die Offenheit haben, auf ihren persönlichen Profilen berufliche Inhalte aus dem Umfeld des Arbeitgebers zu teilen und öffentlich zu diskutieren. Dazu sollten sie aus diversen Bereichen der Organisation kommen, um ein möglichst heterogenes Bild nach außen abzugeben und unterschiedliche Themenfelder zu besetzen. Schon zum Programmstart ist der Pilotgruppe der Aufwand bewusst zu machen, der mit ihrer Tätigkeit verbunden ist. Denn nur wer regelmäßig zeigt, für welche persönlichen und beruflichen Themen er steht, wird öffentlich identifizierbar und wiedererkennbar.
5. **Lernreise**: In einer Lernreise werden die Corporate Influencer in den jeweiligen Plattformen geschult. Sie erfahren, wie sie einen Kanal einrichten, rechtssicher gestalten oder bestehende Accounts weiter optimieren. Auch Schreib- und Videotrainings zählen dazu. Zudem werden die Themen ihres Personal Brandings eruiert, über die sie ihre Kompetenzen sichtbar machen wollen. Schließlich bauen sie darüber ihre Personenmarke gezielt auf, um als Markenbotschafter wahrgenommen zu werden. Auch sollten ihre Inhalte auf die Content-Strategie des Unternehmens einzahlen. Im Anschluss an die Lernreise werden Checklisten, Playbooks und weitere hilfreiche Informationen zum Abruf online bereitgestellt.
6. **Content**: Die meisten Markenbotschafter werden selbst ihre eigenen Themen entwickeln und spielen. Trotzdem gibt es immer wieder Inhalte, die in der Organisation anfallen und aus Sichtweise der Corporate Influencer interessant sein könnten. So sollten kuratierte Storys oder relevante Studien bereitgestellt werden, die die Markenbotschafter in ihren persönlichen Netzwerken verbreiten könnten. Solche Inhalte sind jedoch immer nur als Angebot zu verstehen, niemals als Verpflichtung.
7. **Austausch**: Viele Programme scheitern daran, dass sie gestartet, aber die Corporate Influencer nicht ausreichend begleitet werden. Die kontinuierliche Kontaktpflege ist damit ein weiterer ganz entscheidender Erfolgsfaktor. So benötigen Markenbotschafter einen festen Ansprechpartner, der ihnen bei Fragen und Unsicherheiten zur Seite steht. Gleichzeitig sind feste Formate (s. Abbildung 33) zu installieren, in denen sich die Markenbotschafter untereinander regelmäßig austauschen können. Neben einer Plattform für den täglichen Austausch können dies fachlich-thematische Schulungen, individuelle Sprechstunden oder monatliche Community-Treffen sein. Diese tragen dazu dabei, die Kollegen dauerhaft zu motivieren, damit sich nicht die anfängliche Euphorie nach wenigen Monaten wieder in eine Inaktivität auflöst.[243]

243 Das verlinkte Corporate Influencers' Paradox zeigt gut auf, wie schnell eine anfängliche Begeisterung unter Corporate Influencern in eine Frustphase umfallen kann. Daher ist es so wichtig, sie regelmäßig zu begleiten, zu betreuen und dauerhaft zu motivieren: https://bit.ly/dr_linkedIn_riechie_paradox.

Abbildung 33: Auswahl an Austauschformaten für Corporate Influencer

Wichtig: Auch wenn Mitarbeitende auf solche Weise über ihre Unternehmen oder Institutionen kommunizieren, so bedeutet dies keineswegs, dass sie auf ihren kommunikativen Plattformen die Funktion eines Presse- oder Unternehmenssprechers übernehmen. Diese Aufgabe liegt weiterhin bei der Kommunikationsabteilung, die das Unternehmen nach außen vertritt.

WISSEN 16: DIE ROLLE VON CORPORATE INFLUENCER GUIDELINES

Wenn Mitarbeitende öffentlich über ihr Unternehmen, über Produkte, über Entwicklungen sprechen, dann benötigen sie Orientierungshilfe und rechtliche Sicherheit.[244] Schließlich sollen sie authentisch, glaubwürdig und korrekt gegenüber ihren Stakeholdern auftreten. Corporate Influencer Guidelines sind damit Hilfsinstrumente auf gleich zwei Ebenen: Sie tragen dazu bei, die eigene Marke zu schützen; und sie unterstützen die Markenbotschafter bei ihrem Verhalten aktiv. Dazu sollte in einer leicht verständlichen, informativen Sprache beschrieben sein:

- warum das Unternehmen das Corporate-Influencer-Programm entwickelt hat und dass der Vorstand oder die Geschäftsführung dieses unterstützt;
- warum die Markenbotschafter bei ihrer Kommunikation ihre eigene Identität nicht verschleiern, sondern sich stets offen verhalten sollten inklusive der Nennung ihres vollständigen Namens mit Funktion und Unternehmen;
- worin die Unterschiede und die Abgrenzungen zwischen privatem Posting und Äußerung als Corporate Influencer liegen;
- wann und wie intensiv sie ihrer Corporate-Influencer-Tätigkeit während der Arbeitszeit nachgehen können;

244 Ein hilfreiches Whitepaper hat die Anwaltskanzlei SKW Schwarz zum Thema »Corporate Influencer« publiziert. Kurz und kompakt werden die wichtigsten Fragen rund um Arbeitsrecht, Kennzeichnung, Haftung, Impressum, Urheberrecht, Datenschutz, Steuern und sonstige Verhaltensregeln beantwortet. Herunterladen lässt sich dieses Dokument unter: https://bit.ly/dr_skwschwarz_ci_whitepaper.

- welche rechtlichen Faktoren zu beachten sind, wozu unter anderen Impressumsrecht, Bildrecht, Persönlichkeitsrecht, Urheberrecht, Kennzeichnungspflicht, Umgang mit Drittinhalten zählen;
- welche Inhalte vertraulich zu behandeln sind, weil sie unternehmensrelevante Informationen, Geschäfts- und Betriebsgeheimnisse betreffen;
- dass ihre publizierten Meinungsäußerungen auch Rückschlüsse auf den Arbeitgeber ermöglichen, sodass ein Verzicht auf Beleidigungen und offene Kritik am eigenen Arbeitgeber, an Kunden wie an Konkurrenten selbstverständlich sein sollte und
- an wen sie sich bei Kritik oder bei Fragen direkt wenden können.

Solche Richtlinien inklusive Ansprechpartner sollten stets zugänglich sein. Zudem sollten diese Guidelines nicht nur verkündet, sondern im Rahmen der Lernreise auch eingeführt werden.

Rückbesinnung auf Social-Media-Kernbegriffe

In einer Zeit, in der die persönlich geprägte Social-Media-Kommunikation zu Ende geht und in der insbesondere die Beiträge von Organisationen eine immer geringere Sichtbarkeit auf den einzelnen Plattformen erhalten, zählt die Installation von Corporate Influencern zu den kommunikativen Kernaufgaben. Deren authentische Beiträge sind das genaue Gegenstück zu interessensgeleiteten Unternehmensnachrichten sowie zu gesichtslosem KI-Content, der sich immer stärker durch die Social-Media-Plattformen zieht. Mit ihren individuellen, selbst erlebten Geschichten sorgen sie vielmehr für eine persönliche Note, die eng mit den Kernbegriffen des Social Web – Authentizität, Glaubwürdigkeit, Gesprächsbereitschaft – in Verbindung steht.

Gleichzeitig wird es für Organisationen nicht nur darum gehen, dass ihre Corporate Influencer auf Social-Media-Plattformen mit Fokus LinkedIn aktiv sind. Wie schon Vorreiter wie Otto oder DATEV gezeigt haben, betrifft der Gedanke jegliche Art von Kommunikation. Warum sollten glaubwürdige Markenbotschafter nicht stärker bei Messeauftritten, bei Veranstaltungen, bei Online-Talks eingebunden werden, um die Marke als Multiplikator zu vertreten? Zur Glaubwürdigkeit eines Unternehmens oder einer Institution würde dies jedenfalls beitragen.

5.3 Content: Inhalte gezielt aufbereiten

»We will also prioritize posts that spark conversations and meaningful interactions between people. (…) These are posts that inspire back-and-forth discussion in the comments and posts that you might want to share and react to.«[245]
Adam Mosseri, Instagram, damals Head of News Feed, Facebook

245 https://about.fb.com/news/2018/01/news-feed-fyi-bringing-people-closer-together/

Die Zeiten, in denen wir schnell und einfach Sichtbarkeit mit unseren Inhalten erhalten haben, sind lange vorbei. Wenn wir im Social Web überhaupt noch Sichtbarkeit erlangen, dazu müssen wir die Inhalte und die Formate exakt an die jeweilige Zielgruppe anpassen und auf die jeweilige Plattform zuschneiden. Dieses Konfektionieren von Inhalten gibt natürlich ebenso für E-Mail-Newsletter und Broadcast-Channels, für Webseiten und sonstige Kommunikationskanäle, auch wenn dort andere Regeln gelten. Bei dieser gezielten Aufbereitung kann man sich gut an den folgenden sieben Eigenschaften orientieren: strategisch, kanalspezifisch, sichtbar, strukturiert, authentisch, interaktiv, teilbar.[246]

5.3.1 Strategisch

In den letzten Jahren haben die Social-Media-Plattformen die Regeln stetig verändert, welcher Art von Content sie eine größere Sichtbarkeit geben und welcher nicht, welche sie bevorzugt in die Feeds der Menschen einspielen und welche eher selten wahrgenommen werden können. Diese Veränderungen wurden in Kapitel 3 ausführlich beschrieben.

Doch wie muss für dieses veränderte Medium der Content konzipiert, erstellt und später verbreitet werden? Und dies in einer Zeit, in der Inhalte nicht mehr primär über vernetzte Nutzer verbreitet, so der klassische Social-Media-Gedanke, sondern hauptsächlich von der KI der jeweiligen Plattformen gesteuert werden, die eine möglichst hohe Aufmerksamkeit und dadurch eine noch größere Verweildauer anstreben?

Parallel-Postings ohne Wirkung

Angesichts eines Information Overload und eines Content-Shock bei vielen Menschen bringt es wenig, einfach immer mehr Content zu produzieren, in der Hoffnung, dass er schon wahrgenommen wird. Auch der Ansatz, die Inhalte beispielsweise mithilfe von Dritt-Tools wie Hootsuite, Buffer&Co. über mehrere Plattformen zu teilen, um anderweitig um Engagement und Reichweite zu betteln, führt in einen Irrweg. Nicht nur die Algorithmen der Social-Media-Plattformen schätzen es zumeist nicht, wenn bei ihnen Kopien des ursprünglichen Contents verbreitet werden. Auch die Menschen fühlen sich gelangweilt, wenn sie überall dieselben Inhalte zu sehen bekommen, und wenden sich ab.

Wie hieß es schon in Kapitel 4.2.1: »*Viel bringt nicht unbedingt viel.*« Stattdessen sollten Marken einen Schritt zurücktreten und ihre bisherige digitale Kommunikations- und Marketingstrategie neu überdenken, schrieb der Marketingberater Frederic Gonzalo:

246 Wer sich intensiver mit der Erstellung von Inhalten für digitale Medien auseinandersetzen will, mit der Lesbarkeit und der Wahrnehmung von Inhalten, mit dem Aufbau von Online-Texten, mit der Findbarkeit durch Suchmaschinen und Menschen zugleich, dem ist das Buch *Praxis Online-Texten* des Autors als Leitfaden zu empfehlen: https://dominikruisinger.com/online-texten/.

»Time to reassess content marketing tactics, frequency and platforms, considering how algorithms are making it increasingly difficult to reach your target audiences organically.«[247]

Notwendiger Perspektivwechsel

So muss der künftige Fokus auf der Kreation und Verbreitung von zielgruppenspezifischem Content liegen, auf Erlebnisse, die informieren, aufklären, bewegen, faszinieren, auch unterhalten – und dies unabhängig von Kanal oder Plattform. Dazu müssen sich Organisationen noch intensiver mit ihren Zielgruppen, also ihren Lesern, Abonnenten, Partnern, Mitarbeitenden, Fans, Follower, Friends beschäftigen. Welches Vorwissen, welche Erwartungen, welche Bedürfnisse haben sie? Und welche Sprache sprechen sie?

Bei diesen Fragen ist ein Perspektivwechsel notwendig. Nur wer sich in die Zielgruppe hineinversetzt, kann in seinem Beitrag eine Sprache sprechen, die ihr und ihren Bedürfnissen entspricht und sie nicht ratlos zurücklässt. Nur wer ihr einen wirklichen Mehrwert bietet, wird in ihr Sicht- und Wahrnehmungsfeld gelangen. Und nur wer ihre Gefühle und Interessen trifft, wird sie dazu bewegen können, mit den Inhalten zu interagieren – unabhängig vom Social-Media- oder Kommunikationskanal.

Chance per Content Curation

Bei diesem Perspektivwechsel sollte Wert darauf gelegt werden, selbst zum Sprachrohr eines Themas zu werden. Per Content Curation[248], also dem Kuratieren von Inhalten zum eigenen Spezialgebiet, können sich Organisationen als Expertinnen platzieren und ihrer Zielgruppe einen wirklichen Mehrwert liefern.

Relevantes Material ließe sich dazu regelmäßig aus den unterschiedlichsten Quellen sammeln, destillieren, auf die Kernaussagen herunterbrechen, für die Zielgruppe aufbereiten und dann kommentiert zur besseren Einordnung verbreiten. Auf diese Weise können sie ihr fachliches Know-how der eigenen Zielgruppe gegenüber effizient demonstrieren – ob auf der eigenen Webseite, dem Blog, in einem Fach-Newsletter oder sogar auf Social-Media-Kanälen. Jeder Kommentar, jedes Sharing, jede Verbreitung würde wiederum dazu beitragen, die eigene Reputation weiter zu steigern und die Verbindung mit der Fach-Community zu vertiefen.

Die richtige Gewichtung: Hub, Hero, Hygiene

Die Herausforderung liegt in der richtigen Gewichtung, denn durch den höheren Aufwand durch die noch intensivere Beschäftigung mit den Zielgruppen und deren Bedürfnissen sollten sich Unternehmen von nicht zielgruppengenauem Content verabschieden. Auch sollten sie nicht jeder neu aufgetauchten Plattform hinterherrennen, die meist mit hohen Ressourcen

247 https://fredericgonzalo.com/en/the-end-of-social-media-as-we-know-it/

248 Ein guter Einführungsartikel zum Thema ist hier zu lesen: https://www.contentmanager.de/wissen/content-curation-was-ist-das-eigentlich/.

verbunden ist. Stattdessen sollten sie sich auf die zentralen Kanäle fokussieren, die für sie und insbesondere für die möglichen Empfänger der Informationen von Relevanz sind.

Bei dieser Gewichtung des Contents hilft das Hero-Hub-Hygiene-Modell (s. Abbildung 34). Es bietet nicht nur eine gute Anleitung, um später die gesetzten Themenschwerpunkte sofort zu erkennen. Es hilft ebenso bei der Planung des Contents. Dessen Relevanz nimmt in diesem Modell von unten nach oben zu, wie ebenso der personelle und finanzielle Aufwand. Dabei spielt es keine Rolle, ob es sich beim Content um Text, Grafik, Audio, Video oder um andere kombinierte Formate handelt. Sehen wir uns die drei Stufen etwas genauer an:

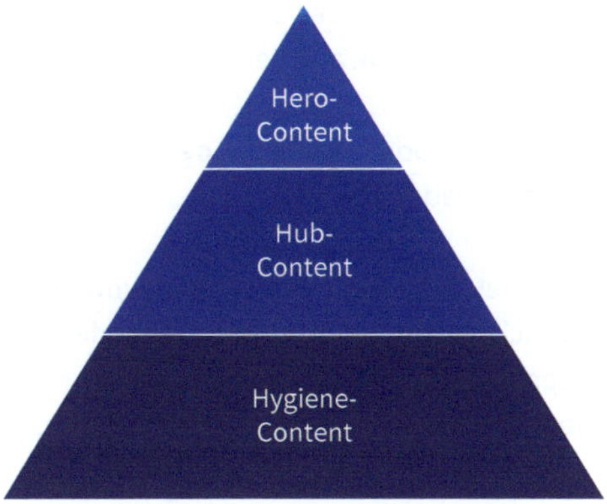

Abbildung 34: Das Hero-Hub-Hygiene-Modell für die Content-Strategie

- **Hygiene-Content**: Regelmäßig gespielter Content sorgt für Grundrauschen. Es sind Inhalte, die von der Zielgruppe zu einem Thema gesucht werden und damit dauerhaft relevant sind. Diese Inhalte umfassen Produktinformationen, Veranstaltungen, Tipps, Umfragen, How-to-Anleitungen, FAQs etc. Solche Beiträge werden fast nie mit Ads gepusht. Sie sollen für eine höhere Präsenz in Suchmaschinen und in der Suche auf Social-Media-Plattformen sorgen und also Menschen erreichen, die nach Themen, Hilfen, Anregungen aktiv recherchieren.
- **Hub-Content**: Dieser zumeist wöchentlich oder monatlich gespielte Content ist aufwendiger in der Produktion. Er orientiert sich an den Schwerpunkten der Organisation, an neuen Produkten oder an spezifischen Interessen der Zielgruppe. Dazu zählen Hinweise zu Produkt-Launches, Interviews, Erfolgsstorys, Behind-the-Scenes-Berichte. Auch größere Infografiken, Blog- und Video-Serien, Gewinnspiele und andere Interaktionsformate fallen unter Hub-Content, die regelmäßig mit Werbung begleitet werden. Mit diesen Beiträgen sollen vor allem bestehende Abonnenten und Follower gebunden und das Vertrauen ausgebaut werden.
- **Hero-Content**: Hero-Content betrifft die Höhepunkte des Jahres. Meist sind es punktuelle Themen, die zwar einen großen Impact auf die Organisation haben, aber auch einen hohen Aufwand an Zeit und Kosten implizieren. Dies können zentrale Produkteinführungen, der Start einer großen Kampagne, neue Markenfilme, eigene Groß-Events wie Jahreskonferen-

zen und Messeauftritte sein. Solch Highlight-Content erfordert stets eine deutlich aufwendigere Vorbereitung. Größere Werbebudgets werden von Anfang an mit geplant, um gerade bestehende Abonnenten für die Marke zu begeistern, mit ihnen zu interagieren und eine große Reichweite zu generieren.

Content mit Zielen

Natürlich kann Content nur dann erfolgreich sein, wenn er auf klare Ziele ausgerichtet ist, wenn definiert ist, was mit jedem Posting erreicht werden soll. Ziele können durchaus unterschiedlicher Natur sein:

- Soll der Beitrag zum Dialog mit der Community, also zur Interaktion führen?
- Soll durch den Wissensbeitrag eine längere Verweildauer erreicht werden?
- Soll er die Nutzer dazu bringen, per Link auf die eigene Webseite, den Blog-Artikel, den Medienbericht zu klicken?
- Sollen sie per Call-to-Action ein Produkt kaufen, einen Newsletter bestellen, ein Dokument herunterladen, also konkrete Leads generieren?

Einfach gesagt: Zumindest ein Ziel sollte klar definiert sein, um den Beitrag in der Formatwahl, bei der Inhaltstiefe, in der Sprache, in der Emotionalität, über den Call-to-Action auszurichten. Diese drei Faktoren – Zielgruppen, Ziele, Fokussierung – sind im Vorfeld zu bedenken. Erst dann ist es an der Zeit, sich mit dem Inhalt des jeweiligen Contents intensiver zu beschäftigen.

5.3.2 Kanalspezifisch

Jeder Kommunikationskanal hat kleinere oder größere Unterscheidungsmerkmale: Ausrichtung, Zielgruppen oder bevorzugte Content-Formate, die die Nutzer dort wahrnehmen wollen. Dies hat Konsequenzen für jeden Inhaltsproduzenten. So kann ein Beitrag, der auf Facebook stark diskutiert wird, auf LinkedIn auf keinerlei Interesse stoßen, ein Reel, das auf Instagram für Begeisterung sorgt, als Short oder TikTok untergehen, kann ein Karussell-Post auf LinkedIn zu vielen Interaktionen führen, aber bei Instagram durchfallen, kann ein Gewinnspiel oder ein Aufruf in einem Broadcast-Channel die Nutzer motivieren, dafür im E-Mail-Newsletter ohne Interaktionen verpuffen.

Jeder muss sich vor Augen führen: Auch wenn sich die Plattformen in den letzten Jahren immer stärker angeglichen haben, ticken sie dennoch etwas unterschiedlich, haben ihre eigenen Regeln und erfordern so ein anderes Verhalten. Jeder Inhalt muss folglich dem Kanal und damit jeder Zielgruppe bewusst angepasst werden – in Bezug auf Stil, Ton und Thema; jeder Beitrag muss zudem auf die Algorithmen der jeweiligen Plattform reagieren. Schließlich entscheiden diese mit, welche Beiträge zum Betrachten, zum Verweilen und zur Interaktion einladen werden. Das folgende vereinfachte Beispiel (s. Tipp 7) verdeutlicht, wie stark sich Inhalte auf die einzelnen Plattformen zuschneiden lassen.

Tipp 7: Vielfalt beim Content-Einsatz

Als Kaffeeröster mit Fokus auf den nachhaltigen Anbau von Kaffee aus Kolumbien und begrenzten Ressourcen fokussiere ich mich auf drei Kommunikationskanäle, die ich jeweils mit unterschiedlichem Content bespiele:

- Für **LinkedIn** erstelle ich wöchentlich etwas längere Beiträge, die klar den Fokus auf das Thema Nachhaltigkeit legen. Damit verfolge ich das Ziel, mich mit weiteren Unternehmen zu vernetzen, die ebenfalls diesen Weg gehen. Es sollen fachliche intensive Diskussionen entstehen, die auch von der Plattform geschätzt werden. Über dieses Themensetting möchte ich mich zu einem Sprachrohr für nachhaltig angebaute Getränke machen. Dies ist ebenfalls das Thema meines LinkedIn-Newsletters.
- Auf **Instagram** würden längere Fachbeiträge kaum für Interaktion und großes Interesse sorgen. Stattdessen liegt mein Schwerpunkt darauf, den Prozess der Kaffeeproduktion in Kurz-Videos darzustellen. Dazu werde ich Interview-Schnipsel mit Kaffeebauern erstellen, die gerade mein soziales Engagement hervorheben. Zudem werde ich kompakte Infografiken und Karussell-Postings aufbereiten, die wichtige Zahlen, Daten und Fakten rund um die nachhaltige Kaffeeproduktion in dem Land einfach verständlich darlegen.
- Auch eine **Community** werde ich aufbauen. Im ersten Schritt werde ich dazu die Broadcast-Channels auf Instagram nutzen, um dort mit kurzen und frechen Auszügen zur Frage: »Magst du nachhaltigen Kaffee?«, also mit Informationen, Aufrufen, mit kleineren Gewinnspielen in den Dialog treten. Parallel werde ich einen E-Mail-Newsletter aufbauen. In diesem werde ich Wert auf segmentierte, lokalisierte Inhalte legen, die genau auf bestehende Käufer zugeschnitten sind. Gleichzeitig werde ich dort ebenfalls das Thema Nachhaltigkeit für meine sozial und ökologisch engagierte Zielgruppe wieder verstärkt aufgreifen.

Diese kanalspezifische Aufbereitung ist mit höherem Aufwand verbunden. Um diesen wieder etwas aufzufangen, bietet sich ein Content-Recycling hat. Dabei wird Content zwar zentral hergestellt; daraus werden aber dann weitere Content-Formate für die jeweiligen Plattformen abgeleitet. Wie solch ein Recycling funktioniert, zeigen die beiden Beispiele in Abbildung 35. Sie verdeutlichen, wie viele weitere Content-Formate – und im Beispiel ist nur eine Auswahl erwähnt – sich aus einem einzigen Video, einem einzigen Artikel entwickeln lassen könnten. Ein möglicher Erfolg lässt sich dabei über Analyse-Tools sofort erkennen.

Abbildung 35: Recycling von Video- bzw. von textlichem Content für weitere Formate

Angesichts der enormen Informationsflut kommen wir am Customizing beziehungsweise an Adaptive Content, also dem Zuschnitt von Informationen mit Mehrwert auf klar definierte Stakeholder und Kanäle, nicht mehr vorbei. Nur mit solch personalisiertem, auf die Bedürfnisse von Nutzern sowie auf die Spezifika der einzelnen Kanäle zugeschnittenem Content lassen sich künftig die eigenen Stakeholder noch erreichen, an die Marke binden oder zu einer Interaktion verleiten. Alles andere verpufft im digitalen Nirvana.

5.3.3 Sichtbar

»Wer sich nicht bewegt, hat schon verloren« – vor allem an Sichtbarkeit und Relevanz. Und wer nicht sichtbar und damit findbar ist, der existiert für die meisten Menschen nicht. Allein dieser Spruch verdeutlicht, welche Relevanz das »Gefundenwerden« heute hat. Bei Webseiten, Blogs, Online-Magazinen, Content-Hubs und Ähnlichem spielt die Suchmaschinenoptimierung (SEO) eine enorme Rolle.

Im Vergleich dazu hat SEO in den Medien des Social Web zwar eine deutlich untergeordnete Rolle. Aber es ist eine Rolle, die derzeit wächst. Der Hauptgrund ist das deutlich veränderte Suchverhalten. Gerade bei jüngeren Nutzern bewegt sich der Trend immer stärker in Richtung visueller Suche. Das heißt, sie nutzen weniger klassische Suchmaschinen wie Google oder Bing für ihre Recherche; abgesehen von KI-Tools und Amazon suchen sie immer stärker nach ihren Themen, Begriffen, Wünschen bei TikTok, Instagram, YouTube&Co. Damit diese dann dort auch glaubwürdige Ergebnisse finden, bauen immer mehr Marken junge Wissensnetzwerke auf. So gelingt es dem öffentlich-rechtlichen Jugendangebot Funk auf TikTok, selbst komplexe Themengebiete aus Physik, Chemie und Medizin verständlich, faktenbasiert und unterhaltsam aufzubereiten.[249]

Konsequenzen aus dem veränderten Suchverhalten

Das veränderte Suchverhalten haben auch die großen Suchmaschinen bemerkt und sehen gerade in TikTok und Instagram eine immer stärker werdende Konkurrenz. So meinte Prabhakar Raghavan, Senior Vice President bei Google, auf der Fortune Brainstorm Tech-Konferenz im Juli 2022:

> *» Unsere Studien zeigen: 40% der jungen Menschen gehen nicht zu Maps oder zur Google-Suche, wenn sie nach Orten zum Essen suchen. Sie gehen zu TikTok oder Instagram (...) Diese Nutzer tendieren nicht zur Eingabe von Schlagwörtern, sondern wollen Inhalte auf eine neue, immersive Art und Weise entdecken.«*[250]

Dabei darf man sich nicht davon täuschen lassen, dass sich das Zitat auf die Suche nach »Orten zum Essen« bezieht. Genauso suchen sie nach Jobs, Ausbildungsplätzen, politischen News oder aktuellen Kampagnen. Gerade für die Generation Z werden soziale Medien damit immer mehr zu ihren Suchmaschinen.[251]

Zusammenwachsen von Social Media und SEO

Wie stark Social Media und SEO quer durch alle Plattformen zusammenwachsen, zeigen zwei weitere Beispiele, dieses Mal bei LinkedIn. Wer dort einen Newsletter verfasst, kann zu seinem

249 Ein gutes Beispiel ist: https://www.tiktok.com/@rays.space.
250 https://onlinemarketing.de/technologie/konkurrenz-google-suche-gen-z-tiktok-instagram
251 Dies belegt auch eine Grafik von Statista, die die Informationsquellen bei der Produktsuche der Generation Z weltweit darstellte: https://www.statista.com/statistics/1341355/sources-of-info-for-product-research-among-gen-z/.

Content die passenden SEO-Begriffe hinzufügen. Und wenn jemand einen Beitrag schreibt, dann hängt die Relevanz und damit die Sichtbarkeit des Postings auch davon ab, ob der Autor diese Kompetenz in seinem LinkedIn-Profil hinterlegt hat. Auch dies ist eine Form von SEO.

Daher sollte auf den Social-Media-Plattformen darauf geachtet werden, dass die definierten Top-Keywords zumindest in den Profilen aufgeführt sind. Auch kann es helfen, thematische Schlüsselbegriffe ebenfalls in den Captions, in Bildunterschriften, in ALT-Tags, in Untertiteln etc. zu integrieren, also in alle Bereiche, die bei einer Suche berücksichtigt werden. Auch innerhalb der Texte können relevante Keywords als Signalwörter die Nutzer zumindest dabei unterstützen, die wichtigen Begriffe wahrzunehmen und im Kopf zu behalten, auch wenn sie keine direkten SEO-Vorteile mit sich bringen.

WISSEN 17: WAS BEDEUTET YOUTUBE-SEO

Eine zentrale Rolle spielt das Thema SEO bei YouTube. Auch hier sollten die Begriffe verstärkt integriert werden, um als Kanal, als Marke, als Thema, als Beitrag findbar zu sein. So sollten die passenden, themenübergreifenden Keywords in der Kanal-Info vorkommen. Diese wird häufig in den Google-Ergebnissen mit angezeigt. Schlüsselbegriffe sollten ebenso sowohl im Video-Titel als Top-Klickfaktor als auch in der Description integriert sein. Die ersten beiden Zeilen (ca. 110–130 Zeichen) der Description werden in der YouTube-Suche meist zusammen mit dem Titel angezeigt. Weiter sollten (Nischen-)Keywords in den Tags zu den Inhalten, im Video-Untertitel und in der Video-Datei selbst erwähnt sein.[252]

Ein abschließender Tipp: Auch die Zielgruppe ist übrigens ein SEO-Begriff. Wer sich an Automechaniker, speziell an Anwältinnen oder an Krankenschwestern wendet, sollte diese auch als Begriff im Text erwähnen. Und wer bei der Suche nach den richtigen Keywords Probleme hat, dem helfen neben vielen Tools vor allem Antworten auf drei einfache Fragen:

1. Worum geht es (Problem, Thema, Anlass)?
2. An wen richte ich mich (Zielgruppe)?
3. Welche Lösung, welches Angebot biete ich (Leistung, Content)?

5.3.4 Strukturiert

Angesichts des herrschenden Information Overload wischen wir schnell durch Online-Angebote, surfen gedankenlos über Webseiten, Blogs und Videos, scannen blitzschnell Feeds und Storys und fokussieren uns dabei stets auf hervorstechende Elemente. In Sekundenschnelle

252 Einen ausführlichen und detaillierten YouTube-SEO-Guide hat die Agentur Seokratie publiziert: https://www.seokratie.de/youtube-seo-guide/; ein kostenloses Tool, um Keywords in allen Sprachen zu finden, ist das YouTube Keyword Tool https://www.keywordtooldominator.com/k/youtube-keyword-tool; wer mehr Funktionen wie Suchtrends, Suchvolumen und CPC-Faktor benötigt, für den ist das kostenpflichtige Keyword Tool geeignet: https://keywordtool.io/youtube.

entscheiden wir, ob ein Bildmotiv, ein Titel, ein kurzer Teaser für uns so interessant ist, dass wir den ganzen Text, das gesamte Video wahrnehmen wollen. Reizen eine prägnante Hook, ein guter Leadtext, hervorgehobene Details nicht zum Lesen oder Klicken, nehmen wir auch den gesamten Inhalt nicht wahr.

Dies gilt in hohem Maße für Beiträge im Social-Media-Bereich. Zeile für Zeile, Wort für Wort, Silbe für Silbe bewegt sich kaum jemand gleichmäßig durch einen Beitrag. In wenigen Augenblicken müssen wir vielmehr davon überzeugt sein, dass wir hier gut unterhalten werden, wichtige Informationen finden, etwas Neues zum Lernen entdecken, hilfreiche Tipps erhalten. Dazu muss der Beitrag sofort zu erschließen sein. Schließlich sind weitere um unsere Aufmerksamkeit buhlende Beiträge nur einen einzigen Wisch entfernt.

Text mit Führungsrolle

Also fokussieren wir uns auf ganz wenige Elemente, die uns in den Beitrag lotsen oder ihn achtlos beiseiteschieben lassen. Doch nach welchen Verhaltensregeln nehmen wir Inhalte wirklich wahr? In den letzten Jahren wurde im Bereich Social Media vor allem über visuelle Elemente gesprochen: über Bilder und Bilderserien, über kurze und lange Videos, über Storys, teils auch über Infografiken, ob als Solo oder als Karussell-Post. Doch selbst wenn wir in einem visuellen Zeitalter leben: Texte spielen bis heute bei der Mehrzahl der Social-Media-Postings eine tragende Rolle.

Text wird benötigt, um eine Verbindung zwischen dem Nutzer und den visuellen Elementen zu schaffen, um Informationen zu vermitteln, die Community zu einer Handlung auffordern, für Aufmerksamkeit, für Neugier, für Interesse zu sorgen. So gibt es kaum ein Bild, das nicht von einem Text eingeleitet, begleitet oder angereichert wird. Selbst Video-Teaser bestehen aus einem Vorschaubild, einem Titel und einem Teaser, um die Erwartungshaltung und damit die Lust auf das Video zu wecken.

Oberflächliche Wahrnehmung

Schon diese Einleitung verdeutlicht, dass fast alle Social-Media-Kanäle mehrere Textelemente benötigen, wie einen Teaser-Text als Hook, eine klare inhaltliche Struktur und ganz sicher einen Call-to-Action (CTA) (s. Abbildung 36). Doch gehen wir auf die drei Erfolgselemente etwas genauer ein:

Abbildung 36: Der Aufbau eines Social-Media-Postings: Hook, Inhalt, Call-to-Action

Tipp 8: Hilfe per AIDA-Modell

Gerade im Social Web muss eine Aufmerksamkeit sehr früh erregt werden. Bei der Formulierung eines Social-Media-Postings kann das klassische AIDA-Modell helfen:

- Attention: Visueller Eyecatcher, der neugierig auf den Beitrag macht;
- Interest: Hook, die den Text antriggert und zum Klick »mehr Anzeigen« reizt;
- Desire: Leicht verständlicher und gut formatierter Text, der die Neugierde hält;
- Action: Engagement-Trigger als CTA am Ende, der zur Interaktion aufruft.

1) Die Hook

Leser sind grundsätzlich ungeduldig. Sie wollen in kürzester Zeit erfahren, um was es sich handelt und welchen Nutzen sie davon haben. Fehlt ihnen beides, werden sie sich kaum mit dem Beitrag näher beschäftigen, sondern zum nächsten Content-Angebot wechseln. Gleichzeitig überfluten uns die sozialen Medien mit Inhalten und Reizen. Woran orientieren sich die Nutzer also, wenn sie durch ihre mobilen Feeds scrollen?

Türöffner und Lustmacher

Die Aufgabe des Scroll-Stoppers übernimmt im Social Web die Hook, oft zusammen mit einem starken Creative wie einer auffälligen Infografik, einer Person in Action, einem ungewöhnlichen Moment. Die Hook ist der Haken, an dem wir den Leser haben wollen. Sie ist der Hingucker, der Türöffner, der Lustmacher. Sie entscheidet über Bleiben oder Gehen, Klicken oder Weiterscrollen und damit über den Erfolg des Beitrages. Innerhalb von nur ein bis zwei Sätzen muss der Leser verstehen, welchen Mehrwert ihm der Inhalt bieten könnte. Kurz, kompakt, informativ muss sie also Aufmerksamkeit erregen und Neugierde wecken. Dies kann eine überraschende Neuheit, ein hilfreicher Tipp, eine unterhaltsame Formulierung sein, die Lust darauf macht, den Text zu lesen, sich durch die Bildergalerie oder ein Karussell zu klicken oder sich das Video anzusehen, natürlich möglichst bis zum Ende.

Vereinfacht lässt sich sagen: Wer keine treffende Hook schreibt, dessen Beitrag wird es schwer haben, in das Aufmerksamkeitsfenster der scrollenden Nutzer zu kommen. Dies verdeutlicht, welche große Last auf diesem Eingangstor liegt.

Immer kürzere Aufmerksamkeitsspannen

Die Relevanz einer guten Hook ist in den letzten Jahren immer größer geworden. Durch den Information Overload scrollen die Menschen noch schneller durch ihre Feeds, ihre Aufmerksamkeitsspanne wird immer kürzer. Erreicht das Thema sie nicht sofort, sind sie beim nächsten Beitrag. Darum muss sie eine Hook in maximal zwei Sekunden angetriggert haben, dass sie sich jetzt sofort für das Thema zu interessieren haben. Wie relevant Hooks sind, zeigt auch die Auswertung des jährlichen LinkedIn-Algorithmus-Reports. Danach sind Hooks für 35 Prozent der Reichweite verantwortlich. Hooks könnten beispielsweise wie folgt formuliert sein:

- Verifizierungs-Haken für Ihr LinkedIn-Profil? ✅ Das Feature wird jetzt im DACH-Raum ausgerollt. Hier ist meine Anleitung dazu.
- Ein typischer Fehler, den viele von uns auf LinkedIn machen, mich eingeschlossen. Und natürlich, wie man ihn vermeidet!
- Sie planen eine Wohnung zu kaufen? Hier sind meine 5 Tipps, die Sie bei Ihrer Finanzierung beachten sollten.
- Du träumst von einem leckeren 🍰 Erdbeerkuchen 🍓? Meine Oma zeigt dir ihr Lieblingsrezept. Und das ist soooo einfach.
- Kinder 👶 haben Rechte! Und zwar viele. Kennst du sie? Wir stellen dir die Top-10 vor, für die du die Verantwortung trägst.

Die Kernaussage muss folglich sofort verständlich sein. Nur wenn diese berührt, neugierig macht, relevant ist, werden die Nutzer den gesamten Beitrag wahrnehmen wollen. Diese Relevanz gilt nicht nur für Textbeiträge. Auch bei einem Video auf Instagram, TikTok oder YouTube muss der Nutzer in den ersten ein bis zwei Sekunden wissen, warum er sich dieses Video jetzt unbedingt ansehen sollte. In diesem zeitlichen Bruchteil muss er zum Klick motiviert werden. Ansonsten ist er verloren – zumindest für dieses Video.

2) Die inhaltliche Struktur

Im Social Web sind wir keine Leser; wir sind Scanner oder besser gesagt Skimmer (s. Abbildung 37), die den Content nach möglichen Haltepunkten durchkämmen und möglichst schnell weiterklicken, sollte uns nichts sofort ins Auge fallen. Wir versuchen also, den groben Inhalt möglichst schnell zu überfliegen, wie viele Usability-Untersuchungen zeigen. Dazu springen wir von einer Textstelle zur nächsten und picken uns die uns sofort ins Auge fallenden Begriffe heraus.[253] Wie muss Content also aufbereitet sein, um genau dort ins Auge zu fallen?

	READING	SCANNING	SKIMMING
Wie viel Content wird wahrgenommen?	Bis zu 100 %	Ca. 25 %	Ca. 10 %
Wie schnell wird der Inhalt wahrgenommen?	150 Wörter/min.	500 Wörter/min.	1.500 Wörter/min.
Was konkret wird wahrgenommen?	Gesamte Text- und Bild-Informationen	Hervorgehobenes: Fettung, Liste, Grafik, Tabelle, Absatz-Anfang	Hervorstechende Infos, zufällig Gesehenes, eher Visuelles als Text

Abbildung 37: Reading, Scanning, Skimming im Kurzvergleich

- **Aufbau**: Texte werden überflogen, quergelesen, nach interessanten Ankerpunkten durchforstet. Neben der Hook benötigt der Text dazu eine klare Struktur. Wenn die Aufmerksamkeitsspanne gering ist, dann muss die Kernaussage an den Anfang. Genau dort muss sie den Leser packen, damit er weiterliest. Online-Texter orientieren sich hier an der umgekehrten Pyramide (s. Abbildung 38), das heißt: Die wichtigen Kernaussagen, die zentralen Argumente, die aussagekräftigen Zahlen kommen ganz früh im Text vor; die weniger wichtigen später. Auf diese Weise sollen Leser den Kern des Textes auch dann verstanden haben, wenn sie den Text nicht bis zu Ende lesen.

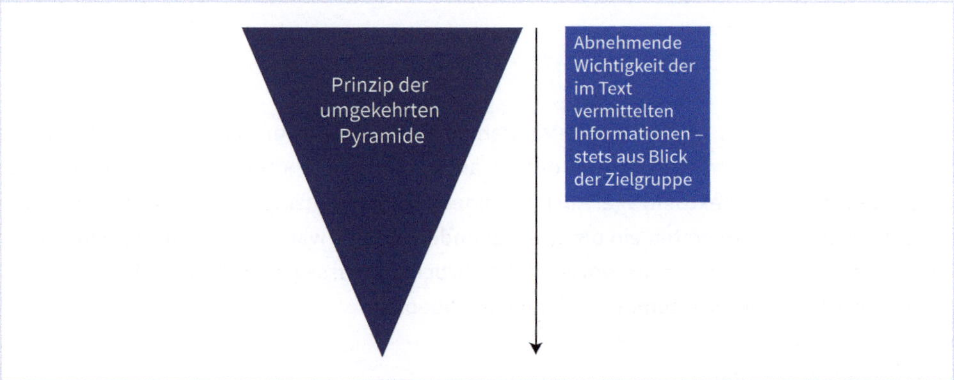

Abbildung 38: Die umgekehrte Pyramide

253 Der Däne Jakob Nielsen gilt als Usability-Papst. Mit seiner Nielsen Norman Group untersucht er seit Jahren das Leseverhalten von Online-Nutzern. Dazu analysiert er per Eyetracking, wie speziell Webseiten wahrgenommen werden. Im Jahre 2020 bestätigte er eine Untersuchung aus dem Jahre 1997, dass online weniger gelesen denn gescannt wird, auch wenn sich die Gestaltung und die Regeln beispielsweise für das Design von Webseiten weiterentwickelt haben. Weitere Infos dazu unter: https://www.nngroup.com/articles/how-people-read-online/.

- **Textlänge**: Auf allen Plattformen lassen sich auch längere Beiträge erstellen; 280 Zeichen bei X, 500 Zeichen bei Threads, 2.200 Zeichen bei Instagram und TikTok, 3.000 Zeichen bei LinkedIn, über 60.000 Zeichen bei Facebook. Angesichts der Content-Fluten auf den Netzwerken werden jedoch längere Texte nur selten gelesen. Stattdessen werden Feeds, Storys zumeist nur überflogen, die Verweildauer pro Post liegt bei weniger als drei Sekunden. Und doch gibt es Unterschiede: So lässt sich ein Thema auf einer Business-Plattform ausführlicher darstellen, da dort eine gewisse fachliche Tiefe erwartet wird. Im Gegensatz dazu bestehen die Texte auf den visuell geprägten Plattformen oder in den Broadcast-Channels aus einem Mix aus Titel, Teaser und Call-to-Action. Manchmal sind sie nur Begleit-Posting zum visuellen Element, das neugierig machen soll.[254]
- **Sprache**: Angesichts vieler Scanner und Skimmer muss der Inhalt sofort prägnant und punktgenau formuliert sein. Die Nutzer müssen schließlich auf den ersten Blick verstehen, worum es geht. Sie müssen einen Grund finden, auf einen Link zu klicken, ein Video anzusehen oder den Beitrag zu liken, zu kommentieren oder zu verbreiten. Dazu müssen sie aus dem Post direkt den Mehrwert herauslesen, den der verlinkte Artikel oder das eingebettete Video haben könnte. Auch Business-Netzwerke wie LinkedIn leben von einer klaren, informativen und verständlichen Sprache. Trotzdem können dort wie auch im eigenen Fachblog Branchen-Vokabeln durchaus offensiv genutzt werden, sollten sie zur Fachsprache der eigenen Community gehören.[255]

3) Der Aufruf

Was soll ich jetzt tun? Diese Frage stellen sich viele am Ende eines Textes oder eines Videos. Soll ich jetzt kommentieren? Meine Meinung äußern? Auf einen weiteren Beitrag klicken? Einen Newsletter bestellen? Darauf gibt der Call-to-Action die Antwort. Dieser spielt auch deshalb eine so große Rolle bei Texten im Social Web, weil die Algorithmen besonders Beiträge bevorzugen, die zu einer hohen Interaktion geführt haben.

So kann dieser Call-to-Action unterschiedlicher Natur sein und durchaus auch verschiedene Ziele verfolgen:

- **Kommentare**: Die Autorin des Beitrages könnte am Ende die Nutzer schlicht nach ihrer persönlichen Meinung, nach ihrer fachlichen Einschätzung, nach ihrer eigenen Erfahrung fragen.
- **Weiterleitung**: Am Ende des Beitrages könnte die Autorin darauf hinweisen, dass beispielsweise ein Newsletter abonniert oder ein E-Book heruntergeladen werden kann; dass weiteres vertiefendes Wissen in einer verlinkten Studie oder in einem Experteninterview auf dem eigenen Content-Hub zu finden ist.

---

254 Eine konkrete Länge wird hier nicht vorgeschlagen. Auf der einen Seite unterscheidet sich diese gravierend von Plattform zu Plattform. Auf der anderen Seite haben sich die Empfehlungen für die optimale Länge in den letzten Jahren immer wieder verändert.

255 Wer den Schwierigkeitsgrad seines Textes überprüfen will, dem ist der Flesch-Index zu empfehlen. Bei dieser Lesbarkeitsformel wird besonders die Länge der Wörter und der Sätze berücksichtigt: https://www.fleschindex.de/.

- **Interaktion**: Einen spielerischen Austausch ermöglichen gerade Broadcast-Channels und Story-Formate. So können zu Abstimmungen aufgerufen, zu Gewinnspielen eingeladen oder mit interaktiven Story-Stickern die eigene Meinung abgefragt werden.

Tipp 9: Regeln bei der Content-Erstellung

- Content ist immer auf die Zielgruppe ausgerichtet – auch sprachlich.
- Content liefert wirklichen Mehrwert – mit Relevanz für die Zielgruppe.
- Die Hook macht neugierig – ohne reißerisch etwas zu versprechen.
- Die Kernaussage folgt stets am Anfang – und ist verständlich.
- Der Beitrag ist gut strukturiert – und damit schnell skimmbar.
- Ein Social-Media-Text regt zur Interaktion auf – und informiert nicht nur.

5.3.5 Authentisch

KI-Inhalte dringen immer stärker auf viele Plattformen vor. Ob Webseiten, E-Mail-Newsletter oder Social-Media-Plattformen, der Anteil an KI-erzeugtem Content hat sich im Verlauf der letzten zwei Jahre kontinuierlich erhöht. Angesichts der rasanten Entwicklung im Bereich der generativen KI ist es heutzutage so einfach, schnell und kostengünstig wie nie zuvor, Inhalte zu produzieren. Damit droht eine noch größere Content-Schwemme gerade im Social Web.

Andererseits zählen gerade Werte wie authentisch, persönlich, individuell, menschlich zu den Kernsymbolen des ursprünglichen Social-Media-Gedankens. Sie sind klare Unterscheidungsmerkmale im Vergleich zu KI-generiertem und von KI-Algorithmen dominiertem Content. So können Organisationen genau diese Chance ergreifen, solche traditionellen Werte verstärkt aufzugreifen, um damit eine Sichtbarkeit in der digitalen Landschaft und wirkliche Beziehungen zu ihrem Publikum aufzubauen.

Lesetipp 6: Texten mit KI

Texten, Gestalten und Programmieren mit KI entwickeln sich immer stärker zu einem Werkzeug, das in jeden Instrumentenkoffer nicht nur von Kommunikations- und Marketingexperten gehört. Wer sich insbesondere mit Texten mit KI-Unterstützung auseinandersetzen, ein detaillierteres Verständnis der Sprachmodelle erhalten und Schritt-für-Schritt-Anleitungen für Prompts trainieren will, dem ist das Buch *Richtig Texten mit KI* von Kai Spriestersbach zu empfehlen.

Wer dazu noch nach dem passenden KI-Text-Generator sucht, der wird bei dieser Auswahl von Jens Polomski fündig: https://jens.marketing/tools-ki-texte/. Dabei lassen sich die vielen Tipps, Tools, News und Tutorials auch per wöchentlichem Newsletter abonnieren.

Menschliche Stimme verdeutlichen

Gerade auf den Social-Media-Plattformen sind Köpfe statt Marken gefragt. Schließlich wollen Menschen mit Menschen sprechen und nicht mit Marken. Social-Media-Kanäle leben also von Persönlichkeiten und ihren Meinungen, ihren Ideen, ihren Einschätzungen, ihren Erfahrungen. Aktive Mitarbeitende und Markenbotschafter können emotionale Brücken zu den Zielgruppen schlagen, wenn sie in Storys, in kurzen Reels und TikToks, in Live-Formaten von ihren individuellen Erfahrungen, ihren persönlichen Erlebnissen, ihren eigenen Meinungen, ihren emotionalen Momenten erzählen. Dabei sollten sie Positionen, Überzeugungen, Einschätzungen authentisch und meinungsstark vertreten und Dialogbereitschaft zeigen. Damit grenzen sie sich deutlich von KI-generiertem Content ab.

Gerade in einer Zeit des Content-Überflusses kommt es folglich verstärkt darauf an, starke und authentische Geschichten zu entwickeln und diese auf einzelne, auch kleinere Zielgruppen zuzuschneiden. Nur dann werden Botschaften aufmerksam wahrgenommen und weiterverbreitet. Insbesondere ein visuelles Storytelling kann hierbei helfen, mit den eigenen persönlichen Geschichten noch stärker in das Sichtfenster bestehender wie möglicher Fans und Follower zu gelangen. Diese müssen das Gefühl haben, zu riechen, zu schmecken, zu hören. Sie müssen etwas miterleben und nachvollziehen können. Erst solche Gefühle lösen bei ihnen die Reaktion aus, sich mit den Inhalten tiefer zu beschäftigen, die Inhalte zu teilen und damit dem Beitrag und seinem Absender zu mehr Sichtbarkeit zu verhelfen.

Für die Erstellung solchen Contents sollten gerade Organisationen in die Rolle eines Creators schlüpfen, meint der bekannte britische Social Media Consultant Matt Navarra:

> *»Brands now have to think and act like they're creators themselves, when they're creating content for the likes of TikTok, Reels, or YouTube or any other platform. And they significantly benefit from using a creator or an influencer, either as an individual to deliver the message or working with them to create content that's going to resonate with their audiences.«*[256]

Unternehmen als Creator

Diese persönlichen, authentischen Storys sind die Basis, über die sich Beiträge von Menschen, aber auch von Unternehmen und Institutionen von automatisch generierten Inhalten abgrenzen. Gleichzeitig erfordert die Relevanz persönlicher Inhalte von den Kommunikatoren einen verantwortungsvollen Umgang mit ihrer Rolle. Schließlich werden Marken über Köpfe wahrgenommen und Fehler der Menschen auf die Marken projiziert. Alle Akteure befinden sich schließlich in einem gemeinsamen öffentlichen Raum – Ausnahme Private Media –, in dem jeder mitlesen, mithören, mitsehen kann – und »jeder« kann hier Shareholder, Stakeholder, Geschäftsführer, Social-Media-Manager, Mitarbeitender, potenzieller Bewerber oder Multiplikator heißen.

5.3.6 Interaktiv

Social-Media-Plattformen wie Facebook, Instagram, LinkedIn&Co. waren in ihrer ursprünglichen Bestimmung in erster Linie Dialogkanäle. Und bis heute leben sie von »Meaningful Interactions«, also gehaltvollen Interaktionen. Inhalte müssen folglich als Dialogangebot aufbereitet

256 https://www.contagious.com/news-and-views/matt-navarra-on-social-media

werden, im Unterschied beispielsweise zu einer Webseite oder einem E-Mail-Newsletter. Am Grad der Interaktion lässt sich erkennen, ob ein Beitrag geschätzt wird, ob sich die eigene Community dafür interessiert und damit auseinandersetzt, positiv wie negativ.

Erwartung von »Back-and-forth«-Diskussionen

Einfach gesagt: Nur Inhalte, die Menschen berühren, begeistern, fesseln, ärgern, emotional treffen, werden sie dazu motivieren, zu liken, zu kommentieren und mit anderen zu teilen. Storys, die dagegen über kein Weitererzähl-Potenzial verfügen, werden kaum Erfolg haben; und dies unabhängig vom Kanal oder der Plattform, auf der sie erzählt werden. Dies hatte bereits Adam Mosseri, damals Head of News Feed bei Facebook, im Jahre 2018 klar formuliert:

> *»We will also prioritize posts that spark conversations and meaningful interactions between people. (...) These are posts that inspire back-and-forth discussion in the comments and posts that you might want to share and react to.«*[257]

Wer folglich nur über sich berichtet, die Community über Neues informiert, sich und seine Erfolge positiv darstellt und vielleicht sogar noch hofft, dadurch mehr Besucher für seine Webseite zu generieren, folgt einem Irrweg. Für diese vorwiegend informativen Beiträge lassen sich gut die eigene Webseite, der E-Mail-Newsletter, der Podcast, teils auch Broadcast-Listen und -Channels nutzen.

Ausrichtung auf Interaktion

Social-Media-Beiträge sind stattdessen klar auf Interaktion auszurichten, egal ob organischer Beitrag oder bezahlte Werbeanzeige. Und dies heißt kommentieren, weiterleiten, verbreiten, abspeichern, Kontakt aufnehmen. Nur mit viel Interaktion hat Content in den heutigen Entertainment-Zeiten, in denen längst Algorithmen und die KI die Macht über die Feeds übernommen haben, noch eine kleine Chance, in den Blick der Nutzer zu gelangen.

Dies gilt ebenfalls für den Business-Bereich. LinkedIn lebt in besonderem Maße von der Interaktion und dem Dialog. Wie schon in Kapitel 4.1 ausführlich beschrieben, belohnt das Netzwerk insbesondere Beiträge, die zu längeren Fachdiskussionen führen: also fachlich und inhaltlich qualitative Kommentare statt Quantität und Viralität über Likes und Shares. Daher lohnt es sich durchaus, Follower konkret zu ihrer Meinung aufzurufen. Sätze wie »Was meinen Sie dazu? Ich freue mich auf Ihre Gedanken« können helfen, einen Dialog zu starten. Für das eigene Standing sollten Nutzer zudem regelmäßig auf thematisch passenden Accounts den Dialog mit anderen suchen, sich in Kommentaren äußern oder Inhalte mit ihrer eigenen Community teilen. Auch dies zählt zur Interaktion im digitalen Zeitalter fest hinzu.

---

257 https://about.fb.com/news/2018/01/news-feed-fyi-bringing-people-closer-together/

Perspektivwechsel notwendig

Übersetzt für Unternehmen lautet folglich die Kernfrage vor jedem Inhalt: Welche Inhalte haben wir, die Nutzer kommentieren, weiterleiten, abspeichern oder auf denen sie zumindest verweilen werden? Welche Themen können wir als Organisation setzen, die für unsere Zielgruppe so relevant sind, dass sie damit interagieren werden?

Dazu ist es entscheidend, die Sichtweise der eigenen Community einzunehmen, denn für relevante Fragen und neue Blickwinkel muss an den Mehrwert für die eigenen Follower gedacht werden und nicht nur an die Relevanz für die eigene Organisation. Follower sollten an der Geschichte zum Bild oder zum Video teilhaben, Geschehnisse nachvollziehen, miterleben, spüren können. Nur so werden sie die Inhalte abspeichern, sie kommentieren, sie weiterleiten – und dem Account weiterhin treu bleiben. Nur so werden die Organisationen als aktiver Partner der Community wahr- und ernst genommen.

Fazit: Engagement für mehr Reichweite

Wenn die Social-Media-Plattformen vor allem Beiträge bevorzugen, die organisch oder bezahlt zur Interaktion und damit zu einer längeren Verweildauer führen, dann hat dies drei Konsequenzen:

1. Je mehr wertvolles Engagement die Postings verzeichnen, desto mehr Reichweite werden sie erhalten. Wenn der eigene Content dagegen so langweilig ist, dass niemand darauf reagiert, dass er nicht zur Diskussion einlädt, dass niemand damit interagiert, dann erhält der Beitrag keine Sichtbarkeit. Daher lohnt es sich, sich eher auf wenige Beiträge zu fokussieren, die aber zu einer Interaktion führen könnten, und nicht ständig neuen Content zu produzieren.
2. Die hohe Notwendigkeit der regelmäßigen Interaktion muss sich in der zeitlichen Content-Planung widerspiegeln. So muss deutlich mehr Zeit für das Community-Management, für die Interaktion, für den Kontakt mit Nutzern eingeplant werden und nicht nur Zeitfenster für die Produktion, die Abstimmung und die Distribution von Inhalten. Zumindest ein Drittel der Zeit sollte allein für Kommentare, für Reaktionen, für das Finden neuer Branchenpartner und Interessenten genutzt werden.
3. Das Thema Interaktion zeigt, wie wichtig es nach wie vor ist, sich mit den Grundlagen der sich ständig verändernden Algorithmen der Plattformen auseinanderzusetzen, ohne jedoch sklavisch dem Algorithmus zu folgen beziehungsweise seine Inhalte allein danach auszurichten. Schließlich kann dieser jederzeit verändert werden.

5.3.7 Teilbar

> *»In this day and age of Content-Marketing, big data and shrinking attention span for ever-increasing amounts of shared information, the KISS principle is perhaps best summarized as: Keep it Significant and Shareable!«*[258]

Diese zentrale Aussage über den Erfolg künftiger Social-Media-Postings schrieb vor ein paar Jahren der Marketingberater Frederic Gonzalo auf *Social Media Today*. Übersetzt bedeutet seine Aussage: Ist ein Beitrag nicht einerseits einfach teilbar und andererseits relevant und bedeutsam aus Sicht der Zielgruppe, wird er keine Sichtbarkeit erhalten und zu keiner Interaktion führen.

The new KISS: Keep it significant and shareable

Dieses notwendige einfache Teilen hat in den letzten Jahren eine zusätzliche Relevanz erhalten; und zwar durch den Trend zu Private Media (s. Kapitel 3.5). Immer mehr Menschen haben sich entschlossen, nicht mehr öffentlich eigenen Content zu verbreiten oder mit anderen Accounts zu interagieren. Stattdessen haben sie sich in die privaten Kanäle, in LinkedIn-, Facebook- und WhatsApp-Gruppen, in Broadcast-Channels, in Gruppen bei Twitch, Discord&Co. zurückgezogen, auf die Unternehmen keinerlei Zugriffe haben.

Organisationen stehen daher vor einer neuen Herausforderung: Sie müssen Content produzieren, den die Menschen auch in ihre privaten Kanäle hineintragen, schreibt der erwähnte Vordenker Matt Navarra:

> *»Top of mind should be, ›How do I make a piece of content that people will want to share in private spaces?‹«*[259]

Organisationen müssen sich auf der einen Seite folglich Gedanken machen, welche Inhalte, welche Produkte, welche Ideen sie in ihre Content-Strategie aufnehmen wollen, die die Menschen in ihren geschlossenen Kanälen mit ihren privaten Kreisen gerne teilen würden. Dies können hilfreiche Tipps, exklusive Produkte, reizvolle Einladungen, lustige Gewinnspiele sein – auf jeden Fall Themen, die eine hohe Relevanz für die jeweilige Zielgruppe haben und deswegen geteilt werden. Ist dieser Mehrwert für die Menschen dagegen nicht sofort ersichtlich, werden sie dafür kaum ihre privaten und halbprivaten Kanäle öffnen.

Vernetzte Disziplinen nötig

Doch es gibt noch eine zweite Seite: Früher, so erzählte Matt Navarra im Interview weiter, hätten die Menschen noch darüber öffentlich geschrieben, was für ein tolles Oberteil sie gesehen

258 https://www.socialmediatoday.com/content/kiss-keep-it-significant-and-shareable
259 https://www.contagious.com/news-and-views/matt-navarra-on-social-media

oder gekauft hätten; heute teilen sie den kopierten Link nur noch in einem Gruppen-Chat mit ihren Freunden. Genau darauf müssten Organisationen auch technisch reagieren:

> *»What do we need to do as a brand to make that easier, and make sure when it lands in those private shared spaces, that it looks as good as it can.«*[260]

Wenn sie es nicht schaffen, auf der Webseite das Teilen von Beiträgen extrem leicht und visuell ansprechend zu machen, werden die Menschen sie weder in ihren privaten Gruppen und Chaträumen teilen, noch wird es zu vertrieblichen Erfolgen kommen, auf die diese Aktivitäten beispielsweise einzahlen. Dies zeigt, wie eng und nahtlos heute Social-Media- beziehungsweise Media-Kanäle mit Webseiten und sonstigen Instrumenten vernetzt sein müssen.

260 https://www.contagious.com/news-and-views/matt-navarra-on-social-media

6 Schade: Abschied von »Social«

»It's the end of a social era on the web. That's probably a good thing. But I already miss the places that felt like everyone was there.«[261]
David Pierce, Chefredakteur The Verge

Eines Tages – es ist schwer zu sagen, wann dies genau war – wurde ein Schalter umgelegt, schreibt Ellis Hamburger in seinem Beitrag *Social media is doomed to die* bei *The Verge* über die Kehrtwende bei den sozialen Medien:

> *»Away from news, away from followers, away from real friends — toward the final answer to earning more time from users: highly addictive shortform videos that magically appear to numb a chaotic, crowded brain. I am here for the Japanese frog videos I see on TikTok. But in no way do I see them as a replacement for keeping up with friends and family — the goal of social media to begin with.«*[262]

Seine Schilderung beschreibt treffend die Veränderungen: Weg von den Followern und Freunden, hin zu süchtig machenden Kurz-Videos, die den Kontakt mit Freunden und Familien nicht ersetzen können. Denn richtig: Dies war das ursprüngliche Ziel von Social Media.

Scharfer Wendepunkt

Blicken wir ein letztes Mal zurück in die Vergangenheit: Was hatten Mark Zuckerberg und die anderen versprochen? Ein verzweigtes Netz weltweit zu schaffen, das uns alle virtuell einander näherbringt. Ziel verfehlt, schreibt Jason Parham bei *Wired*:

> *»If the early promise of social media was to bring society closer to a virtual ideal, the most recent shift in how platforms are used has lost the plot. Along with Twitter, the erosion of the user experience on Facebook and Instagram—with tiered subscriptions, a proliferation of hate speech and misinformation, privacy being sold as a luxury, and the threat of generative AI—marks a sharp turning point in the value of the social web.«*[263]

Leben in Echokammern mit den Menschen als Marketingkategorien statt Social Web? Dies zeigt den kräftigen Wandel, den die sozialen Medien hinter sich haben. Abgesehen von der erleichterten Vernetzung innerhalb eines sozialen Netzwerkes gibt es heute kaum einen Unterschied mehr, ob wir uns in einem Online-Magazin, einem Blog, auf LinkedIn oder im Online-Bereich einer Tageszeitung befinden. Die Funktionen sind dieselben: Share, Like, Comment. Die Mischung ist dieselbe: ein Mix aus Berichten, Kommentaren und viel Werbung und einigen Emp-

261 https://bit.ly/dr_theverge_mastodon
262 https://bit.ly/dr_theverge_doomedtodie
263 https://www.wired.com/story/first-gen-social-media-users-have-nowhere-to-go/

fehlungen, aus Texten, Bildern und Videos. Unternehmen und Institutionen sind nur noch deshalb auf den sogenannten Social-Media-Plattformen, weil dort viele Menschen sind, die sie mit ihren Aussagen, ihren Produkten, ihren Ideen erreichen wollen – heute erfolgreich fast nur noch in werblicher Form.

Digital Media statt Social Media

»*Hört auf, es Social Media zu nennen*«, hat der Tech-Autor Enno Park gefordert. Dem schließe ich mich in diesem Buch an, denn der Faktor »social« ist heute nicht mehr wahrnehmbar, er hat keine Relevanz mehr. Er wurde Schritt für Schritt in den letzten Jahren aus den Plattformen getilgt. Aus den früheren sozialen Netzwerken sind digitale Massenmedien geworden, digitale Verteilzentren mit Shopping-Anschlüssen, Sendestationen mit einem ständigen Fluss an visuellen Inhalten, über die sie uns allen ein individuell maßgeschneidertes Programm zusammenstellen. Darum sollten wir sie auch als »Digital Media« oder »Digitale Medien« bezeichnen und den Begriffsteil »Social« stattdessen endgültig streichen. Denn »social« sind die Medien heute nicht mehr. Und mit dem ursprünglichen Begriff von Social Media haben sie schon lange nichts mehr zu tun.

Bedeutet dies also das Ende von Social Media, so wie wir es kennen? Mit Sicherheit. Sterben die sozialen Medien deshalb aus? Auf jeden Fall nicht in den nächsten Jahren. Stattdessen haben sie sich komplett gewandelt – immer stärker weg von einer dialogischen Plattform, von sozialen Verbindungen und von persönlichem Content hin zu einer verstärkt KI-geprägten, werblichen Media-Plattform. Vielleicht mit Ausnahme von LinkedIn suchen wir auf den Plattformen nicht mehr die Menschen; wir sind dort, um passenden Content zu konsumieren.

Neue Rolle innerhalb des Instrumentenkoffers

Was bedeutet diese Veränderung nun für Unternehmen und Institutionen? Schon in der Einleitung schrieb ich, dass dieses Buch keine Abrechnung mit Social Media sei, sondern ein Aufruf zu einer realistischeren Denke, das heutige Social Media besser zu verstehen – und danach handeln zu können.

Die Antwort auf die Frage ist eindeutig: Wir müssen unsere Kommunikation neu ausrichten, die Rolle von Social Media im Rahmen einer integrierten Kommunikation neu definieren und Social Media als ein Instrument innerhalb des Werkzeugkastens der Kommunikation und des Marketings begreifen, also ganz ähnlich wie E-Mail-Marketing, Content-Marketing, Suchmaschinen-Marketing oder andere. Dazu müssen wir unsere eigenen Kanäle stärken, die Vorteile des Social-Media-Marketings begreifen, mehr Vertrauen in die Aussagen unserer Mitarbeitenden haben und immer tiefer in Communitys denken, über die wir unsere Stakeholder pflegen können und die einer der großen Erfolgsfaktoren der Kommunikation der nächsten Jahre sein werden.

Auf der Suche nach dem schönen Grundgedanken

Der Gedanke von Social Media war einfach zu schön: Menschen miteinander zu vernetzen, damit sie sich unabhängig von Zeit und Raum austauschen können. Man kann mit Recht festhalten, dass die Ära der sozialen Netzwerke einzigartig darin war, Menschen an einem einzigen digitalen Ort zusammenzubringen. Auch weil sie es den Menschen so einfach machten:

> *»You didn't have to pick a server or declare your interests ahead of time; you just showed up, set a password, and got to work. Because everyone was together, these platforms were able to make it trivially easy to find people you like and content that interests you. They were able to learn about you over time, and proactively show you those people and that content before you even had to ask.«*[264]

Sie boten einfach ein Kommunikationsnetzwerk, über das wir uns alle austauschten und menschliche, private wie berufliche Kontakte aufbauten und pflegten. Und nach dem Austausch sollte es uns besser gehen, weil wir etwas gelernt, etwas Neues erfahren oder uns zumindest gut von unserem persönlichen Netzwerk unterhalten gefühlt hatten. Wo ist dies geblieben? Oder hat sich der Grundgedanke von Social Media mit der Zeit etwa überlebt? Diese Frage muss erlaubt sein. Denn wo ist dieser Grundgedanke, wenn sich künftig zwei KIs miteinander unterhalten? Ist das noch Kommunikation? Oder brauchen wir die Menschen dazu einfach nicht mehr? Wer die aktuellen Entwicklungen genauer betrachtet, bei dem kommt genau dieses Gefühl auf. Schließlich widersprechen alle passierten Veränderungen diesem Grundgedanken.

Back to the Roots?

Aber warum hat es dieser Gedanke auf die Dauer nicht geschafft? Waren die Plattformen zu gierig? Oder lag es an uns, den Menschen, den Unternehmen, den Institutionen, die den Gedanken verändern wollten? Anders gefragt: Benötigen wir genau wieder solche Plattformen, in denen der alte Gedanke wiederbelebt und in eine neue Zeit reintransportiert wird?

> *»It may well come to be that the last 10 years of this kind of centralized digital life will be seen as an aberration, and visiting a more diversified suite of communities, platforms and websites will revert to being the norm, as it was in the 1990s and '00s.«*[265]

So blickt zumindest Brian Merchand, Tech-Autor bei der *Los Angeles Times*, auf die vergangene Zeit zurück sowie auch nach vorne. Die Social-Media-Vergangenheit also ein Irrweg und eine Fehlentwicklung? Und die Zeit der Webseiten&Co. aus den 1990er- und 2000er-Jahren wieder als Norm? Mit Menschen, die sich für demokratischere und reaktionsfreudigere Plattformen einsetzen, wie Merchand weiterschreibt?

264 https://bit.ly/dr_theverge_mastodon
265 https://bit.ly/dr_latimes_theendofsocialmedia

»Ideally, out of the wreckage, we'll find our online people once again, under better circumstances and conditions — and if we're smart, we'll push for more democratic and responsive platforms in the process.«[266]

Angesichts der aktuellen Entwicklungen rund um X sicherlich eine Hoffnung, die viele sofort unterschreiben würden. Dies erinnert auch ein bisschen an das »Better Web«, wie es beim HR-Inforadio genannt wird:

»Wir wollen das nicht mehr. Wir wollen echtes Social Media zurück. Wo Menschen Menschen treffen. Und keine Werbetreibenden. Wir erfinden mit der Hilfe der schlausten der schlauen Köpfe das ›Better Web‹.«[267]

Tektonische Bewegungen

Natürlich lässt sich argumentieren, dass sich die Social-Media-Landschaft ähnlich wie tektonische Platten in ständiger Bewegung befindet. Auch könnten neue Plattformen für eine positivere digitale Welt auftauchen und die aktuelle Social-Media-Welt ins Wanken bringen. Es ist nur die Frage, ob es bis dahin nicht schon zu spät ist.

Viele Social-Media-Nutzer haben keinen gemeinsamen Ort im Internet mehr, an dem es sich lohnt, sich einzubringen. *»It's the end of a social era on the web«*, trauert David Pierce, Chefredakteur von *The Verge*, in einem langen Beitrag der Vergangenheit und den Zeiten der »alten« Social Media nach. Vielleicht waren Feeds und Algorithmen und der »globale Stadtplatz« eine schlechte Idee, schreibt er in seinem Beitrag *So where are we all supposed to go now?* etwas melancholisch: *»But I already miss the places that felt like everyone was there«.*[268] *Und weiter:*

»But I find myself desperately looking for new places that feel like everyone's there. The place where I can simultaneously hear about NBA rumors and cool new AI apps, where I can chat with my friends and coworkers and Nicki Minaj. For a while, there were a few platforms that felt like they had everybody together, hanging out in a single space. Now there are none.«

Die Orte, an denen man das Gefühl hatte, dass wirklich alle da sind? Eine schöne Beschreibung des Grundgedankens von Social Media, der so heute nicht mehr da ist.

Die Suche nach dem Neuen

Rückblickend sehne ich mich selbst auch ein wenig nach dem, was die sozialen Netzwerke trotz aller Probleme und Widrigkeiten einst boten, weil der Gedanke einfach schön war. Vielleicht sind sie es immer noch, aber nur noch in kurzen Auszügen. Sollten wir uns nicht noch genau-

266 https://bit.ly/dr_latimes_theendofsocialmedia
267 https://bit.ly/dr_hr_podcast_socialmediatot
268 https://bit.ly/dr_theverge_mastodon

er fragen, was nötig wäre, um soziale Medien wieder mehr auf Menschen und nicht vor allem auf Werbetreibende auszurichten? Wäre es nicht eine schöne Vorstellung, sie wieder an unsere Bedürfnisse anzupassen, Algorithmen so zu verändern, dass sie mit ihren Empfehlungen keine Blasen mehr pushen, sondern mit ihren Inhalten die Vielfalt fördern und Vorurteilen und Polarisierung begegnen? Denn dass hier eine Notwendigkeit besteht, lässt sich aus vielen Aufforderungen herauslesen:

> *»Es sieht so aus, als bräuchten wir dringender denn je Orte des Austausches. Social-Media-Plattformen aber wollen das nicht mehr sein. Wer dann?«*[269]

So klingt dies im *Social Media Watchblog* über das Ende von Social Media der ersten Stunde. Nur: Wenn sich die Bevölkerung immer stärker in ihren Blasen bewegt und kaum mehr Berührungspunkte zu anderen Gruppen erhält und wahrnimmt, auch weil der Algorithmus ihnen keine dazu passenden Inhalte einblendet, wie müssten diese Orte des Austausches dann aussehen? Auf jeden Fall keine Ausprägung und Variation dessen, was uns an den heutigen Punkt geführt hat, betont der Tech-Journalist Thomas Riedel völlig zurecht:

> *»Wir brauchen nicht maximale Freiheit, sondern richtig gut moderierte Communities. Wir brauchen nicht maximale Reichweite, sondern Glaubwürdigkeit. Wir brauchen nicht unfassbar schnellen, hyperindividualisierten Content, sondern geprüfte Fakten und Glaubwürdigkeit. Wir brauchen garantiert keinen Twitter-Ersatz, sondern eine Diskussion darüber, wohin wir in diesen Zeiten mit unserer Mikrokommunikation im Netz eigentlich wollen.«*[270]

Heute sind Menschen in ihren Gemeinschaften auf jeden Fall wählerischer und *»kehren zu einer altmodischen Art der Interaktion zurück«*.[271] Ob dies das Symbol eines gesünderen digitalen Nutzerverhaltens ist oder aber auch die Gefahr in sich birgt, dass sich die Menschen weiter in gleichgesinnte Echokammern aufteilen, wird sich zeigen müssen.

Geduldig auf das Neue warten

Doch bis diese Nachfolger gefunden werden, dafür müssen wir Geduld aufbringen, und zwar wirklich viel Geduld, erinnert Jeff Jarvis an die Erfindung der Zeitung:

> *»It took 150 years after Gutenberg before anyone thought to invent a newspaper. I think we're talking about decades, maybe even generations, before we figure out this next stage.«*[272]

269 https://socialmediawatchblog.de/2023/11/09/das-ende-von-social-media-der-ersten-stunde/
270 https://www.droid-boy.de/threads-und-die-suche-nach-dem-heiligen-twitter-nachfolger/
271 https://bit.ly/dr_businessinsider_socialmedia
272 https://bit.ly/dr_npr_endofweb20

Fehlende Alternative

Aktuell wird das Sterben der sozialen Medien auch aus einem anderen ganz einfachen Grund nicht so schnell gehen: Weil wir kaum Alternativen haben, weil wir noch nichts haben, womit wir sie wirklich ersetzen könnten, schreibt der Futurist und Bestseller-Autor Bernard Marr in seiner Analyse bei *Forbes, Is This The Downfall Of Meta And Social Media As We Know It?*:

> *»It's simply unrealistic to think that, whatever happens to the corporations behind Facebook or Twitter, we are going to go back to living the way we did before social media was a part of our lives. For all its faults, it's simply far too convenient and accessible.«*[273]

Wahrscheinlicher sei es, dass neue Dienste mit dem Wesen sozialer Medien entstehen würden, die vielleicht einige der Probleme ihrer Vorgänger lösen, aber höchstwahrscheinlich auch neue Probleme mit sich bringen. Schließlich wären auch TV, Radio und Zeitungen für ihren Anteil an den gesellschaftlichen Missständen verantwortlich gemacht worden. Es sei also sicher, dass sich immer irgendjemand darüber aufregen wird, was auch immer als Nächstes kommt. Und gerade dies liegt an uns, den Menschen, heißt es völlig zurecht in der Zeit:

> *»Social Media in seiner jetzigen Form ist nicht perfekt, in vielen Aspekten problematisch, und es ist nicht ausgeschlossen, dass es neue Plattformen geben wird, die die alten ersetzen. Eine Utopie aber sollte man nicht erwarten. Denn letztlich ist und bleibt es offline wie online: Wo eine Gemeinschaft entsteht, sind auch die Spinner, Poser und Flamer nicht weit.«*[274]

In diesem Sinne: Vielen Dank für das Lesen dieses Buches!

273 https://bit.ly/dr_forbes_downfall
274 https://www.zeit.de/digital/internet/2022-11/social-media-engagement-werbung-freundschaft

7 Literatur

7.1 Studien

ARD/ZDF-Onlinestudie (24.11.2023): ARD/ZDF-Onlinestudie 2023; https://www.ard-zdf-onlinestudie.de/

DAK-Gesundheit (14.03.2023): DAK-Studie: In Pandemie hat sich Mediensucht verdoppelt; https://www.dak.de/dak/bundesthemen/dak-studie-in-pandemie-hat-sich-mediensucht-verdoppelt-2612364.html#/

Edelman Trust Barometer (1/2023): Navigating a Polarized World; https://www.edelman.de/de/research/2023-edelman-trust-barometer

Gartner (14.12.2023): Gartner Predicts 50 % of Consumers Will Significantly Limit Their Interactions with Social Media by 2025; https://www.gartner.com/en/newsroom/press-releases/2023-12-14-gartner-predicts-fifty-percent-of-consumers-will-significantly-limit-their-interactions-with-social-media-by-2025

Goldbach Media (11/2021): Media Bias – Mediennutzung der Marketing- und Medienprofis im Vergleich zur Schweizer Bevölkerung; https://cdn.goldbach.com/uploads/production/5f574a8de2f9196327ad89f6/2021/11/gb_igem_media-bias_kurzversion.pdf

GWI (10/2023): The Ultimate Social Media Trends Report; https://www.gwi.com/reports/social

Initiative D21: D21-Digital-Index; https://initiatived21.de/publikationen/d21-digital-index/2023-24

Kemp, Simon (19.10.2023): Digital 2023; https://datareportal.com/reports/digital-2023-october-global-statshot

Kepios: Digital in Germany; https://datareportal.com/digital-in-germany

Meta (09.08.2023): Widely Viewed Content Report: What People See on Facebook; https://transparency.fb.com/de-de/data/widely-viewed-content-report/#what-people-see

University College London; University of Kent (01/2024): Safer Scrolling. How algorithms popularise and gamify online hate and misogyny for young people; https://www.ascl.org.uk/ASCL/media/ASCL/Help%20and%20advice/Inclusion/Safer-scrolling.pdf

7.2 Bücher und Beiträge

20VC: Instagram CEO, Adam Mosseri on Threads and Instagram, Podcast; https://www.thetwentyminutevc.com/adam-mosseri/

Agarwal, Shubham (03.10.2023): Great News – Social Media Is Falling Apart; auf *Business Insider*: https://www.businessinsider.com/social-media-splintering-new-less-toxic-era-meta-bluesky-twitter-2023-10

Bogost, Ian (10.11.2022): The Age of Social Media Is Ending; auf *The Atlantic*: https://www.theatlantic.com/technology/archive/2022/11/twitter-facebook-social-media-decline/672074/ (paid article)

Bradley, Sydney; Perelli, Amanda (01.09.2023): Warum niemand mehr Beiträge auf Social Media postet; auf *Business Insider*: https://www.businessinsider.de/wirtschaft/international-business/warum-niemand-mehr-beitraege-auf-social-media-postet

Brandon, John (14.03.2023): Artificial Intelligence Is Going To Destroy Social Media; auf *Forbes*: https://www.forbes.com/sites/johnbbrandon/2023/03/14/artificial-intelligence-is-going-to-destroy-social-media/

Carter, Allison (02.08.2022): Instagram and Facebook Are in Chaos. Here's What PR Pros Should Do; auf *PR Daily*: https://www.prdaily.com/instagram-and-facebook-are-in-chaos-heres-what-pr-pros-should-do/

Dempsey, John; Tunon, Dom (17.07.2023): Social Media Is Dead. Welcome to the Swipe Era; auf *Adweek*: https://www.adweek.com/social-marketing/social-media-is-dead/

Deutsches Institut für Marketing (DIM) (09.11.2023): *Künstliche Intelligenz in sozialen Medien: Wie Algorithmen unser Online Verhalten beeinflusst*. https://www.marketinginstitut.biz/blog/kuenstliche-intelligenz-in-sozialen-medien/

Ebner, Winfried; Eck, Klaus (2022): *Die neue Macht der Corporate Influencer: Wie Mitarbeiter:innen die Kommunikation von Unternehmen verändern*. Redline.

Eisenbrand, Roland (06.09.2022): Immer mehr Empfehlungen im Feed: Kommt jetzt das Comeback des Facebook-Traffics?; auf *OMR*: https://omr.com/de/daily/facebook-traffic-vorschlaege-fuer-dich/

Fehrensen, Martin (09.11.2023): Das Ende von Social Media der ersten Stunde; auf *Social Media Watchblog*, Ausgabe 918: https://socialmediawatchblog.de/2023/11/09/das-ende-von-social-media-der-ersten-stunde/

Figueira, Leroyson (05.09.2022): TikTok is not social media. In fact, it marks the end of the social era; auf *The Drum*: https://www.thedrum.com/opinion/2022/09/05/tiktok-not-social-media-fact-it-marks-the-end-the-social-era

Firsching, Jan (22.08.2022): Soziale Netzwerke und die Abhängigkeit von Algorithmen; auf *FutureBiz*: https://www.futurebiz.de/artikel/soziale-netzwerke-und-die-abhaengigkeit-von-algorithmen/

Gonzalo, Frederic (30.04.2023): The End of Social Media (As We Know It); https://fredericgonzalo.com/en/the-end-of-social-media-as-we-know-it/

Gutjahr, Richard (30.11.2023): Die Geburtsstunde der Synthetic Social Networks; https://www.gutjahr.biz/2023/09/die-geburtsstunde-der-synthetic-social-networks/

Haidt, Jonathan; Schmidt, Eric (05.05.2023): AI Is About to Make Social Media (Much) More Toxic; auf *The Atlantic*: https://www.theatlantic.com/technology/archive/2023/05/generative-ai-social-media-integration-dangers-disinformation-addiction/673940/

Hamburger, Ellis (18.04.2023): Social Media Is Doomed To Die; auf *The Verge*: https://www.theverge.com/2023/4/18/23672769/social-media-inevitable-death-monetization-growth-hacks

Hedemann, Falk (04.06.2023): Menschlichere Inhalte und ihre Bedeutung für das Content Marketing; auf *Upload Magazin*: https://upload-magazin.de/60064-menschlichere-inhalte-und-ihre-bedeutung-fuer-das-content-marketing/

Kühl, Eike (26.11.2022): Früher hatten wir Freunde, heute sind es Follower; auf *Die Zeit*: https://www.zeit.de/digital/internet/2022-11/social-media-engagement-werbung-freundschaft

Li, Charlene; Bernoff, Josh (2011): *Groundswell, Expanded and Revised Edition: Winning in a World Transformed by Social Technologies*. Harvard Business Press.

Maier, Susanne (07.02.2023): Wie sich die Social Media Welt gerade verändert; in *SocialHubMag*, Ausgabe No. 20_2023: https://blog.socialhub.io/wie-sich-die-social-media-welt-gerade-veraendert/

Marr, Bernhard (14.11.2022): Is This the Downfall of Meta and Social Media As We Know It?; auf *Forbes*: https://www.forbes.com/sites/bernardmarr/2022/11/14/is-this-the-downfall-of-meta-and-social-media-as-we-know-it/

Merchant, Brian (07.08.2023): Column: A Few Sick Days Made It Clear — Twitter Is Dying, and So Is Social Media As We Know It; auf *Los Angeles Times*: https://www.latimes.com/business/technology/story/2023-08-07/column-its-the-end-of-social-media-as-we-know-it-we-should-feel-fine

Mignano, Michael (27.07.2022): The End of Social Media and the Rise of Recommendation Media; auf *Medium*: https://mignano.medium.com/the-end-of-social-media-a88ffed21f86

Mosseri, Adam (31.05.2023): So funktioniert das Instagram-Ranking; https://about.instagram.com/de-de/blog/announcements/instagram-ranking-explained/

Newberry, Christina; Kwok, Eileen; Martin, Nick (07.11.2022): Social Media Algorithms: A Guide for All Major Networks; auf *Hootsuite*: https://blog.hootsuite.com/social-media-algorithm/

Ongweso Jr, Edward (08.11.2022): Social Media Is Dead; auf *Vice*: https://www.vice.com/en/article/pkgv79/social-media-is-dead

Parham, Jason (06.11.2023): First-Gen Social Media Users Have Nowhere to Go; auf *Wired*: https://www.wired.com/story/first-gen-social-media-users-have-nowhere-to-go/

Park, Enno (23.12.2022): Hört auf, es Social Media zu nennen; auf *t3n*: https://t3n.de/news/social-media-algorithmen-tiktok-facebook-twitter-mastodon-1523390/

Pierce, David (03.07.2023): So Where Are We All Supposed To Go Now?; auf *The Verge*: https://www.theverge.com/2023/7/3/23782607/social-web-public-apps-end-reddit-twitter-mastodon

Pomsel, Severin (06.08.2022): Das Ende der sozialen Netzwerke – Facebook, Instagram und Co. sind zum Massenmedium geworden; auf *Neue Zürcher Zeitung:* https://www.nzz.ch/technologie/das-ende-von-social-media-freunde-sind-bedeutungslos-geworden-ld.1696560

Quesenberry, Keith (2019): *Social Media Strategy, Marketing, Advertising and Public Relations in the Consumer Revolution*, 2. Auflage. Rowman & Littlefield.

Ruisinger, Dominik (13.12.2023): Echt oder unecht? Das ist in KI-Zeiten die Frage; https://dominikruisinger.com/echt-oder-unecht-das-ist-in-ki-zeiten-die-frage/

Ruisinger, Dominik (22.05.2023): Vom Ende menschlicher Kommunikation; https://dominikruisinger.com/vom-ende-menschlicher-kommunikation/

Ruisinger, Dominik (29.08.2022): Gesucht: Eine digitale Heimat für Ältere; https://dominikruisinger.com/gesucht-eine-digitale-heimat-fur-altere%ef%bf%bc/

Ruisinger, Dominik (2021): *Praxis Online-Texten. Der Leitfaden für Webseiten, Blogs, Social Media und E-Mail-Newsletter*, 1. Auflage. Schäffer-Poeschel. https://dominikruisinger.com/online-texten/

Ruisinger, Dominik; Jorzik, Oliver (2021): *Public Relations Leitfaden für ein modernes Kommunikationsmanagement*, 3. Auflage. Schäffer-Poeschel. https://dominikruisinger.com/public-relations/

Ruisinger, Dominik (2020): *Die digitale Kommunikationsstrategie. Praxis-Leitfaden für Unternehmen, Institutionen und Agenturen*, 2. Auflage. Schäffer-Poeschel. https://dominikruisinger.com/die-digitale-kommunikationsstrategie/

Ruppert, Michael (23.11.2022): Alles bleibt anders. Social Media im fundamentalen Umbruch; https://www.linkedin.com/pulse/alles-bleibt-anders-social-media-im-fundamentalen-umbruch-ruppert/

Swift, James (12.09.2023): Matt Navarra on social media: ›people aren't sharing as much‹; auf *contagious*: https://www.contagious.com/news-and-views/matt-navarra-on-social-media

The Economist (02.02.2024): The end of the social network, https://www.economist.com/leaders/2024/02/01/the-end-of-the-social-network

Zeller, Alison (28.07.2023): The Future of Social Media (2023–2026); https://explodingtopics.com/blog/future-of-social-media

Zuckerberg, Mark (21.07.2022): https://www.facebook.com/4/videos/1714157738934549/

Zweig, Katharina (2023): *Die KI war's! Von absurd bis tödlich: Die Tücken der künstlichen Intelligenz*, 3. Auflage. Heyne.

Stichwortverzeichnis

Autor

(© Tina Ruisinger)

Dominik Ruisinger

Dominik Ruisinger ist gelernter Journalist, ausgebildeter PR-Berater (DAPR) und zertifizierter Stiftungsmanager (DSA).

Seit den 1990er-Jahren beschäftigt sich der studierte Diplom-Politologe mit den Veränderungen in der Medien- und Kommunikationsbranche mit Fokus auf digitale Kommunikation, integrierte Strategien und Online-Texte. Er coacht Unternehmen und Institutionen, Agenturen und Stiftungen, leitet Workshops an Hochschulen und privaten Ausbildungsinstitutionen und schreibt täglich viele Texte.

Dominik Ruisinger ist Herausgeber der Fachbücher *Praxis Online-Texten. Der Leitfaden für Webseiten, Blogs, Social Media und E-Mail-Newsletter, Die digitale Kommunikationsstrategie. Praxis-Leitfaden für Unternehmen, Institutionen und Agenturen, Public Relations. Leitfaden für ein modernes Kommunikationsmanagement* sowie *Online Relations. Leitfaden für eine moderne PR im Netz.* Zudem ist er freier Autor beim Loseblattwerk *Kommunikationsmanagement (Luchterhand Verlag)* sowie Autor vieler Buch-, Magazin- und Online-Beiträge.

Parallel engagiert er sich für Stiftungen und für den kommunikativen Nachwuchs. Er lebt in Stuttgart und Berlin. Wer mit ihm online diskutieren will, findet ihn vor allem auf LinkedIn https://www.linkedin.com/in/dominikruisinger/ sowie auf fast allen weiteren Netzwerken. Aktuelle Informationen zum Buch gibt es ansonsten auch auf https://www.dominikruisinger.com/das-ende-von-social-media.

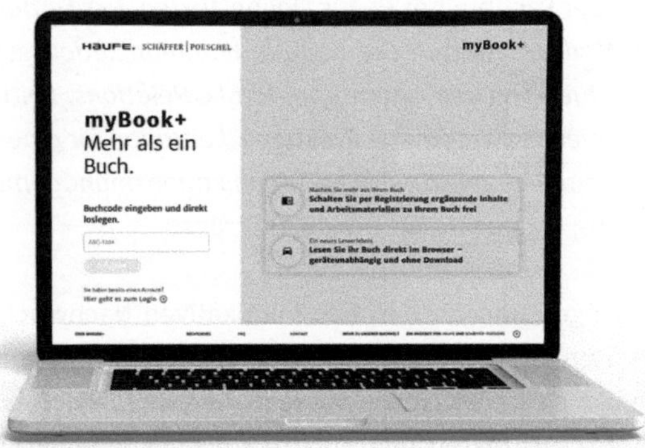

Ihre Online-Inhalte zum Buch: Exklusiv für Buchkäuferinnen und Buchkäufer!

► **https://mybookplus.de**

► Buchcode: **TAW-86729**